非金属矿展望

前沿、需求和生命健康

何宏平　周春晖　等◎著

Outlook for Industrial Minerals

Frontiers, Demands and Healthcare

北　京

内 容 简 介

本书分析、论述和提出非金属矿领域的若干科学前沿问题、重大技术需求和非金属矿涉及的生命健康问题等，旨在促进非金属矿基础科学与产业技术领域向更高和更深层次发展。本书既有面向世界科技前沿的非金属矿矿物生长机制和成因、结构和属性、模拟和计算、剥离和高效利用、环境指示和治理等问题；又有面向经济主战场和国家重大需求的非金属矿的清洁加工和增值改性、新型材料，以及非金属矿在催化和能源、动物养殖等领域的应用技术挑战；还有面向生命健康的非金属矿的安全和毒性、抗菌性，以及其在食品、医药等方面的应用等问题。

本书可作为矿物学、地球化学、矿物加工、化学化工、材料科学与工程、资源与环境、生物与医药等领域高校师生科学研究和技术开发的参考用书，也可供相关领域科研人员和管理人员参阅，或为政府部门和工业园区管理人员等制定政策提供参考。

图书在版编目（CIP）数据

非金属矿展望：前沿、需求和生命健康 / 何宏平等著. — 北京：科学出版社, 2023.1

ISBN 978-7-03-073604-8

Ⅰ. ①非…　Ⅱ. ①何…　Ⅲ. ①非金属矿－研究　Ⅳ. ①TD163

中国版本图书馆 CIP 数据核字（2022）第200241号

责任编辑：石　卉　高　微 / 责任校对：韩　杨
责任印制：李　彤 / 封面设计：有道文化

科学出版社 出版
北京东黄城根北街 16 号
邮政编码：100717
http://www.sciencep.com
北京建宏印刷有限公司 印刷
科学出版社发行　各地新华书店经销
*
2023年1月第　一　版　开本：720 × 1000　1/16
2023年1月第二次印刷　印张：16 1/2
字数：330 000

定价：168.00元

（如有印装质量问题，我社负责调换）

著作者名单

边　亮　西南科技大学

蔡进功　同济大学，海洋地质国家重点实验室

蔡元峰　南京大学

陈　锰　中国科学院广州地球化学研究所

陈情泽　中国科学院广州地球化学研究所

程宏飞　长安大学

董发勤　西南科技大学

冯拥军　北京化工大学

高　娟　中国科学院南京土壤研究所

谷　成　南京大学，污染控制与资源化研究国家重点实验室

何宏平　中国科学院广州地球化学研究所

侯鹏坤　济南大学

李博文　密歇根理工大学

李传常　长沙理工大学

李国华　浙江工业大学

李国武　中国地质大学（北京）

梁金生　河北工业大学，生态环境与信息特种功能材料教育部重点实验室

刘　冬　中国科学院广州地球化学研究所

刘海波　合肥工业大学

刘红梅　中国科学院广州地球化学研究所

刘　琨　中南大学

刘明贤　暨南大学

吕国诚　中国地质大学（北京）
彭同江　西南科技大学
申俊峰　中国地质大学（北京）
沈岩柏　东北大学
孙红娟　西南科技大学
孙志明　中国矿业大学（北京）
陶　奇　中国科学院广州地球化学研究所
王爱勤　中国科学院兰州化学物理研究所，甘肃省黏土矿物应用研究重点实验室
王林江　桂林理工大学
王文波　内蒙古大学
赵云良　武汉理工大学，矿物资源加工与环境湖北省重点实验室
周春晖　浙江工业大学，青阳非金属矿研究院
周岩民　南京农业大学
朱润良　中国科学院广州地球化学研究所

序

Preface

从某种意义上说，人类的科学技术发展史就是矿物资源认识和利用的历史。正是从这个角度，我们常说人类社会的发展经历了旧石器、新石器、铜器和铁器等时期，并进入了硅（电子）器件时代。人们对矿物的认识最早源于对天然矿物的好奇和兴趣，其驱动了矿物学的创立和发展，并推动了科学的进步。随着经济与技术的快速发展，矿物资源已成为社会可持续发展的关键支撑，因此矿物学的研究也相应地从“兴趣驱动”向“问题与需求驱动”转变。当下，虽然“问题与需求驱动”的研究已成为科学研究的主要范式，但科学问题的提出并非易事。这需要科研的积累、同行的交流、深入的认知、长期的思考等。可以说，提出问题本身就是难题，汇集难题更是挑战。

收阅《非金属矿展望：前沿、需求和生命健康》书稿，欣然发现许多非金属矿领域的专家学者已经充分认识到问题与需求驱动的重要性和紧迫性。该书作者聚焦科学前沿和国家需求，不但深度思考并论述了非金属矿领域存在的一些重要科学问题与开发利用的技术难题，还关注了非金属矿对生命健康的影响，颇具匠心，问题切中肯綮。该书在专业内容上涵盖了矿物学、地球化学、矿物加工、化学化工、环境保护、新材料与生物医药等多个领域和方向，具有非金属矿科学研究和技术开发的多学科交叉性的特点，也展示了非金属矿发展的巨大空间和前景。

值得一提的是，该书作者将自己认真思索和凝练出的科学问题与同行分享，不但践行了“问题与需求驱动”的科学研究与技术开发新范式，还彰显了他们“功成不必在我，功成必定有我”的可贵科学精神，值得点赞和提倡。该书凝练的科学与技术问题不仅是作者对过去思考的一个总结，更是对未来发展的展望。我建议青年研究人员能认真学习和思考，捕捉科学前沿、把握技术需求，实现理论创新与技术突破。

相信该书能很好地发挥问题与需求的导向作用，也坚信非金属矿科学和技术研究会取得重大突破，并推动我国非金属矿产业的发展。那时蓦然回首，应该有该书著作者的一份贡献。是为序。

中国科学院院士

2022年9月

前言

Foreword

非金属矿是指除金属矿产、能源矿产和水以外的各种可供利用的矿物和岩石，国际上又称之为“工业矿物和岩石”。非金属矿是最早被人类利用的一类矿产资源，可追溯至旧石器时代。而在科学技术高度发达的今天，非金属矿的利用水平及其与金属矿产值的比例已成为衡量一个国家工业化成熟度的重要标志之一。

非金属矿种类多、用途广、产量大，在国民经济中占有重要地位。非金属矿的传统应用领域主要包括建材、陶瓷、冶金、轻工、农业等。近几十年来，随着纳米科技和先进制备技术的快速发展，人们在非金属矿的利用能力和水平上都取得了跨越式的发展，特别是在“新七领域”（即新一代信息技术、人工智能、生物技术、新能源、新材料、高端装备、绿色环保）中的作用日益凸显，呈现了前所未有的“资源—科学—技术—市场”需求新格局，对非金属矿产业的发展提出了新要求，同时也提供了新契机。

在非金属矿资源相关的学术界和产业界，我们注意到常常有人认为我国非金属矿的利用能力、产品附加值、产业链等方面尚落后于一些西方发达国家， 并将相关问题归因于研究程度低、新型加工技术欠缺、产品种类单一等。我们认为，如果仅以此层面谈问题，难以触发实质的“问题驱动”的研究和开发。2017年10月，青阳非金属矿研究院约请中国矿物岩石地球化学学会矿物物理矿物结构专业委员会共同发起并举办年度系列化

“非金属矿科技和产业论坛”（又称“青阳论坛”）。通过科技与产业的互动和交流，我们萌生了倡议业界人士对非金属矿产业面临的问题进行专业化、深层化的思考，并汇集成书以供探讨与交流，以求有的放矢地推进基础科学研究和解决产业技术难点。这个想法得到了同行的积极响应，许多专家将他们的思考和建议撰写成文，形成了大家眼前的这本《非金属矿展望：前沿、需求和生命健康》。

正是旨在促进非金属矿基础科学与产业技术领域向更高和更深层次发展，本书著作者们结合自己的工作积累和判断，从问题或技术背景、前沿和关键问题、科学意义和发展前景等方面，简明但力求“瞄点”分析论述和提出非金属矿领域的若干科学前沿问题、重大技术需求和非金属矿涉及的生命健康问题。内容主要包括非金属矿矿物生长机制和成因、矿物晶体化学特征与非金属矿物理化学性质、非金属矿研究方法与结构和性能的可控性等基础前沿问题，非金属矿的清洁加工和增值改性及其在催化和能源、动物养殖等领域的应用技术挑战，以及非金属矿的安全和毒性、抗菌性及其在食品、医药等方面的应用问题。本书抛出的这些问题，一方面，有利于业界有兴趣的专家学者围绕相关问题开展更深一步的探讨和研究；另一方面，有望能激发更多有兴趣的科研人员和企业界人士就共同关注问题开展联合攻关，提升我国非金属矿的研究水平和资源利用效率，实现理论和技术的交叉突破与协同创新。

作为主要组织者，在此我们对本书所有著作者表示敬意和谢意。思考和凝练的这些问题，是他们丰富的研究经验和长期思考的结晶。相信本书论述和提出的问题，不但有利于非金属矿学、岩石矿物学、矿物加工、化学化工、材料科学与工程等领域的高等院校和科研院所的研究人员了解和掌握非金属矿研究和技术研发的方向和趋势，而且能帮助地球化学、材料与化工、资源与环境、生物与医药等专业的大学生、研究生等学会思考问题，培养和引导年轻力量积极和持续参与非金属矿科技攻关。

本书得以付梓出版，我们十分感谢科学出版社的领导和编辑。他们在本书的编辑加工中付出了辛勤的劳动。衷心感谢广东省矿物物理与材料研究开发重点实验室、青阳非金属矿研究院、中国矿物岩石地球化学学会矿物物理矿物结构专业委员会和专业委员会秘书谭伟博士的支持，也特别感谢研究生屈雪静同学协助联系各著作者修改文稿。

需要特别说明的是，由于出版规定和规范方面的要求，封面上未列出所有著作者，只在每一章节后给出相应著作者姓名和单位。十分明确的是，撰写各论述的智慧及相关权益完全属于对应的各位著作者。

最后，想要说明的是，为了所论问题及本书尽早与读者见面，并由此开展相互交流、研讨和协同攻关，成稿不免有些仓促，疏漏和不足之处在所难免，敬请读者批评指正，我们将虚心接受、努力学习、改进提高。

何宏平
中国科学院广州地球化学研究所

周春晖
浙江工业大学，青阳非金属矿研究院

2022年9月

目录

contents

第一篇 面向世界科技前沿

第4章 剥离和高效利用

第5章 环境指示和治理

第二篇 面向经济主战场和国家重大需求

第6章 清洁加工和增值改性

第7章 新型材料

第一篇

面向世界科技前沿

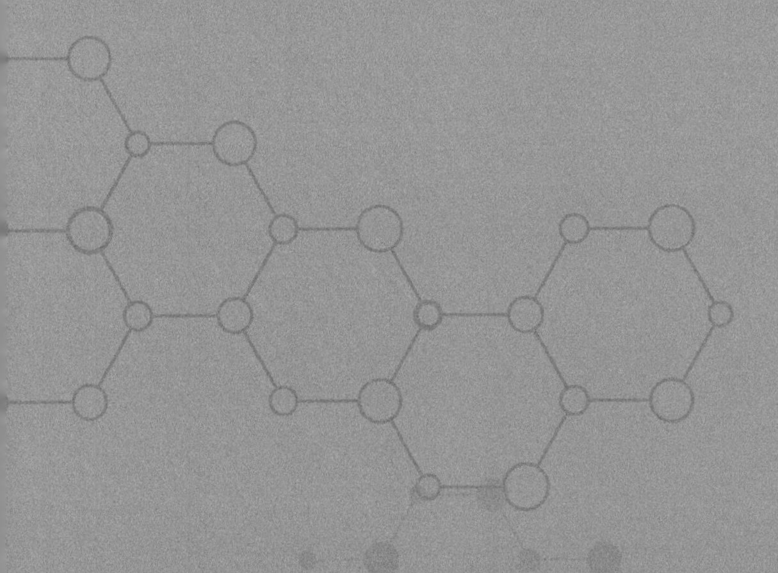

第1章

矿物生长机制和成因

1.1 叶蜡石成因与应用专属性

1. 问题背景

叶蜡石（pyrophyllite）是一种常见的铝质黏土矿物，其晶体化学式为 $Al_2[Si_4O_{10}](OH)_2$（Anthony et al., 1990; Drits et al., 2012）。它既是重要的非金属矿材料，也是重要的工艺雕刻材料，但知名度却远不如以其为主要矿物组分的寿山石、青田石、昌化石和巴林石等印章雕刻石料（叶泽富等，2017）。叶蜡石矿在世界各地均有分布，矿石的主要矿物组成为叶蜡石、伊利石、石英和少量的斜长石等，矿石主要发育在古火山带的蚀变带中，如环太平洋火山带（Portela et al., 2021; Imura et al., 2021）。叶蜡石矿在我国也有众多产地，主要赋存在福建和浙江沿海的晚中生代火山岩区，尤其与古火山活动密切相关（杜鹏，2019; 叶孔凯，2019），如浙江青田、龙泉和泰顺等，福建宁德市屏南县寿山，新疆吉木萨尔县大小三台沟，内蒙古好力保等。笔者参与的国际大洋发现计划的第 376 航次，在新西兰克马德克火山弧中热液活动极为活跃的兄弟火山上实施了钻探工作，在获得的岩心中发现了强烈的叶蜡石蚀变段（图 1），其主要由长石等铝硅酸盐矿物蚀变而成（图 2）。

叶蜡石因具有诸如特殊的流变性、力学性能、热辐射性能等功能属性，在材料工业有非常广泛的应用，如作为高温陶瓷、（超）高压模具、陶瓷滤芯（膜）（Ha et al., 2017）、印章及工艺品等的雕刻材料和其他功能材料的载体等（El Gaidoumi et al., 2019）。我国制备人造金刚石等超硬材料时，其密封传压模具的坯体通常使用北京门头沟叶蜡石矿石制造，偶见其他产地叶蜡石替代门头沟叶蜡石的研究（毛靓玉等，2002；李蘅等，2004）。层内摩擦系数受层内能约束，是解释叶蜡石所受应力和变形之间的纽带，而阐述这些现象的原理是建立在晶体结构精确表征的基础上的（Sakuma et al., 2020）。

图 1　叶蜡石化火山岩砾石

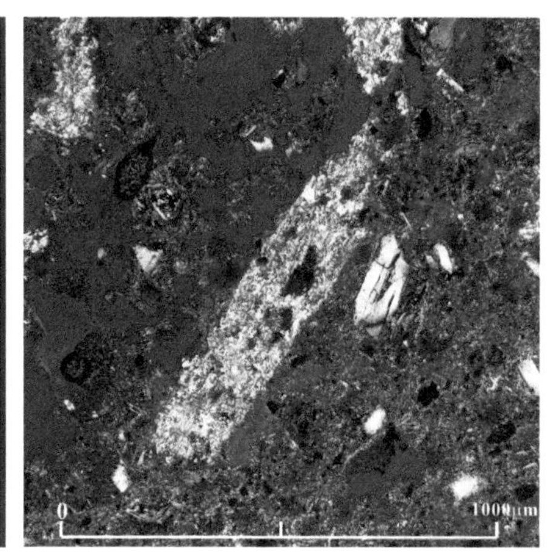

图 2　长石蚀变形成的叶蜡石光学显微照片

尽管目前在叶蜡石矿的地质成因、矿石组成和叶蜡石的应用开发等每一个方向都有较为详尽的研究（汪灵，1997; Bozkaya et al., 2007; Berrada and Belkabir, 2009; Zhang S Y and Zhang H F, 2020），但是关于不同地质成因叶蜡石矿的评价及材料应用的专属性和针对性研究极为贫乏。叶蜡石的工业应用主要受叶蜡石的矿物学特征所约束（Liu and Bai, 2017），即叶蜡石成因不同，其结晶度不同、颗粒尺寸不同，化学组成也不同。事实上，在工业应用中使用的仅仅是以叶蜡石为主的矿石，而非纯的叶蜡石，矿石中尚含有伊利石或石英等其他杂质矿物。叶蜡石矿的矿物组合不同和叶蜡石含量的差异等导致材料性能差异和物理性质不稳定，限制了叶蜡石的使用，降低了叶蜡石的工业价值。例如，叶蜡石的晶粒尺寸影响了其脱水温度和脱水过程（Drits et al., 2011）。叶蜡石在金刚石等超高压材料的合成中起到不可或缺的传压作用，但即便是被认为最有效的北京门头沟叶蜡石的矿物学研究也极为简单，40 余年来几无进展，可查资料仅有基础的化学组成信息、矿物组成信息（陶知耻和蒲正行，1977；陈天虎等，2001），而精细的矿物学研究几乎空缺。因此，有必要针对叶蜡石的成因与其材料功能专属性之间的联系开展研究。

2. 关键问题

1）材料特定功能属性与叶蜡石的晶体结构和晶体化学组分之间的联系是什么？

叶蜡石有很多独特的功能属性，如作为传压介质的传压能力可由层内摩擦系数来表征，而层内摩擦系数受其晶体结构的 2∶1 结构片的晶体化学组成约束，在八面体位的类质同象铝替代，将赋予结构层以不同量的负电荷并引起结构层的轻微变形，其层间将有相应的金属阳离子介入以平衡电荷，进而改变了摩擦系数。叶蜡石的化学组成影响叶蜡石的烧结性能（Sule and Sigalas, 2020），过剩的氧化铝将提高叶蜡石烧结陶瓷的力学性能。此外，微量元素掺杂也常被用来改善材料的物理特性。因此，叶蜡石晶体化学组成与其功能属性有何内在联系是一类重要的科学问题。

2）具有特定功能属性的叶蜡石的地质成因是什么？

叶蜡石地质成因不同，其晶体化学也必不同，相应的材料的功能属性也必有差异。针对热液成因、变质成因等不同地质成因的叶蜡石的晶体化学组成研究基本上是空白。例如，闽浙火山岩区的叶蜡石多为热液蚀变成因，常被作为雕刻材料使用。再如，北京门头沟赵家台的叶蜡石是变质成因的，适于作传压介质。因此，查明叶蜡石的晶体化学和结构与其地质成因的差异也是一项重要的科学问题。

3. 科学意义

以具有特定功能属性的叶蜡石矿为切入点，追溯其晶体化学组成、晶体结构以确定其功能属性的根本原因，这样的逆向研究具有厘清其应用理论基础的重要科学意义。针对这类矿床的野外产状、矿物组合特征、流体特征、微量元素等地质特征开展研究，查明叶蜡石颗粒的微观形貌与地质成因之间的联系。将叶蜡石的晶体形貌、化学组成等特征与其特定的功能属性关联研究，探索纤维状、微细片状叶蜡石的力学性质与八面体配位阳离子组成的关系。探索叶蜡石纯矿物的晶体化学组成与烧结性能的关系，提升叶蜡石应用的科学性、针对性，提高矿业的经济产出。因此，叶蜡石矿的专属性研究具有重要的理论和经济意义。

4. 衍生意义

叶蜡石的成因研究将有利于沉积岩变质的温压条件的厘定（Bozkaya et al., 2007; Herrmann et al., 2009），有利于火山蚀变与金属矿床的成因研究（Zhang S Y and Zhang H F, 2020），对于丰富矿床学成因理论具有重要意义。叶蜡石的形成是富铝火山岩蚀变的结果，而蚀变是“水岩”反应的外在表现，因此研究叶蜡石的成因能丰富成因矿物学的理论。金属矿床，特别是铜矿、银矿和金矿的勘探与开采有利于国计民生，因而叶蜡石成因的研究也具有重要的经济意义。

参考文献

陈天虎，王道轩，方啸虎，唐述培. 2001. 合成金刚石生产中叶蜡石传压密封材料矿物学研究［J］. 矿物学报，21(3): 547-550.

杜鹏. 2019. 我国叶蜡石资源特征及其开发利用前景［J］. 中国非金属矿工业导刊，136: 45-48.

李蘅，李毅，徐文炘，郭陀珠，韦家新，何绪林. 2004. 某些产地叶蜡石传压介质材料研究［J］. 非金属矿，27(5): 19-27.

毛靓玉，姜杰，李鸿程. 2002. NK 型叶蜡石传压介质的研究［J］. 工业金刚石，(3-4): 91-93.

陶知耻，蒲正行. 1977. 赵家台叶蜡石的品种类型、矿物相变及其对合成金刚石的影响［J］. 中国科学，3: 173-181.

汪灵. 1997. 中国东南沿海叶蜡石矿床成因类型及其地质特征［J］. 建材地质，(6): 9-12.

叶孔凯. 2019. 福建省叶蜡石矿床分布及其类型［J］. 冶金与材料，39(6): 181-183.

叶泽富，周立冰，袁静. 2017. 浙江青田周村雕刻石－叶蜡石矿床特征及工作方法［J］. 矿产与地质，31(4): 706-711.

Anthony J W, Bideaux R A, Bladh K W, Nichols M C. 1990. Handbook of Mineralogy［M］. Chantilly: Mineralogical Society of America.

Berrada S H, Belkabir A. 2009. Pyrophyllite-zunyite-diaspore mineralization at Chouichiat, Anti-atlas, Morocco［J］. Canadian Mineralogist, 47: 441-456.

Bozkaya Ö, Yalçin H, Başibüyük Z, Bozkaya G. 2007. Metamorphic-hosted pyrophyllite and dickite occurrences from the hydrous Al-silicate deposits of the Malatya-Pütürge region,

Central Eastern Anatolia, Turkey [J] . Clays and Clay Minerals, 55(4): 423-442.

Drits V, Derkowski A, McCarty D K. 2011. Kinetics of thermal transformation of partially dehydroxylated pyrophyllite [J] . American Mineralogist, 96 (7): 1054-1069.

Drits V, Guggenheim S, Zviagina B, Kogure T. 2012. Structures of the 2 ∶ 1 layers of pyrophyllite and talc [J] . Clays and Clay Minerals, 60(6): 574-587.

El Gaidoumi A, Rodríguez J M D, Melián E P, González-Díaz O M, Santos J A N, El Bali B, Kherbeche A. 2019. Synthesis of sol-gel pyrophyllite/TiO_2 heterostructures: effect of calcination temperature and methanol washing on photocatalytic activity [J] . Surfaces and Interfaces, 14: 19-25.

Ha J H, Lee S J, Bukhari S Z A, Lee J M, Song I H. 2017. The preparation and characterization of alumina-coated pyrophyllite-diatomite composite support layers [J] . Ceramics International, 43: 1536-1542.

Herrmann W, Green G R, Barton M D, Davidson G J. 2009. Lithogeochemical and stable isotopic insights into submarine genesis of pyrophyllite-altered facies at the Boco prospect, Western Tasmania [J] . Economic Geology, 104: 775-792.

Imura T, Ohba T, Horikoshi K. 2021. Geologic and petrologic evolution of subvolcanic hydrothermal system: a case on pyroclastic deposits since the 1331 CE eruption at Azuma-Jododaira volcano, central Fukushima, North-Eastern Japan [J] . Journal of Volcanology and Geothermal Research, 416: 107274.

Liu X W, Bai M J. 2017. Effect of chemical composition on the surface charge property and flotation behavior of pyrophyllite particles [J] . Advanced Powder Technology, 28: 836-841.

Portela B, Sepp M D, Ruitenbeek F J A, Hecker C. 2021. Using hyperspectral imagery for identification of pyrophyllite-muscovite intergrowths and alunite in the shallow epithermal environment of the Yerington porphyry copper district [J] . Ore Geology Reviews, 131: 104012.

Sakuma H, Kawai K, Kogure T. 2020. Interlayer energy of pyrophyllite: implications for macroscopic friction [J] . American Mineralogist, 105: 1204-1211.

Sule R, Sigalas L. 2020. Influence of excess alumina on mullite synthesized from pyrophyllite by spark plasma sintering [J] . Clay Minerals, 55: 166-171.

Zhang S Y, Zhang H F. 2020. Genesis of the Baiyun pyrophyllite deposit in the central Taihang Mountain, China: implications for gold mineralization in wall rocks [J] . Ore Geology Reviews, 120: 103313.

（蔡元峰，南京大学）

1.2 黏土矿物转化与有机质生烃机制

1. 问题背景

泥质烃源岩由矿物和有机质等组成，前人已发现黏土矿物吸附有机质可形成有机黏粒复合体（Cai et al., 2007; Kennedy et al., 2002），或通过黏土矿物的内表面和外表面吸附有机质（Zhu et al., 2016），或通过不同的键合方式吸附有机质（Keil and Mayer, 2014），表明黏土矿物吸附有机质是沉积有机质中一种全新的有机质赋存形式。在泥质烃源岩中，矿物（如石英、长石以及黏土矿物和碳酸盐矿物等）性质各异，有机质（如可溶有机质、无定形有机质和结构有机质等）特征差异极大（Cai et al., 2020），所以会出现矿物－有机质吸附型和矿物－有机质共存型等有机质赋存形式，展现了泥质烃源岩中有机质赋存的多样性，这与传统的干酪根是泥质烃源岩中有机质主要赋存形式的观点不同（Tissot and Welte, 1984）。

传统的干酪根生烃理论强调有机质裂解以及黏土矿物的催化作用（Tissot and Welte, 1984），认为热演化是控制有机质生烃的主要因素，但深层液态烃和页岩油气的发现（Price, 1980; Horsfield et al., 1992; Pepper and Dodd, 1995; 杜金虎等 , 2012; 吴伟等 , 2015; 薛永安 , 2019; 任战利等 , 2020; 郭旭升等 , 2020），突破了传统干酪根生烃理论预测的液态烃的下限，越来越引起人们对干酪根生烃理论的思考。前人对比了沉积有机质与原油的化学成分（Zobell, 1945），认为沉积有机质转化成油气必须经历加氢和去氧的过程，干酪根氢碳比急剧下降，且轻烃和气态烃的量急剧增加，因此，有机质生烃急需大量的无机氢。前人发现在含油气盆地中黏土矿物演化与油气高峰是一致的（Seewald, 2003），生油门限与蒙脱石脱水的顶界深度较接近（王行信 , 1996），也得到大量模拟实验的证实（Du et al., 2021b），这些都预示着有机质生烃过程中黏土矿物－有机质相互作用是普遍存在的。

黏土矿物是由硅氧四面体及铝氧八面体叠置排列而成的层状硅酸盐类矿物，包括蒙脱石、伊利石、高岭石及绿泥石等类型以及比表面积、荷电性、阳离子交换性和膨胀性等特征。黏土矿物的转化具有阶段性，通过固态或溶解重结晶等机制发生蒙脱石伊利石化或蒙脱石绿泥石化等（Beaufort et al., 2015; Środoń, 1999）。在转化过程中，矿物结构（四面体和八面体）和层间离子等也会发生变化，进而引起黏土矿物的荷电性（结构电荷与可变电荷）、固体酸性、水赋存态等属性的变化（Du et al., 2021a; Sato et al., 1996），如固体酸的类型、含量和强度的变化，质子或电子转移造成的结构电荷与可变电荷的变化，矿物的游离水、层间水和结构水等含水量的变化等，这些将对黏土矿物吸附有机质的解吸附及生烃演化产生影响。因此，除了关注传统的干酪根有机质裂解作用外，还应关注黏土矿物转化过程中矿物属性变化以及黏土矿物－有机质相互作用下的有机质生烃机制，这对完善干酪根的生烃理论、深刻认识油气资源的分布规律具有重要的意义。

2. 关键问题

黏土矿物转化过程中四面体、八面体和层间的结构及元素变化特征与成岩环境，如离子类型和浓度、酸碱值（pH）、温度和压力等密切相关，因此首先搞清在不同成岩环境下黏土矿物的转化机制和控制因素以及黏土矿物属性和演化规律的差异性；其次搞清黏土矿物转化过程中矿物结构的变化特征与固体酸类型、含量和强度（图 1），荷电性类型、含量和位置，水赋存位置和含量等矿物属性的响应特征、控制因素及演化规律；最后探明黏土矿物转化过程中黏土矿物吸附有机质的解吸附特征、有机质生烃的过程和无机氢的变化特征以及生烃产物的演化规律。

3. 科学意义

自然界中黏土矿物与有机质密切相关，不同成岩环境下黏土矿物－有机质相互作用，不仅能控制黏土矿物的转化机制和进程，造成有机质存在与否黏土矿物转化进程的差异性（Li et al., 2016），也能控制黏土矿物转化过程中黏土矿物属性的变化，如蒙脱石伊利石化过程中固体酸的类型、分布、强度的变化等（Du et al., 2021a），充分展现了黏土矿物－有机质相互作用的动态变化的特征。同时，黏土矿物的固体酸、荷电性及水赋存的类型、含量和位置等属性变化，必将对吸附有机质的解吸附、氧化还原作用和裂解作用以及有机质生烃过程的加氢作用等产生影响，这将有助于探索新的有机质生烃机制，完善传统的干酪根裂解生烃理论。在黏土矿物 - 有机质相互作用过程中会有新的成岩矿物和烃产物等形成，即黏土矿物转化过程中存在黏土矿物 - 烃产物的响应特征（Du et al., 2021b），这对认识油气的资源效应和分布规律以及拓展油气勘探的新空间都具有重要的意义。

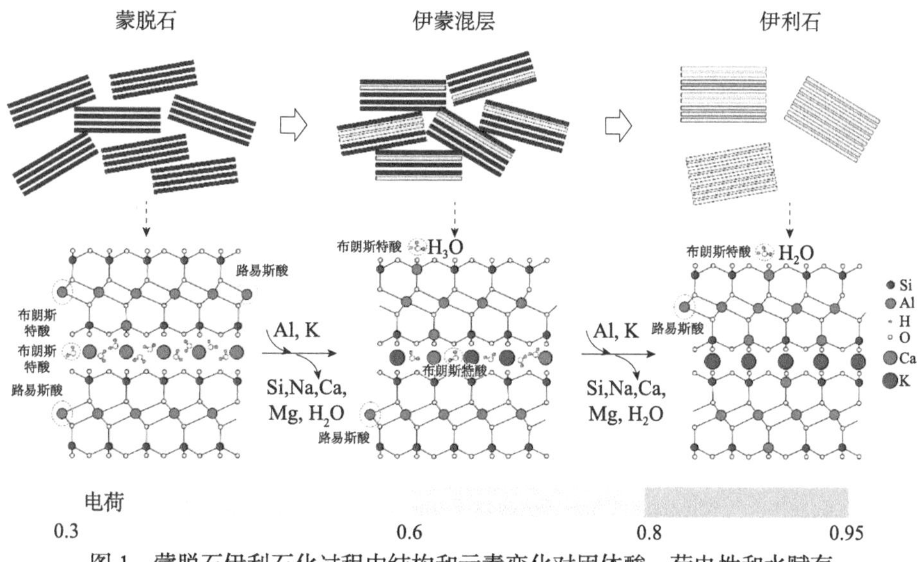

图 1　蒙脱石伊利石化过程中结构和元素变化对固体酸、荷电性和水赋存位置的影响（Du et al., 2021a）

4. 衍生意义

黏土矿物转化在自然界极其普遍，不同成岩环境下黏土矿物转化伴随着矿物结构和矿物属性的变化，准确地获得黏土矿物固体酸、荷电性及水赋存的类型、含量和位置等是极其重要的，这将对黏土矿物或矿物属性的表征技术的发展具有推进作用。黏土矿物转化过程中矿物结构、矿物属性的变化等都与成岩环境密切相关，即黏土矿物与成岩环境具有响应关系，而自然界中既有埋藏成岩环境，也有表生成岩环境，这对认识黏土矿物转化特征和分布规律具有重要的意义。利用黏土矿物 - 有机质相互作用既可以探索有机质生烃的新机制，也可以探索碳循环的新方式，深化认识现今和地质历史时期的全球气候变化规律，为人类的生存和发展提供科学支持。

参考文献

杜金虎，赵贤正，张以明，张锐锋，曹兰柱，田建章 . 2012. 牛东 1 风险探井重大发现及其意义［J］. 中国石油勘探，17(1): 1-8.

郭旭升，胡东风，黄仁春，魏志红，段金宝，魏祥峰，范小军，缪志伟 . 2020. 四川盆地深层—超深层天然气勘探进展与展望［J］. 天然气工业，40(5): 1-14.

任战利，崔军平，祁凯，杨桂林，陈占军，杨鹏，王琨 . 2020. 深层、超深层温度及热演化历史对油气相态与生烃历史的控制作用［J］. 天然气工业，40(2): 22-30.

王行信 . 1996. 用有机粘土化学研究生油理论［J］. 海相油气地质，1(4): 33-39.

吴伟，房忱琛，董大忠，刘丹 . 2015. 页岩气地球化学异常与气源识别［J］. 石油学报，36(11): 1332-1340.

薛永安 . 2019. 渤海海域深层天然气勘探的突破与启示［J］. 天然气工业，39(1): 11-20.

Beaufort D, Rigault C, Billon S, Billault V, Inoue A, Inoue S, Patrier P. 2015. Chlorite and chloritization processes through mixed-layer mineral series in low-temperature geological systems–a review［J］. Clay Minerals, 50(4): 497-523.

Cai J G, Bao Y J, Yang S Y, Wang X X, Fan D D, Xu J L, Wang A P. 2007. Research on preservation and enrichment mechanisms of organic matter in muddy sediment and mudstone［J］. Science in China Series D: Earth Sciences, 50(5): 765-775.

Cai J G, Zhu X J, Zhang J Q, Song M S, Wang Y S. 2020. Heterogeneities of organic matter and its occurrence forms in mudrocks: evidence from comparisons of palynofacies［J］. Marine and Petroleum Geology, 111: 21-32.

Du J Z, Cai J G, Chao Q, Song M S, Wang X J. 2021a. Variations and geological significance of solid acidity during smectite illitization［J］. Applied Clay Science, 204: 1-11.

Du J Z, Cai J G, Lei T Z, Li Y L. 2021b. Diversified roles of mineral transformation in controlling hydrocarbon generation process, mechanism, and pattern［J］. Geoscience Frontiers, 12(2): 725-736.

Horsfield B, Schenk H J, Mills N, Welte D H. 1992. An investigation of the in-reservoir conversion of oil to gas: compositional and kinetic findings from closed-system programmed-temperature pyrolysis［J］. Organic Geochemistry, 19(1-3): 191-204.

Keil R G, Mayer L M. 2014. Mineral matrices and organic matter［J］. Treatise on Geochemistry, 12(2): 337-359.

Kennedy M J, Pevear D R, Hill R J. 2002. Mineral surface control of organic carbon in black shale [J] . Science, 295(5555): 657-660.

Li Y L, Cai J G, Song M S, Ji J F, Bao Y J. 2016. Influence of organic matter on smectite illitization: a comparison between red and dark mudstones from the Dongying Depression, China [J] . American Mineralogist, 101 (1):134-145.

Pepper A S, Dodd T A. 1995. Simple kinetic models of petroleum formation. Part Ⅱ: oil-gas cracking [J] . Marine and Petroleum Geology, 12(3): 321-340.

Price L. 1980. Shelf and shallow basin oil as related to hot-deep origin of petroleum [J] . Journal of Petroleum Geology, 3(1):91-116.

Sato T, Murakami T, Watanabe T. 1996. Change in layer charge of smectites and smectite layers in illite/smectite during diagenetic alteration [J] . Clays and Clay Minerals, 44 (4): 460-469.

Seewald J S. 2003. Organic-inorganic interactions in petroleum-producing sedimentary basins [J] . Nature, 426(6964): 327-333.

Środoń J. 1999. Nature of mixed-layer clays and mechanisms of their formation and alteration [J] . Annual Review of Earth and Planetary Sciences, 27(1):19-53.

Tissot B P, Welte D H. 1984. Petroleum Formation and Occurrence [M] . Berlin: Springer-Verlag.

Zhu X J, Cai J G, Liu W X, Lu X C. 2016. Occurrence of stable and mobile organic matter in the clay-sized fraction of shale: significance for petroleum geology and carbon cycle [J] . International Journal of Coal Geology, 160-161: 1-10.

Zobell C E. 1945. The role of bacteria in the formation and transformation of petroleum hydrocarbons [J] . Science, 102(2650): 364-369.

（蔡进功，同济大学，海洋地质国家重点实验室）

1.3 含铵云母的稳定性与地球氮循环

1. 问题背景

地球上的氮元素，27% ～ 30% 储存于大气中，11% ～ 16% 储存于地壳中，而地幔中则含有地球总氮含量的 60%（Bebout et al., 2013a; Palya et al., 2011）。通常认为地幔中的氮是由地壳中的氮通过俯冲作用而被带入地球深部（Mallik et al., 2018）。因此，氮元素从地壳俯冲至地幔过程中的地球化学行为，已成为了解地球深部氮循环的一个重要窗口。然而，由于深部取样的难度以及氮元素及其同位素分析技术的精度限制，目前对于地球壳－幔圈层间氮元素的地球化学行为研究远远滞后于生物圈、土壤及沉积岩中的氮元素研究。地幔中氮元素的携带者是什么，以何种形式被带入地幔？进入地幔后，它们的赋存状态又有何变化？这些已成为近年来地学界研究的热点问题也是难点问题（Bebout et al., 2016）。

氮在地壳岩石中的赋存形式有多种，包括有机氮、氮化物、硝酸盐及固定铵，其中大部分的氮以固定铵的形式储存于矿物中（刘钦甫和郑启明，2016）。由于 NH_4^+ 的离子半径 1.43 Å 与 K^+ 的离子半径 1.33 Å 相近，含铵矿物通常被认为是 NH_4^+ 替代 K^+ 进入矿物晶格中而形成的类质同象。在地壳中，铵根离子主要赋存于含钾的硅酸盐矿物中，以含铵伊利石与含铵云母最为常见。前者主要分布于沉积岩，如含煤地层及油气地层中（Schroeder and McLain, 2018）；而后者常见于变质岩，且铵根离子含量可观，如德国厄尔士山脉（Erzgebirge）的云母片岩中共生的黑云母和多硅白云母中的 NH_4^+ 浓度分别可达 1400 ppm（1 ppm=10^{-6}）和 700 ppm（Wunder et al., 2015），而在意大利西部阿尔卑斯山脉处发现的多硅白云母中 NH_4^+ 浓度甚至可高达 2000 ppm（Busigny et al., 2003a）。显然，含铵云母是地壳中氮元素的重要的矿物载体之一。

然而，含铵云母能否担任将氮元素带入地球深部的角色呢？氮从俯冲地壳迁移到地球深部的过程主要受控于两个因素：俯冲带的热结构（地温梯度）和含氮矿物的稳定性（Busigny et al., 2019）。热俯冲过程中大部分氮元素通过挥发作用或部分熔融被损耗（图 1），而冷俯冲带由于少有或没有岩浆作用，从而避免了俯冲过程中氮元素的损失。Busigny 等和 Bebout 等指出，在相对低温的俯冲带的地质背景下，沉积岩可以携带大量的氮元素进入地球深部，甚至可以到达火山前缘以下的深度（Bebout et al., 2013b; Busigny et al., 2003b）。同时，前人研究表明含铵云母具有较好的稳定性。Schmidt 等列出了能稳定存在于俯冲带的 20 余种携带挥发分的主要矿物相，其中不乏多种常同时含铵根离子和水的云母类矿物，如黑云母、金云母、多硅白云母等（Schmidt et al., 2014）。近年来原位光谱技术也证实了天然以及合成的含铵多硅白云母在高温高压条件下的稳定性 (Yang and Berryman, 2017; Abdel-Hak et al., 2020）。上述现象启示我们，地壳中的含铵云母很可能是通过冷俯冲带携带氮元素进入地球深部的重要载体矿物。

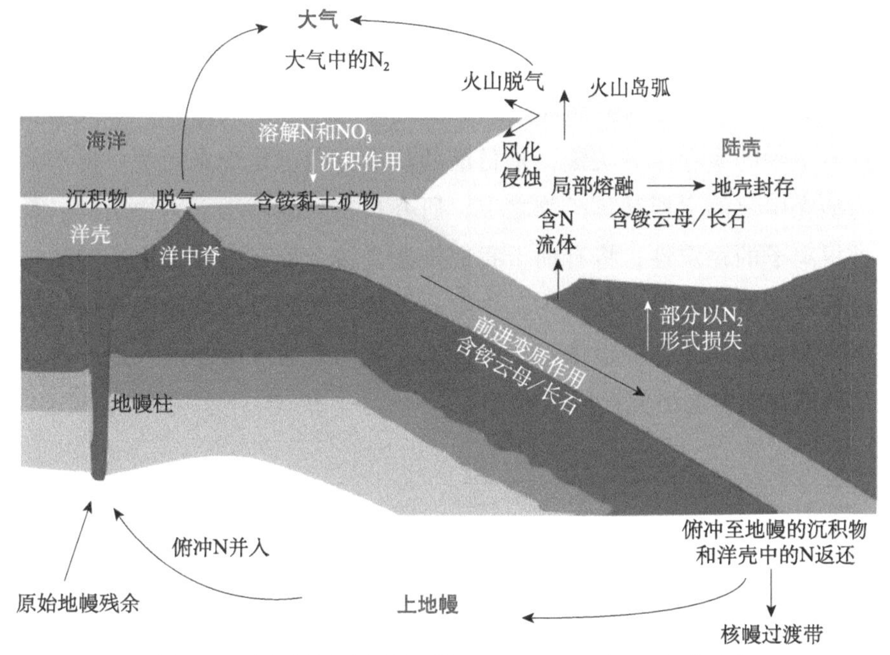

图 1　地球氮循环示意图［据 Ralf and Gray（2021）修改］

2. 关键问题

如上所述，含铵云母是氮元素从地壳进入地幔的载体矿物之一，而与地壳相比，地幔中氮元素的赋存矿物与赋存形式则更为复杂多样。显然，含铵云母在经历俯冲过程中，其自身结构以及层间域氮元素赋存形式必定发生了较大的改变，但其具体机制尚不明确。

众所周知，矿物结构和组分的稳定性与所经历的温度和压力条件密切相关。例如，前人研究发现含铵蒙脱石在模拟冷俯冲带的温度和压力条件下，可转化为含铵云母、水铵长石、蓝晶石和石榴子石；同时，温度的升高可以造成氮元素的迅速脱失，但该影响可以从压力中得到补偿，从而保持铵根离子在矿物中的稳定性（Cedeño et al., 2019）。在俯冲过程中，地层的温度和压力随着深度增加而升高。因此，很有必要开展含铵云母的高温高压稳定性研究，其中主要涉及以下关键问题：含铵云母在高温高压条件下的稳定性以及矿物的高温高压相变产物和相变机制；原层间域中铵根离子的稳定性以及在经历高温高压后其赋存形式及含量的变化。

3. 科学意义

地球壳－幔圈层的氮循环是全球氮循环的核心组成部分，对人类及其他地球生物的生存十分关键，是目前的前沿方向也是难点问题。含铵云母作为地壳中氮的主要载体矿物之一，研究其在高温高压下矿物结构以及层间铵根离子的稳定性，将有助于我们推演含铵云母在俯冲过程中的结构演变过程以及氮元素的迁移行为，为深入了解含铵云母在地球壳－幔圈层间氮循环中扮演的角色提供依据，并为地壳氮元素通过俯冲进入地球深部过程的地球化学行为研究提供参考。

4. 衍生意义

除含铵云母外，地壳中广泛分布有含铵伊利石、含铵伊蒙混层矿物和水铵长石等含铵矿物。有研究指出，在富有机质的泥岩中，黏土矿物固定铵的含量超过总氮的 50%，含铵伊利石黏土岩中铵含量最高可达 3.71%（Scholten, 1991; Ammannito et al., 2016）。含铵伊利石与含铵云母在结构和组分上极为接近，也具有较高的热稳定性。因此，对于含铵云母的高温高压稳定性的探索对研究含铵矿物甚至其他类别的含氮矿物在地球壳－幔圈层间氮循环中的作用均具有启示意义。相关研究方法也可为研究其他挥发性元素，如氢、碳、硫等元素在地球内部的循环提供参考。

此外，含铵矿物并非地球上独有的矿物。在太阳系最小的矮行星——谷神星的表面，也发现了大量的含铵矿物，如含铵蒙皂石和含铵碳酸盐矿物，以及数量可观的含铵氯化物（Raponi et al., 2019）。有趣的是，尽管蒙皂石与伊利石、云母均为地球上分布广泛的层状硅酸盐矿物，然而含铵蒙皂石却在地壳中较为罕见。那么，究竟是何种因素导致地球和谷神星表面铵根离子赋存矿物的明显差异？开展上述含铵矿物在不同行星环境中的稳定性研究或许能给出答案。

参考文献

刘钦甫，郑启明. 2016. 煤层中的氮及含氮黏土矿物研究［M］. 北京：科学出版社.

Abdel-Hak N, Wunder B, Efthimiopoulos I, Koch-Muller M. 2020. *In situ* micro-FTIR spectroscopic investigations of synthetic ammonium phengite under pressure and temperature［J］. European Journal of Mineralogy, 32(5): 469-482.

Ammannito E, de Sanctis M C, Ciarniello M, Frigeri A, Carrozzo F G, Combe J P, Ehlmann B L, Marchi S, McSween H Y, Raponi A, Toplis M J, Tosi F, Castillo-Rogez J C, Capaccioni F, Capria M T, Fonte S, Giardino M, Jaumann R, Longobardo A, Joy S P, Magni G, McCord T B, McFadden L A, Palomba E, Pieters C M, Polanskey C A, Rayman M D, Raymond C A, Schenk P M, Zambon F, Russell C T. 2016. Distribution of phyllosilicates on the surface of Ceres［J］. Science, 353(6303): aaf4279.

Bebout G E, Agard P, Kobayashi K, Moriguti T, Nakamura E. 2013a. Devolatilization history and trace element mobility in deeply subducted sedimentary rocks: evidence from Western Alps HP/UHP suites［J］. Chemical Geology, 342: 1-20.

Bebout G E, Fogel M L, Cartigny P. 2013b. Nitrogen: highly volatile yet surprisingly compatible［J］. Elements, 9(5): 333-338.

Bebout G E, Lazzeri K E, Geiger C A. 2016. Pathways for nitrogen cycling in Earth's crust and upper mantle: a review and new results for microporous beryl and cordierite［J］. American Mineralogist, 101(1): 7-24.

Busigny V, Cartigny P, Laverne C, Teagle D, Bonifacie M, Agrinier P. 2019. A re-assessment of the nitrogen geochemical behavior in upper oceanic crust from Hole 504B: implications for subduction budget in Central America [J] . Earth and Planetary Science Letters, 525, 115735.

Busigny V, Cartigny P, Philippot P, Javoy M. 2003a. Ammonium quantification in muscovite by infrared spectroscopy [J] . Chemical Geology, 198:21-31.

Busigny V, Cartigny P, Philippot P, Javoy M. 2003b. Massive recycling of nitrogen and other fluid-mobile elements (K, Rb, Cs, H) in a cold slab environment: evidence from HP to UHP oceanic metasediments of the Schistes Lustrés nappe (western Alps, Europe) [J] . Earth and Planetary Science Letters, 215(1): 27-42.

Cedeño D G, Conceição R V, Souza M R W, Quinteiro R V S, Carniel L C, Ketzer J M M. 2019. An experimental study on smectites as nitrogen conveyors in subduction zones [J] . Applied Clay Science, 168: 1-6.

Mallik A, Li Y, Wiedenbeck M. 2018. Nitrogen evolution within the Earth's atmosphere-mantle system assessed by recycling in subduction zones [J] . Earth and Planetary Science Letters, 482: 556-566.

Palya A P, Buick I S, Bebout G E. 2011. Storage and mobility of nitrogen in the continental crust: evidence from partially melted metasedimentary rocks, Mt. Stafford, Australia [J] . Chemical Geology, 281(3): 211-226.

Ralf H, Gray B. 2021. Earth's nitrogen and carbon cycles [J] . Space Science Reviews, 217: 45.

Raponi A, de Sanctis M C, Carrozzo F G, Ciarniello M, Castillo-Rogez J C, Ammannito E, Frigeri A, Longobardo A, Palomba E, Tosi F, Zambon F, Raymond C A, Russell C T. 2019. Mineralogy of Occator crater on Ceres and insight into its evolution from the properties of carbonates, phyllosilicates, and chlorides [J] . Icarus, 320: 83-96.

Schmidt M W, Poli S. 2014. 4.19—Devolatilization during subduction [M] //Holland H D, Turekian K K. Treatise on Geochemistry. 2 ed. Oxford: Elsevier: 669-701.

Scholten S O. 1991. The distribution of nitrogen isotopes in sediments [D] . Utrecht: University of Utrecht.

Schroeder P A, McLain A A. 2018. Illite-smectites and the influence of burial diagenesis on the geochemical cycling of nitrogen [J] . Clay Minerals, 33(4): 539-546.

Wunder B, Berryman E, Plessen B, Rhede D, Koch-Müller M, Heinrich W. 2015. Synthetic and natural ammonium-bearing tourmaline [J] . American Mineralogist,100: 250-256.

Yang Y, Busigny V. 2017. The fate of ammonium in phengite at high temperature [J] . American mineralogist, 102: 2244-2253.

（刘红梅，中国科学院广州地球化学研究所）

1.4 黏土矿物的生长机制

1. 问题背景

层生长理论和螺旋生长理论是矿物晶体生长的两大经典理论，其核心思想是在临界晶核形成以后，矿物的生长主要通过单个原子（或离子团）在晶面的不断堆垛实现（Kossel, 1927; Lee et al., 2001; Liu et al., 2014）。上述晶体生长理论自20世纪20年代提出后已被广泛接受，并很好地解释了在宏观和介观尺度下观察到的矿物的形貌与结构，以及相关的地质现象。而此后提出的附着型生长机制很好地解决了在高过饱和度和过冷却条件下枝晶的形成机制。因此，层生长、螺旋生长和附着型生长被认为是矿物生长的三种重要途径（罗谷风，2014）。

随着高分辨透射电子显微镜（HRTEM）等现代微区微束技术的应用，科学家们对矿物的生长过程和生长机制有了更深入的认识。Penn和Banfield（1998a）率先报道了水热合成金红石的生长是一个纳米晶粒定向附着（oriented attachment，OA）的过程，颗粒之间通过晶体取向的调整形成矿物晶体，即矿物的颗粒附着生长（crystallization by particle attachment，CPA）机制。同时，纳米晶粒之间取向不完全一致，由此导致了螺旋位错的形成，这很好地解释了矿物的螺旋生长机制。可见，颗粒附着生长机制与经典矿物生长理论的单原子堆垛方式存在显著差异。随后，矿物的颗粒附着生长模式在磷灰石（Habraken et al., 2013）、锐钛矿（Penn and Banfield, 1998b）、铁氧化物（Banfield et al., 2000）、磁铁矿（Baumgartner et al., 2013）、沸石（Lupulescu and Rimer, 2014）等众多矿物中均已发现。从已有的报道来看，颗粒附着生长模式主要出现在生物成因和表生环境形成的三维结构矿物中。

对于层状结构的黏土矿物，虽然早在20世纪就已有学者提出“构筑块”（building block）的假设（White and Zelazny, 1988），但由于黏土矿物颗粒细小、热稳定性差、结构复杂，人们对其生长过程和生长机制的认识还非常有限。最近，基于 HRTEM 的观察，García-Romero 和 Suárez（2018）提出，高岭石、海泡石、凹凸棒石等黏土矿物的生长为颗粒定向附着生长机制，而蒙皂石矿物的生长则为一个半定向附着（semi-oriented attachment）过程，即颗粒沿 c 轴方向定向附着，在 a 轴和 b 轴方向则是一个传统的单原子堆积过程。值得注意的是，He 等（2021）首次报道了在岩浆作用和高温变质作用过程中，云母矿物的生长经历了两个主要阶段：首先由成核作用形成的纳米晶粒会通过定向附着形成小颗粒的纳米片，然后这些纳米片会沿 c 轴方向堆垛形成云母晶体，其中纳米片之间存在不同角度的相对旋转（图 1）。该发现表明，颗粒附着生长模式很可能是一种普遍存在的矿物形成途径。

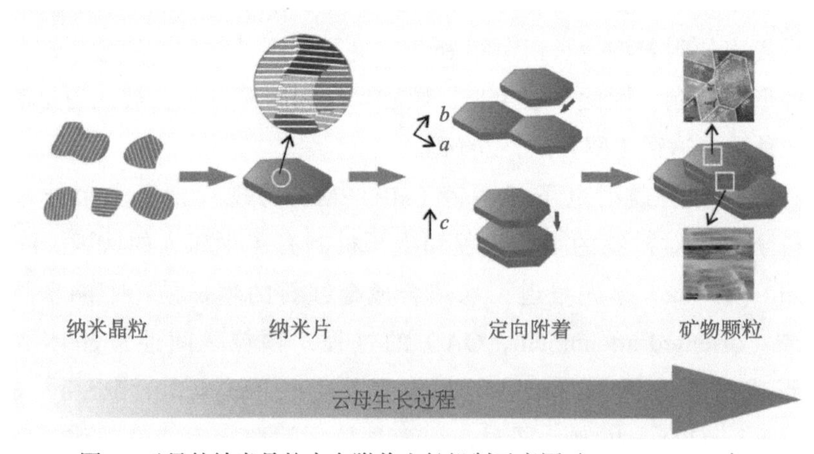

图 1　云母的纳米晶粒定向附着生长机制示意图（He et al., 2021）

2. 关键问题

云母类矿物与黏土矿物同属于典型的层状硅酸盐矿物（Guggenheim and Martin, 1995），但它们的形貌与物理化学性质存在显著差异。云母可以长成数十厘米甚至更大的巨晶，而黏土矿物的粒径往往小于 2 μm。为什么黏土矿物长不大？这是一个矿物学的基础问题，也是一个长期悬而未决的有关黏土矿物生长机制的问题。

除了粒径小这一特征外，黏土矿物还有许多特殊的形貌和结构。例如，高岭石、利蛇纹石等呈现典型的片状形貌，但与它们的晶体结构、化学组成相似的埃洛石、纤蛇纹石等却呈纤维状（图 2）。虽然海泡石与凹凸棒石均为层 - 链状结构，但前者的倒转周期为 6 个 Si-O 四面体结构单元，而后者的却为 4 个 Si-O 四面体结构单元。即使同为叶蛇纹石，不同产地的叶蛇纹石的 Si-O 四面体倒转周期却存在显著差异（Brigatti et al., 2013）。这些矿物形貌与结构的差异到底受什么因素控制？不同黏土矿物的生长过程和生长机制是否存在差异？矿物的特殊形貌与结构记录了什么样的形成环境？这些是矿物学、地球化学等领域亟待回答的重要科学问题。

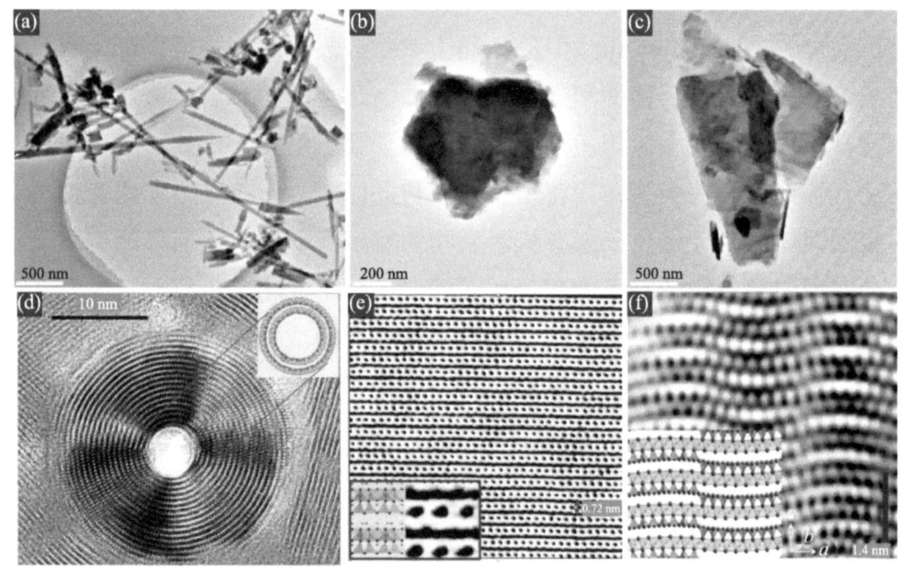

图 2　纤蛇纹石、利蛇纹石和叶蛇纹石颗粒的形貌（a ～ c）
和结构图（d ～ f）（Evans et al., 2013）

（a）纤蛇纹石具有典型的纤维状形貌；（b）利蛇纹石颗粒的形貌；
（c）叶蛇纹石颗粒的形貌；（d）纤蛇纹石管的横切面表现为空心圆柱结构；
（e）利蛇纹石具有平整片状结构；（f）叶蛇纹石沿 *b* 轴方向呈现波纹状结构

此外，混层黏土矿物是一类具有特殊晶体化学特征的矿物（Środoń, 2003）。虽然它的组成可以简化为某两种或几种矿物结构组元的组合，但对它的生长过程和生长机制至今还缺乏清晰的认识。特别是，在混层黏土矿物中出现了极性结构（即某一结构单元层的化学组成和性质具有非对称性），这无法用经典的矿物生长理论给予解释。

由上可见，黏土矿物形貌和结构的多样性、复杂性依然是矿物学及相关学科的一个极具挑战性的研究领域，其中的核心问题是黏土矿物的生长过程和机制。

3. 科学意义

黏土矿物由于其特殊的形貌和结构，具有许多特殊的物理化学性质，如吸附性能、流变性能、可塑性及层间域的可改造性等，因此黏土矿物在众多领域具有广泛的应用，被称为“万能工业原料”（Bergaya and Lagaly, 2013）。另外，由于黏土矿物广泛分布于固体地球的表层系统，对地球系统的元素循环、环境中污染物的迁移－转化以及表生成矿作用等地质过程均有重要影响（Hazen et al., 2013）。黏土矿物通过吸附作用可以固定重金属离子，从而降低其迁移性和生物可利用性。黏土矿物对成矿金属离子的吸附与富集可形成表生矿床，如我国华南离子吸附型稀土矿的形成便与黏土矿物对稀土离子的吸附作用密切相关。与此同时，由于黏土矿物表面具有丰富的固体酸，可催化分解有机污染物和有机大分子，从而影响有机污染物的环境归趋和地球系统的碳循环。因此，黏土矿物生长机制研究，不仅可从理论上解译黏土矿物形貌与结构多样性的形成机制，以及其表面反应性的结构本质，还可为认识重要地质地球化学过程、解译重大地质事件及高效高附加值利用黏土矿物资源提供重要支撑。

4. 衍生意义

黏土矿物的组成、形貌、结构及其性能的多样性和复杂性预示了其形成和演化必定是一个复杂的过程，很可能涉及多种机制和途径。因此，黏土矿物生长机制的研究必将丰富和完善矿物晶体的生长理论，同时，其形成条件的有效限定，可为反演地球环境的变化、重建古气候古环境、解译重要地质事件提供关键依据。另外，相关理论的突破，将有助于一些具有特殊结构和性能的新材料的合成与应用（de Yoreo et al., 2015）。例如，混层矿物的特殊结构和性能暗示了可以模拟矿物的形成条件合成多级孔材料、特异的催化材料和导电材料。再如，通过黏土矿物的合成和原位嫁接，可以合成各种形貌和结构的无机－有机杂化材料。因此，黏土矿物的生长机制不仅是矿物学的一个重要基础理论问题，而且对地球化学、环境科学、材料科学等的发展将起到积极的推动作用。

参考文献

罗谷风 . 2014. 结晶学导论［M］. 3 版 . 北京：地质出版社 .

Banfield J F, Welch S A, Zhang H, Ebert T T, Penn R L. 2000. Aggregation-based crystal growth and microstructure development in natural iron oxyhydroxide biomineralization products［J］. Science, 289(5480): 751-754.

Baumgartner J, Dey A, Bomans P H H, le Coadou C, Fratzl P, Sommerdijk N A J M, Faivre D. 2013. Nucleation and growth of magnetite from solution［J］. Nature Materials, 12(4): 310-314.

Bergaya F, Lagaly G. 2013. Chapter 1—Introduction to clay science: techniques and applications［M］//Bergaya F, Lagaly G. Handbook of Clay Science, Developments in Clay Science. Oxford: Elsevier: 1-7.

Brigatti M F, Galan E, Theng B K G. 2013. Chapter 2—Structures and mineralogy of clay minerals［M］//Bergaya F, Lagaly G. Handbook of Clay Science, Developments in Clay Science. Oxford: Elsevier: 21-81.

de Yoreo J J, Gilbert P U P A, Sommerdijk N A J M, Penn R L, Whitelam S, Joester D, Zhang H Z, Rimer J D, Navrotsky A, Banfield J F, Wallace A F, Michel F M, Meldrum F C, Colfen H, Dove P M. 2015. Crystallization by particle attachment in synthetic, biogenic, and geologic environments［J］. Science, 349(6247): aaa6760.

Evans B W, Hattori K, Baronnet A. 2013. Serpentinite: what, why, where?［J］. Elements, 9(2): 99-106.

García-Romero E, Suárez M A. 2018. A structure-based argument for non-classical crystal growth in natural clay minerals［J］. Mineralogical Magazine, 82(1): 171-180.

Guggenheim S, Martin R T. 1995. Definition of clay and clay mineral: joint report of the AIPEA nomenclature and CMS nomenclature committees［J］. Clays and Clay Minerals, 43(2): 255-256.

Habraken W J E M, Tao J, Brylka L J, Friedrich H, Bertinetti L, Schenk A S, Verch A, Dmitrovic V, Bomans P H H, Frederik P M, Laven J, van der Schoot P, Aichmayer B, de With G, DeYoreo J J, Sommerdijk N A J M. 2013. Ion-association complexes unite classical and non-classical theories for the biomimetic nucleation of calcium phosphate［J］. Nature Communications, 4(1): 1507.

Hazen R M, Sverjensky D A, Azzolini D, Bish D L, Elmore S C, Hinnov L, Milliken R E. 2013. Clay mineral evolution［J］. American Mineralogist, 98(11-12): 2007-2029.

He H, Yang Y, Ma L, Su X, Xian H, Zhu J, Teng H H, Guggenheim S. 2021. Evidence for a two-stage particle attachment mechanism for phyllosilicate crystallization in geological processes［J］. American Mineralogist, 106(6): 983-993.

Kossel W. 1927. Zur theorie des kristallwachstums. Nachrichten von der gesellschaft der wissenschaften zu göttingen［J］. Mathematisch-Physikalische Klasse, 1927: 135-143.

Lee G S, Lee Y J, Yoon K B. 2001. Layer-by-layer assembly of zeolite crystals on glass with polyelectrolytes as ionic linkers［J］. Journal of the American Chemical Society, 123(40): 9769-9779.

Liu L, Park J, Siegel D A, McCarty K F, Clark K W, Deng W, Basile L, Idrobo J C, Li A P, Gu G. 2014. Heteroepitaxial growth of two-dimensional hexagonal boron nitride templated by graphene edges［J］. Science, 343(6167): 163-167.

Lupulescu A I, Rimer J D. 2014. *In situ* imaging of silicalite-1 surface growth reveals the mechanism of crystallization［J］. Science, 344(6185): 729-732.

Penn R L, Banfield J F. 1998a. Imperfect oriented attachment: dislocation generation in defect-free nanocrystals［J］. Science, 281(5379): 969-971.

Penn R L, Banfield J F. 1998b. Oriented attachment and growth, twinning, polytypism, and formation of metastable phases: insights from nanocrystalline TiO_2［J］. American Mineralogist, 83(9-10): 1077-1082.

Środoń J. 2003. Mixed-layer clays［M］//Middleton G V, Church M J, Coniglio M, Hardie L A, Longstaffe F J. Encyclopedia of Sediments and Sedimentary Rocks. Dordrecht: Spring: 447-450.

White G N, Zelazny L W. 1988. Analysis and implications of the edge structure of dioctahedral phyllosilicates［J］. Clays and Clay Minerals, 36(2): 141-146.

（何宏平，中国科学院广州地球化学研究所）

第2章

结构和属性

2.1 黏土矿物结构与近红外光谱机制

1. 问题背景

蒙皂石族黏土矿物（简称蒙皂石）是一类 2∶1（TOT）型层状硅酸盐矿物。它们颗粒细小、比表面积巨大，具有良好的阳离子交换性能等，对行星表层元素的迁移与富集等物质循环起着重要作用（Churchman，2002）。根据其结构八面体片中金属离子的种类和数量，蒙皂石可进一步分为蒙脱石、绿脱石、皂石或铁皂石等。

火星表面分布着大量的 Fe/Mg 质蒙皂石。它们的种类、组成与晶体结构记录着形成与演变过程中地球化学变化、氧化还原特征和水的活动性等重要信息（罗谷风，2010）。因而，聚焦矿物组合与晶体结构特征的指示作用，开展蒙皂石成因研究，不仅为揭示火星地质过程与环境演化提供一个独特的途径，更是揭示火星水环境演化历史、火星过去与将来是否具有宜居性等重要科学问题的基础与关键。首先，蒙皂石的形成一般需要液态水的参与，可据此推测火星表面早期存在着持续的中性至弱碱性水环境（Ehlmann et al., 2013）。同时，Fe 是可变价元素，蒙皂石结构中 Fe 的价态与火星环境的氧化还原特征直接相关（Fox et al., 2021）。火星早期火山活动频繁，释放出大量还原性气体。此条件下的水 - 岩反应将形成铁皂石，而不是绿脱石（Chemtob et al., 2017）。而在亚马逊纪，火星环境变化为强氧化性，铁皂石才会被氧化生成绿脱石与赤铁矿（Bishop et al., 2018）。此外，由于 Fe^{2+} 的流动性明显高于 Fe^{3+}，该转变必然会对周围元素的地球化学行为产生重要的控制和影响（Dehouck et al., 2016）。

火星轨道器与火星车搭载的近红外（near infrared，NIR）光谱仪是开展火星表面蒙皂石研究最重要的手段之一。其中，富 Fe^{3+}、Mg^{2+} 和 Fe^{2+} 蒙皂石结构—OH 组频吸收分别位于 2280 ～ 2320 nm、2330 ～ 2340 nm 和

2350 ～ 2370 nm处（Bishop et al., 2018）。然而，NIR 光谱无法直接区分矿物的种类，且对特定矿物特定波长峰型过于敏感而影响谱形整体趋势（Michalski et al., 2015）。因此，不仅需要开发基于光谱经验指数和匹配模型（Ehlmann et al., 2016），还应该对目标矿物的晶体化学特征有更为全面和系统的掌握（Viviano-Beck et al., 2014）（图 1）。在实际的研究中，受限于探测数据种类与精度，并且天然矿物组成、晶体结构等理化性质复杂多变（He et al., 2014a），通常还需要辅以实验模拟方法（Tao et al., 2018, 2019），以准确揭示蒙皂石的形成机制。

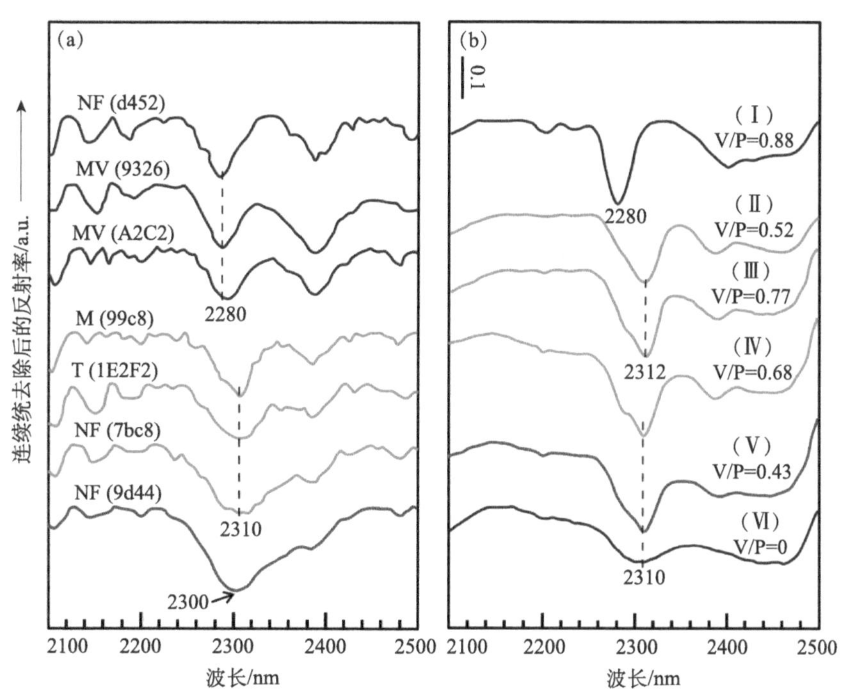

图 1 火星上的蒙皂石与地球上的蒙皂石类似物的连续统去除 NIR 光谱
（a）火星代表性蒙皂石露头的 CRISM 光谱（Michalski et al., 2015）；（b）地球天然与合成蒙皂石的 NIR 光谱。NF、MV、M 和 T 分别表示 Nili Fossae、Mawrth Vallis、Meridiani Crate 和 Tyrrhena Terra，其后括号中的数字与字母组合代表 CRISM 数据编号的最后 4 或 5 位；（Ⅰ）天然绿脱石；（Ⅱ）合成皂石；（Ⅲ）合成蒙皂石（Fe/Mg=0.5∶2.5，反应时间 10 d）；（Ⅳ～Ⅵ）合成蒙皂石（Fe/Mg=1∶1，反应时间分别为 10 d、3 d、6 h）。V/P：结构层堆垛有序度

2. 关键问题

基于火星上遍布蒙皂石等次生矿物的事实，推断火星历史存在过温暖而

湿润的环境（液态水）这一观点已得到统一（Ehlmann et al., 2013）。但是这样的气候是怎样形成的，如何演变成现在的干冷环境？这是一直以来火星科研工作者分歧巨大却又致力揭示的关键问题之一（Wordsworth et al., 2018）。火星表面具有环境指示意义的岩石和矿物为揭示与重建火星古气候提供了一把重要的钥匙。这些矿物包括蒙皂石等黏土矿物、碳酸盐和硫酸盐等（Wordsworth et al., 2018）。未来的研究应集中在对蒙皂石的成因（地表风化、湖相沉积或地下封闭的热液蚀变）、形成与转化时期（诺亚纪或亚马逊纪）（Bishop et al., 2018），水环境的覆盖范围和持续性与否等关键方面（Bandfield et al., 2011），地质条件稳定与否（pH、温压、氧化还原条件、大气 CO_2 与 SO_2 影响）等重点研究范围（Tao et al., 2018, 2019; Kite and Daswani, 2019）（图 2）。在目前就位探测覆盖范围有限，尚未有返回样品的现状下，研究者可以充分发挥 NIR 等矿物谱学的桥梁作用，以蒙皂石形成和转变过程中矿物组合与晶体结构特征为切入点，通过系统比较探测数据与模拟实验结果（Tao et al., 2018, 2019），揭示其形成条件及其蕴含的火星地质环境演化历史等。

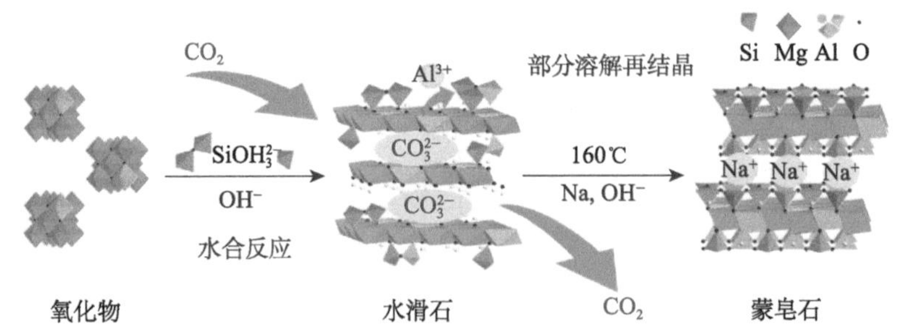

图 2 水热条件下金属氧化物经水滑石中间相向蒙皂石转化示意图（Tao et al., 2019）

3. 科学意义

由于缺少板块构造运动与地壳循环作用，火星表面很好地保留了早期岩石与矿物演化历史信息。以室内矿物合成与转变模拟实验为媒介，通过实验参数与条件调节，可以最大可能地减小因与火星环境差异而导致类比结果的误差，逼近并揭示火星地质环境。并且，通过对实验中间产物和最终产物矿物学与晶体化学特征的精细表征，可更为深入与准确地揭示探测数据蕴含的蒙皂石成因机制及其关键制约因素。最终以矿物谱学（如NIR）为桥梁，建立基于火星探测数据分析和室内模拟研究互为补充的方法，以黏土矿物组合与晶体结构等关键特征为判断依据，揭示火星黏土矿物成因及其蕴含的地质过程与环境演变规律。研究成果不仅可为火星其他种类矿物的形成机制与成因研究提供理论基础和实践范例，还可为未来火星探测任务着陆区和样品采集区的选取提供借鉴与理论指导。

4. 衍生意义

厘清蒙皂石晶体结构不仅有助于理解其形成与演化机制，重建火星水化学环境与解译古地质重大事件，同时还能揭示火星普遍存在的某些特殊地形的成因，例如，富Fe/Mg蒙皂石层往往上覆Al质黏土矿物（Bishop et al., 2018）。此外，蒙皂石在形成与转化过程中元素的迁移与分馏，对理解Fe、Mg等在蒙皂石矿物间地球化学行为也有着重要的借鉴作用（Hindshaw et al., 2020）。

另外，作为一类天然的纳微米材料，蒙脱石是一类重要的工业原料。利用其晶体结构的独特性，可对其进行层间结构改造（如无机柱撑、有机插层）（Zhu et al., 2017; He et al., 2014b）和表面修饰（如有机硅嫁接）（Tao et al., 2016），以期在纳米复合材料、环境材料、工业催化等领域得到更广泛的应用（Zhou et al., 2019）。

参考文献

罗谷风. 2010. 结晶学导论［M］. 北京：地质出版社.

Bandfield J L, Deanne Rogers A, Edwards C S. 2011. The role of aqueous alteration in the formation of Martian soils［J］. Icarus, 211: 157-171.

Bishop J L, Fairén A G, Michalski J R, Gago-Duport L, Baker L L, Velbel M A, Gross C, Rampe E B. 2018. Surface clay formation during short-term warmer and wetter conditions on a largely cold ancient Mars［J］. Nature Astronomy, 2: 206-213.

Chemtob S M, Nickerson R D, Morris R V, Agresti D G, Catalano J G. 2017. Oxidative alteration of ferrous smectites and implications for the redox evolution of early Mars［J］.

Journal of Geophysical Research-Planets, 122: 2469-2488.
Churchman G J. 2002. The role of clays in the restoration of perturbed ecosystems [J]. Developments in Soil Science, 28: 333-350.
Dehouck E, Gaudin A, Chevrier V, Mangold N. 2016. Mineralogical record of the redox conditions on early Mars [J]. Icarus, 271: 67-75.
Ehlmann B L, Berger G, Mangold N, Michalski J R, Catling D C, Ruff S W, Chassefière E, Niles P B, Chevrier V, Poulet F. 2013. Geochemical consequences of widespread clay mineral formation in Mars' ancient crust [J]. Space Science Reviews, 174: 329-364.
Ehlmann B L, Swayze G A, Milliken R E, Mustard J F, Clark R N, Murchie S L, Breit G N, Wray J J, Gondet B, Poulet F, Carter J, Calvin W M, Benzel W M, Seelos K D. 2016. Discovery of alunite in Cross crater, Terra Sirenum, Mars: evidence for acidic, sulfurous waters [J]. American Mineralogist, 101: 1527-1542.
Fox V, Kupper R, Ehlmann B, Catalano J G, Razzell-Hollis J, Abbey W J, Schild D J, Nickerson R D, Peters J C, Katz S M, White A C. 2021. Synthesis and characterization of Fe(Ⅲ)-Fe(Ⅱ)-Mg-Al smectite solid solutions and implications for planetary science [J]. American Mineralogist, 106: 964-982.
He H P, Li T, Tao Q, Chen T H, Zhang D, Zhu J X, Yuan P, Zhu R L. 2014a. Aluminum ion occupancy in the structure of synthetic saponites: effect on crystallinity [J]. American Mineralogist, 99: 109-116.
He H P, Ma L Y, Zhu J X, Frost R L, Theng B K G, Bergaya F. 2014b. Synthesis of organoclays: a critical review and some unresolved issues [J]. Applied Clay Science, 100: 22-28.
Hindshaw R S, Tosca R, Tosca N J, Tipper E T. 2020. Experimental constraints on Mg isotope fractionation during clay formation: implications for the global biogeochemical cycle of Mg [J]. Earth and Planetary Science Letters, 531: 115980.
Kite E S, Daswani M M. 2019. Geochemistry constrains global hydrology on early Mars [J]. Earth and Planetary Science Letters, 524: 115718.
Michalski J R, Cuadros J, Bishop J L, Dyard M D, Dekove V, Fiore S. 2015. Constraints on the crystal-chemistry of Fe/Mg-rich smectitic clays on Mars and links to global alteration trends [J]. Earth and Planetary Science Letters, 427: 215-225.
Tao Q, Chen M Y, He H P, Komarneni S. 2018. Hydrothermal transformation of mixed metal oxides and silicate anions to phyllosilicate under highly alkaline conditions [J]. Applied Clay Science, 156: 224-230.
Tao Q, Fang Y, Li T, Zhang D, Chen M Y, Ji S C, He H P, Komarneni S, Zhang H B, Dong Y, Noh Y D. 2016. Silylation of saponite with 3-aminopropyltriethoxysilane [J]. Applied Clay Science, 132-133: 133-139.
Tao Q, Zeng Q J, Chen M Y, He H P, Komarneni S. 2019. Formation of saponite by hydrothermal alteration of metal oxides: implication for the rarity of hydrotalcite [J].

American Mineralogist, 104: 1156-1164.

Viviano-Beck C E, Seelos F P, Murchie S L, Kahn E G, Seelos K D, Taylor H W, Taylor K, Ehlmann B L, Wiseman S M, Mustard J F, Morgan M F. 2014. Revised CRISM spectral parameters and summary products based on the currently detected mineral diversity on Mars［J］. Journal of Geophysical Research: Planets, 119: 1403-1431.

Wordsworth R, Ehlmann B, Forget F, Haberle R, Head J, Kerber L. 2018. Healthy debate on early Mars［J］. Nature Geoscience, 11: 888.

Zhou C H, Zhou Q, Wu Q Q, Petit S, Jiang S C, Xia S T, Li C S, Yu W H. 2019. Modification, hybridization and applications of saponite: an overview［J］. Applied Clay Science, 168: 136-154.

Zhu J X, Wen K, Zhang P, WangY B, Ma L Y, Xi Y F, Zhu R L, Liu H M, He H P. 2017. Keggin-Al_{30} pillared montmorillonite［J］. Microporous and Mesoporous Materials, 242: 256-263.

（陶奇，中国科学院广州地球化学研究所）

2.2 蒙脱石层电荷的快速精确测定

1. 问题背景

蒙脱石（montmorillonite, Mt）属于典型的TOT型二八面体层状硅酸盐矿物，每结构层由两硅氧四面体片（T）夹一铝氧八面体片（O）组成，单位半晶胞的理想化学式为：$(E_x^+ \cdot nH_2O)(Al_{2-y}^{3+}Mg_y^{2+})(Si_4^{4+})O_{10}(OH)_2$（E为层间可交换阳离子，*x*为单位化学式的层电荷数）。蒙脱石铝氧八面体中的Al^{3+}与Mg^{2+}、Fe^{2+}、Ca^{2+}等阳离子发生类质同象置换［图1(a)］，由此层上产生负电性（Miller and Low, 1990），这种层电荷被视作永久电荷。另外，也有报道有些蒙脱石TOT层结构中的硅氧四面体中也可能存在Si^{4+}被Al^{3+}取代的情况（Zhang et al., 2022）。四面体片上的为局域化电荷（localized charge），八面体片上的为离域化电荷（delocalized charge）［图1(b)］。此外，蒙脱石片层边缘上的“悬键”和晶体缺陷位产生可变电荷（—$^-$O$^-$H$^+$）。蒙脱石晶体结构层上的“二八面体”占位，存在两种不同的八面体位M1（—OH在八面体对顶）和M2（—OH在八面体边端），相应存在“顺式”八面体（*cis*-octahedron）和“反式”八面体（*trans*-octahedron），空出的八面体也就可分为“顺式”空位（*cis*-vacant）和“反式”空位（*trans*-vacant）［图1(c)］。

层电荷（layer charge，LC）是指偏离理想层结构（即未发生任何四面体片和八面体片同晶取代）的总的负电荷数量；层电荷密度（layer charge density，LCD）是指单位晶胞结构层上由于同晶取代产生的永久电荷的数量（Kaufhold, 2006），即蒙脱石的层电荷数一般指单位晶胞结构层上电荷的数量；LCD也有指单位面积上的平均电荷，蒙皂石族矿物为0.4～1.3e/nm^2。文献中常用每单位半晶胞所带的层电荷数量表示层电荷密度（习惯也有简称层电荷，ξ）。每单位半晶胞负电荷为0.2～0.6 e/p.f.u.［per $O_{10}(OH)_2$

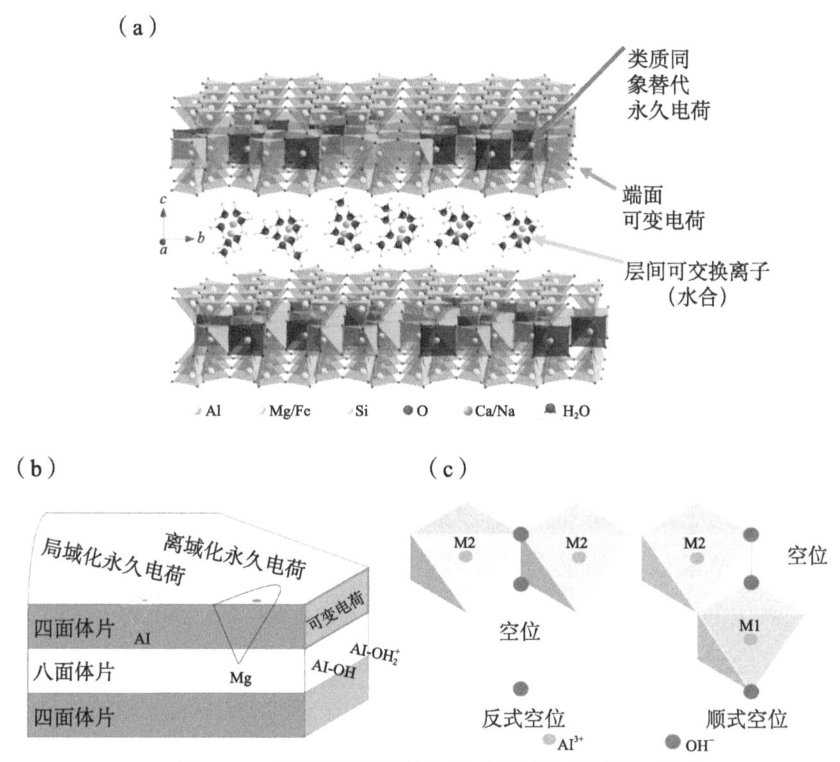

图 1　二八面体蒙脱石结构示意图及电荷种类、位置

formula unit，p.f.u.]。按蒙脱石单位半晶胞的层电荷数量多少，将蒙脱石分成三种类型。0.20 ～ 0.35e/p.f.u. 的低层电荷型（怀俄型）、0.40 ～ 0.60e/p.f.u. 的高层电荷型（切托型）和介于二者之间 0.35 ～ 0.40e/p.f.u. 的过渡型。此外，近来研究人员还提出蒙皂石矿物基粒电荷（fundamental particle charge，FPC）的概念（Pratikakis et al., 2010），定义为单元片层上层电荷总量：

$$\text{FPC}= 2 \times A \times \sigma_0$$

$$\sigma_0= 1.602 \times 10^{-19}(x+y)/a \times b$$

式中，A 是基粒的基面面积（$Å^2$）；σ_0 是表面电荷密度（C/m^2）；1.602×10^{-19} 是一个电子所带的负电荷量（C，库仑）；a、b 是单位晶胞（unit cell）的尺度（10^{-10} m，即 Å）；$x+y$ 是半晶胞的电荷数（e/h.u.c，per half unit cell），其中 y 是四面体上的电荷数，x 是八面体上的电荷数。这个定义和度量，能从整体片层上计算电荷数量及相应研究其产生的物理化学性质。

蒙脱石层电荷和层电荷密度的准确测定有助于预判、了解和掌握蒙脱石的物理化学性质和应用属性，是蒙脱石成因研究、地质环境分析、增值深加工利用的重要基础数据和特征指示信息。但是，要准确测定层电荷或层电荷密度并非易事。综观当前的分析方法，从基本原理或思路上区分，笔者认为主要有三大类型：定量全分析蒙脱石元素组分来获得层结构式；分析层间离子交换量、层间排布甚至离子交换的能量变化来推测层电荷量和分布；探针分析层骨架上的某些光谱特征来推测层结构和层电荷特征。具体分析方法有结构式推算法（structural formula method，SFM）（Čičel and Komadel, 1994; Newman and Brown, 1987; Kaufhold et al., 2011）、阳离子交换容量法（Nagy and Kónya, 2004）或吸附法（Bujdák and Komadel, 1997）、烷基胺法（alkylammonium method，AAM）（Kaufhold et al., 2011; Laird et al., 1989）、红外光谱仪分析特征基团法（Petit et al., 1998; Kuligiewicz et al., 2015a）、微量热分析离子交换焓法（Talibudeen and Goulding, 1983）等。由于蒙脱石端面可变电荷与环境的pH相关，也有研究采用电位滴定法（potentiometric titration）对其进行研究分析（James and Parks, 1982; Bujdák and Komadel, 1997）。

2. 关键问题

1）当前的主要分析测量方法

（1）根据晶体结构式推算的方法 。若能实验分析元素组成并计算推出蒙脱石半晶胞结构式，根据蒙脱石晶格内异价类质同象间的取代关系，就可以计算出因相互取代而在层上产生的负电荷。实验需要提纯蒙脱石，然后进行化学元素含量全分析，再计算给出其晶体结构化学式，最后计算出蒙脱石半晶胞总电荷密度值。结构式推算法由 Ross 和 Hendricks（1945）提出，基于 0.33 eq/FU（当量电荷 / 结构单元）等假设前提；Lagaly 和 Weiss（1969）提出层电荷的晶体结构式推算法也采用了 0.33 eq/FU（Kaufhold，2006）。蒙脱石半晶胞结构式假设为

$$(Si_z^{4+}Al_y^{3+})(Al_{a-y}^{3+}Fe_b^{3+}Fe_c^{2+}Mg_d^{2+}Cr_e^{3+}Mn_f^{3+}Mn_g^{2+}Li_h^{+})O_{10}(OH, F)_2 \cdot E_x^{+}$$

蒙脱石单位半晶胞结构式可产生的负电荷总数是 22（4 × 4+3 × 2=22），

根据晶体结构式中正负电荷总数守恒的原则，有

$$K(4z+3y+3a-3y+3b+2c+2d+3e+3f+2g+h)=22$$

上式中，通过实验化学分析可以得到元素原子的摩尔比，进而计算出未知的 K。根据蒙脱石半晶胞的层上 Si、Al 的置换关系，有 $Kz+y=4$，由于 K 已知，y 可以计算。这样可以推算出蒙脱石半晶胞结构化学式，从而得到每单位半晶胞的层电荷数。

（2）X 射线衍射分析烷基胺蒙脱石的方法 。该法常简称为烷基胺法，主要是利用蒙脱石层间阳离子的可交换性将含碳原子数不同的正烷基胺（*n*-alkylammonium）与蒙脱石层间水化阳离子置换，根据其（001）晶面间距［*d*(001)］的变化规律来分析烷基胺离子在层间的排布形式，由理论上烷基胺离子的表面积、蒙脱石晶胞表面积等计算层电荷密度（Laird, 1994）。该法早期由 Lagaly 和 Weiss 于 1969 年提出，采用一系列碳链长度不同（6 ～ 18）的正烷基胺，随后经历了数次修订，其中有 Olis（1990）提出单独采用十二烷基胺或十八烷基胺的简化方法。

（3）采用紫外 - 可见光谱分析的方法。蒙脱石的晶体结构特点赋予其独特的离子交换性能，并可采用阳离子交换容量（cation exchange capacity, CEC）进行量化。CEC 理论上是指用于平衡蒙脱石层电荷的层间的、可交换的阳离子的数量（Nagy and Kónya, 2004）。蒙脱石层电荷数的高低与 CEC 大小有相对应的关系，因此，根据实验测定的 CEC，可以确定蒙脱石的层电荷数。但实际上测定 CEC 可能是蒙脱石总层电荷的反映，即包括永久电荷和可变电荷。现有的 CEC 测定层电荷的方法有多种，主要差别是所采用的交换性离子不同。常用的方法有氯化铵 - 乙醇法、乙酸铵法、亚甲基蓝法、氯化钡法、三亚乙基四胺铜（Ⅱ）螯合物法（Meier and Kahr, 1999），相应地也有各种计算方式或模型。例如，Laird（1994）曾提出了蒙脱石含量和 CEC、层电荷密度之间的关系如下：

$$W_{\mathrm{Mt}}\left[\mathrm{wt\%}\right]=\frac{\mathrm{CEC_{perm}}\left[\mathrm{meq/100g}\right]}{100000\times\mathrm{LCD}\left[\mathrm{eq/FU}\right]/M_{\mathrm{FU}}\left[\mathrm{g/FU}\right]}\times100\%$$

式中，M_{FU} 为一个分子结构单元摩尔质量（molar mass of one formula unit）（Kaufhold, 2006）。

如今，对于分析 CEC，已经较少采用传统化学滴定分析方法，多采用紫外－可见分光光度计或紫外－可见－近红外光度计（UV-VIS-NIR spectrometer）来分析测量蒙脱石对有机阳离子的交换容量，由此可以用来测定蒙脱石的层电荷（Bujdák et al., 2003）。例如，可选用质子化的分子或染料阳离子来交换进入蒙脱石层间（Gessner et al., 1994）。Bujdák 和 Komadel（1997）对亚甲基蓝－蒙脱石悬浮液进行了研究，认识到亚甲基蓝－蒙脱石悬浮液的紫外－可见光谱提供了蒙脱石层电荷密度的定性信息。蒙脱石表面的层电荷密度影响亚甲基蓝“团聚”的程度；蒙脱石表面的高层电荷密度导致相邻吸附的亚甲基蓝阳离子之间的距离更小，并促进了“团聚”，低层电荷密度导致亚甲基蓝阳离子之间的距离更大并抑制亚甲基蓝“团聚”。Czimerova 等（2004）甚至认为层电荷密度是影响亚甲基蓝团聚的唯一参数。通过改变 pH 分析 CEC 的变化，也能进一步分析测量可变电荷（Kaufhold and Dohrmann, 2013）。

（4）探针分子或离子的红外光谱分析方法。Petit 等（1998, 2006）曾提出总层电荷和电荷分布可以由 NH_4^+ 饱和的蒙脱石样品的 NH_4^+ 变形振动的红外光谱特征变化来分析，并认为进一步经过 Li^+ 处理前，NH_4^+ 的量反映总层电荷数量（包括永久电荷和可变电荷），经过 Li^+ 处理后，NH_4^+ 的量反映四面体片上的电荷和可变电荷，前后之差则是八面体片上的电荷。

Kuligiewicz 等（2015a, 2005b）提出利用蒙脱石层间探针水分子（D_2O）的红外振动光谱来分析层电荷的方法（O–D 法），即采用衰减全反射红外光谱（attenuated total refraction infrared spectroscopy, ATR-IR）分析二八面体蒙脱石层间 D_2O 的高能伸缩振动吸收带（$\nu_{O\text{–}D}$ 2686 ～ 2695 cm^{-1}），该振动与总层电荷存在线性相关。此方法是通过 O–D 特征振动吸收所在波数位置进行度量，而不是通过吸收强度进行度量，因此不必作归一化计算处理，对无水矿物杂质的存在不敏感，是一种快速测定的方法。近来还有研究已将 O–D 法应用到近红外（NIR）光谱分析层电荷（Tsiantos et al., 2018），并认为 NIR 不需要样品稀释，速度快，产生高信噪比光谱，适用于二阶导数分析和化学计量建模（Chryssikos and Gates, 2017），是不受硅酸盐层状结构和有机物干扰而研究蒙脱石层电荷的理想方法（Madejová et al., 2016），可用于原位测试层电荷且无需样品氘化，易应用于从毫克到吨的不同规模的样本量。

（5）微量热法。微量热法指通过测定蒙脱石的离子交换放热焓（exothermic exchange enthalpy）来判定不同类型的交换位点和交换量，由于这些位点与层电荷分布、不均匀性有关，因此也可用于表征蒙脱石层表面电荷密度和分布情况（Talibudeen et al., 1977）。Talibudeen 和 Goulding（1983）研究发现，微分离子交换放热焓 $-d(\Delta H_x)/dx$ 随 K 饱和度 x 增加而变化，存在逐步 $Ca^{2+} \rightarrow K^+$ 离子交换过程。结合微分熵 $-d(\Delta S)/dx$:x 的关系，可分析交换离子在蒙脱石层间的有序性以及层堆叠、堆垛等的有序性、难易程度等。离子交换焓、熵和吉布斯自由能等热力学参数均与蒙脱石层表面电荷密度和分布相关，因此可以用来分析蒙脱石层表面电荷的特征，并依据 $-d(\Delta H_x)/dx$ 来区分识别出"真正"的蒙脱石矿物。

2）现有方法的局限性

采用晶体结构式推算法时需要蒙脱石样品纯度高，元素组成和含量分析需要样品量多且要求测定精确。若含有杂质（如石英、蛋白石、长石等）就会影响推算矿物晶体结构式的准确性。有研究提出采用电子探针技术来检查是否排除了杂质的干扰（Christidis and Dunham, 1993）。但这增加了分析的复杂度。此外，晶体结构式推算法的准确性还受到非可交换的、非晶体结构上的阳离子存在的影响（Kaufhold et al., 2011），以及受到可变电荷和不同八面体占位的局域情况的影响。即使晶体结构式推算法可能在测定总的层电荷上具有很好的准确性，也无法确定层电荷的分布。

采用烷基胺法时，理论上无需对蒙脱石样品进行提纯。但样品制备较为烦琐，测试需要 X 射线衍射（XRD）仪器，耗时长；样品用量较多（>1 g），测定结果受蒙脱石有机化程度、烷基胺在层间排布和堆积的不确定性、蒙脱石粒度效应（particle-size effect）的影响（Laird, 1999; Laird et al., 1989）；采用经过改进的方法（Olis, 1990），也尚需慎重考虑层间距与层电荷之间的相关性和选择回归模型等。

阳离子交换容量法的优点是相对快速和简洁，但可变电荷的存在对测试结果有影响；选用的阳离子在层间交换的程度也直接影响测试结果；该方法对于矿物的纯度要求高；阳离子交换容量法除可以交换层间水合阳离子外，蒙脱石层片端面带负电的部分也可以将其吸附，因而测得的电荷量是层间负电荷与端面负电荷之和。采用亚甲基蓝吸附法，操作简单，灵敏度高，但是目前其他可能因素如蒙脱石化学组分和杂质等对于该方法的影响还未使用统计显著数量的样品进行评估和校正。其他可能因素如矿物杂质的存在、蒙脱石颗粒大小、pH 影响，迄今均未有显著的足够实验分析和考虑。理论上红外光谱分析法对蒙脱石进行层电荷测定无需复杂的样品制备过程，而且速度快，甚至可以用于不纯样品，但存在样品必须不含碳酸盐、定量模型需要进一步验证等不足。微量热法采用 $Ca^{2+} \rightarrow K^{+}$ 离子交换过程，对其影响因素考虑也存在不足（Christidis and Eberl, 2003）。此外，上述各种不同方法得到的结果很难一致，有时差别还较大。

因此，如何快速精确测定蒙脱石层电荷仍然是蒙脱石矿物学和化学中的关键问题。测定蒙脱石层上的永久电荷时，应该消除可变电荷的干扰。在选择层电荷的测定方法时，应该综合考虑样品的纯度、杂质的性质、颗粒的大小、对精确性和快速性的要求等因素，选择合适的方法。若要对可变电荷进行准确的表征，同样需要真正区别出永久电荷，更深入的还需要区别层上“空位”可变电荷和层端面可变电荷，对此来寻找新方法、新原理，仍面临着挑战和困难。

3. 科学意义

层电荷的定量化实验测定和认识，是揭示蒙脱石表界面化学作用的前提。层电荷或层电荷密度是决定蒙脱石理化特性和应用属性的关键因素，蒙脱石的层电荷数量决定着该蒙脱石层间阳离子数量、阳离子交换容量、膨胀性等。研究表明，层电荷与蒙脱石的水合作用密切相关（Laird, 2006），影响着蒙脱石的水吸附量、片层解离性。蒙脱石片层表面上的永久电荷和边缘上的可变电荷还影响着分散性、成胶体性和胶体稳定性、流变性等（Bors and Dultz, 1999; Dultz and Bors, 2000；Li et al., 2019）。蒙脱石层电荷的多少与无机、有机离子和分子在蒙脱石表面的吸附、层间嵌插、柱撑、片层组装和包裹均密切有关（Chen et al, 2021）。蒙脱石的层电荷与其化学活性、表界面的物理化学作用、改性方式和方法等密切相关，进而影响和决定其在铸造、陶瓷、涂料、塑料、造纸、钻井液、催化剂、农药肥料、环保和生物医药等领域中的应用属性。因此，快速准确有效地测定层电荷，对蒙脱石的基础研究和应用开发均有重要意义。层电荷的测定，有助于从分子、原子和电子层次深入理解蒙脱石表界面物理化学的本质和应用属性，有助于从蒙脱石层的电荷本质上阐释表界面结构与表界面反应，表界面电子性质，原子/分子与界面的相互作用，以及发生在表界面的分子间相互作用、离子迁移、电子转移和能量传递等，分析认识蒙脱石表界面对称性破缺、缺陷和掺杂以及异质界面构筑对性质影响的微观机制与作用本质、变化过程。

另外，近年来，新兴的靶向缓释药用蒙脱石材料、吸附重金属离子和有机污染物的蒙脱石环境材料、蒙脱石纳米复合高分子材料、化学多相和光电催化蒙脱石材料等均与其蒙脱石层的带电特性有关，然而从层电荷方面准确和认识其中作用本质的研究尚不透彻，其中原因之一是欠缺快速准确测定层电荷的方法。此外，可变电荷多表现在边缘，取决于颗粒的大小、溶液 pH 等，显著影响片层之间的连接或作用模式，即边对面、面对面和边对边等，也影响着片层与客体离子、分子的表界面作用，从而影响和调控着蒙脱石无机胶体、有机胶体和分散体系的性质与应用。目前测量的蒙脱石的层电荷在多数情况下是平均化的表现和量值，而实际上层电荷往往存在不均匀性，开拓新的测定层电荷方法，也可能有助于加深对层电荷分布性和可变电荷的研究，发展调控新方法和新技术。

4. 衍生意义

蒙脱石层电荷的精确量化，才能使在分子、原子和电子层次上理解蒙脱石表界面物理化学的本质成为可能，由此可在原子和电子层次探究物相转变、晶界变化、原子扩散、界面运动、表面重构和层间变化等过程。层电荷密度、电荷位置和层间阳离子的类型决定了 TOT 层之间的亲和力，对层间化学的发展有着重要意义。蒙脱石表面静电势与层电荷多少及其分布有相应关系，影响着层表面和层间离子水化、排列，在层柱化蒙脱石制备中，是影响层柱大小及其排布的重要因素。层电荷的量化，有利于解析蒙脱石层间限域作用和可能发生的量子限域效应，能更好地研究和利用层间限域体系中的物质定向及有序输运，能拓展蒙脱石限域化学、限域组装、限域催化等科学和技术。此外，也有利于研究阐释蒙脱石的合成化学与生长机制，有利于认识客体原子 / 分子在蒙脱石表界面上的吸附、扩散、生长、组装与反应，以及不同组分在蒙脱石表界面电荷转移与能量传递，有助于认清这些相互作用对蒙脱石的成核、生长和转变的贡献与调控。

蒙脱石仅是具有代表性的黏土矿物之一，建立新方法对其层电荷进行快速准确的测定，不仅仅对蒙脱石的基础研究和应用开发具有重要作用，也能给其他种类的黏土矿物电荷测定提供新方法或启示，甚至直接推广或修改后能用于测定混合层状黏土矿物（如伊利石 - 蒙脱石、绿泥石 - 蒙脱石、高岭石 - 蒙脱石）的层电荷数。在发展测定层电荷密度和可变电荷的新方法过程中，也可能反过来启示通过层电荷的方式来研究开发快速有效地测定膨润土矿产样品中蒙脱石的含量、判别颗粒的大小等新技术和新方法。

在胶体化学方面，可以从深层次上认识蒙脱石矿物固体颗粒的表面电荷、表面电荷的各向异性和不均匀性、粒径分布等，解析蒙脱石基胶体体系的电动行为、稳定性，调控蒙脱石纳米粒子与其他离子或分子作用和结合方式等特性，从而可控地调节蒙脱石在不同液体中的分散性、膨胀性、解离性、胶体稳定性和流变性等，促进发展新的蒙脱石层界面功能材料和拓宽应用领域。

测定蒙脱石层电荷量、密度和分布，能提供层堆叠有序性、间层堆叠与否等方面的信息，因此有助于提高蒙脱石矿物的精确、细致分类和利用。例如，通过评估层电荷多少及其分布，可从理论上预测该类型蒙脱石的离子交换性、膨胀性、胶体稳定性和流变性等，从而根据资源 - 结构 - 性能的理论关系来高效利用蒙脱石矿产资源，发展洁净加工、改性工艺，构建新型蒙脱石胶体体系，以蒙脱石片层为基础构筑多层次、多组分表界面结构，实现组装过程与结构的精确控制，开发蒙脱石仿生与软界面功能材料。

层电荷测定也可提供地质过程中蒙脱石等层状黏土矿物成因和演化的重要信息，以及给出地质环境、气候条件等变化的信息；对黏土地质灾害的预防、土壤与水环境中水分和养分的保持与迁移、生态修复等均有理论指导和应用价值。蒙脱石层电荷科学的研究可以促进和加深对蒙脱石表界面化学反应机制、表界面反应动力学、表界面激发态、极端条件下的蒙脱石化学等的认识，并有望进一步研究和发挥蒙脱石可能存在的新颖的电子催化作用、表面等离激元效应等。

参考文献

Bors J, Dultz S B R.1999. Retention of radionuclides by organophilic bentonite［J］. Engineering Geology, 54(1): 195-206.

Bujdák J, Iyi N, Kaneko Y, Sasai R. 2003. Molecular orientation of methylene blue cations adsorbed on clay surfaces［J］. Clay Minerals, 38(4): 561-572.

Bujdák J, Komadel P. 1997. Interaction of methylene blue with reduced charge montmorillonite［J］. Journal of Physical Chemistry B, 101(44): 9065-9068.

Chen X X, Liu J H, Kurniawa A, Li K J, Zhou C H. 2021. Inclusion of organic species in exfoliated montmorillonite nanolayers towards hierarchical functional inorganic-organic nanostructures［J］. Soft Matter, 17(43): 9819-9841.

Christidis G, Dunham A C. 1993. Compositional variations in smectites: Part Ⅰ. Alteration of intermediate volcanic rocks. A case study from Milos Island, Greece［J］. Clay Minerals, 28(2): 255-273.

Christidis G E, Eberl D D. 2003. Determination of layer-charge characteristics of smectites［J］. Clays and Clay Minerals, 51(6): 644-655.

Chryssikos G D, Gates W P. 2017. Chapter 4—Spectral Manipulation and Introduction to Multivariate Analysis［M］//Gates W P, Kloprogge J T, Madejová J, Bergaya F. Developments in Clay Science, Volume 8, Infrared and Raman Spectroscopies of Clay Minerals. Amsterdam: Elsevier: 64-106.

Čičel B, Komadel P. 1994. Chapter 4—Structural formulae of layer silicates［M］//Amonette J E, Stucki J W. Quantitative Methods in Soil Mineralogy. Madison: Soil Science Society of America, Inc: 114-136.

Czimerova A, Jankovic L, Bujdák J. 2004. Effect of the exchangeable cations on the spectral properties of methylene blue in clay dispersions［J］. Journal of Colloid and Interface Science, 274: 126-132.

Dultz S T, Bors J. 2000. Organophilic bentonites as adsorbents for radionuclides Ⅱ chemical and mineralogical properties of HDPY-montmorillonite［J］. Applied Clay Science, 16: 15-29.

Gessner F, Schmitt C C, Neumann M G. 1994. Time-dependent spectrophotometric study of the interaction of basic dyes with clays. Ⅰ. Methylene blue and neutral red on montmorillonite and hectorite［J］. Langmuir, 10(10): 3749-3753.

James R O, Parks G A.1982. Ch. 2. Characterization of aqueous colloids by their electrical double layer and intrinsic surface chemical properties [M] //Matijevic E. Surface and Colloid Science. vol. 12. New York: Plenum Press: 119-126.

Kaufhold S. 2006. Comparison of methods for the determination of the layer charge density (LCD) of montmorillonites [J]. Applied Clay Science, 34: 14-21.

Kaufhold S, Dohrmann R. 2013. The variable charge of dioctahedral smectites [J]. Journal of Colloid and Interface Science, 390: 225-233.

Kaufhold S, Dohrmann R, Stucki J W, Anastacio A S. 2011. Layer charge density of smectites-closing the gap between the structural formula method and the alkyl ammonium method [J]. Clays and Clay Minerals, 59(2): 200-211.

Kuligiewicz A, Derkowski A, Emmerich K, Christidis G E, Tsiantos C, Gionis V, Chryssikos G D. 2015a. Measuring the layer charge of dioctahedral smectite by O–D vibrational spectroscopy [J]. Clays and Clay Minerals, 63: 443-456.

Kuligiewicz A, Derkowski A, Szczerba M, Gionis V, Chryssikos G D. 2015b. Revisiting the infrared spectrum of the water-smectite interface [J]. Clays and Clay Minerals, 63: 15-29.

Lagaly G, Weiss A. 1969. Determination of the layer charge in mica-type layer silicates [A] // Heller L. Proceedings of the International Clay Conference [C]. Jerusalum: Israel University Press: 61-80.

Laird D A. 1994. Evaluation of structural formulae and alkylammonium methods of determining layer charge [M] //Mermut A R. Layer Charge characteristics of 2∶1 silicate clay minerals. CMS Workshop Lectures, vol.6. Clay Minerals Scociety, Boulder, CO: 79-104.

Laird D A. 1999. Layer charge influences on the hydration of expandable 2∶1 phyllosilicates [J]. Clays and Clay Minerals, 47(5): 630-636.

Laird D A. 2006. Influence of layer charge on swelling of smectites [J]. Applied Clay Science, 34(1-4): 74-87.

Laird D A, Scott A D, Fenton T E. 1989. Evaluation of structural formulae and alkylammonium methods determining layer charge [J]. Clay and Clay Minerals, 37(1): 41-46.

Li C J, Wu Q Q, Peti S, Gates W P, Yang H M, Yu W H, Zhou C H. 2019. Insights into the rheological behavior of aqueous dispersions of synthetic saponite: effects of saponite composition and sodium polyacrylate [J]. Langmuir, 40: 13040-13052 .

Madejová J, Sekerákova L, Bizovska V, Slaný M, Jankovič L. 2016. Near-infrared spectroscopy as an effective tool for monitoring the conformation of alkylammonium surfactants in montmorillonite interlayers [J]. Vibrational Spectroscopy, 84: 44-52.

Meier L P, Kahr G.1999. Determination of the cation exchange capacity (CEC) of clay minerals using the complexes of copper(Ⅱ) ion with triethylenetetramine and tetraethylenepentamine [J]. Clay and Clay Minerals, 47: 386-388.

Miller S, Low P. 1990. Characterization of the electrical double layer of montmorillonite [J] . Langmuir, 6(3): 572-578.

Nagy N M, Kónya J. 2004. The adsorption of valine on cation-exchanged montmorillonites [J] . Applied Clay Science, 25(1): 57-69.

Newman A C D, Brown G. 1987. The chemical constitution of clays [C] //Newman A C D. Chemistry of Clays and Clay Minerals. Monograph 6, Mineralogical Society, London, pp. 1-128.

Olis A C. 1990. The rapid estimation of the layer charges of 2 ∶ 1 expanding clays from a single alkylammonium ion expansion [J] . Clay Minerals, 25(1): 39-50.

Petit S, Righi D, Madejova J. 2006. Infrared spectroscopy of NH_4^+-bearing and saturated clay minerals: a review of the study of layer charge [J] . Applied Clay Science, 34: 22-30.

Petit S, Righi D, Madejova J, Decarreau A. 1998. Layer charge estimation of smectites using infrared spectroscopy [J] . Clay minerals, 33(4): 579-591.

Pratikakis A, Christidis G E, Villieras F, Michot L. 2010. Fundamental particle charge and its significance [C] . Sevilla: SEA-CSSJ-CMS Trilateral Meeting On Clays: 154-155.

Ross C S, Hendricks S B. 1945. Minerals of the montmorillonite group, their origin and relation to soil and clays [M] . Washington: U.S. Geological Survey，Professional Paper 205-B: 23-79.

Talibudeen O, Goulding K W T. 1983. Charge heterogeneity in smectites [J] . Clays and Clay Minerals, 31(1): 37-42.

Talibudeen O, Goulding K W T, Edwards B S, Minter B A. 1977. An automatic micro-injection system and its use in the microcalorimetry of cation exchange sorption [J] . Laboratory Practice, 26: 952-955.

Tsiantos C, Gionis V, Chryssikos G D. 2018. Smectite in bentonite: near infrared systematics and estimation of layer charge [J] . Applied Clay Science, 160: 81-87.

Zhang W, Chen S X, Tong K W, Li S C, Huang K, Dai Z J, Luo L J. Effects of the layer charge location and interlayer cation on rectorite swelling properties: comparison between molecular dynamics simulations and experiments [J] . Journal of Physical Chemistry C, 2022, 126, 9597-9609.

（周春晖，浙江工业大学，青阳非金属矿研究院）

2.3 云母蛭石化与属性变化

1. 问题背景

蛭石矿产的产地主要是美国、南非、中国和俄罗斯。其中，美国约 2/3 的蛭石产于蒙大拿州利贝，约 1/3 产于南卡罗来纳州的埃诺雷；南非的主要产地是帕拉博拉地区；俄罗斯的主要产地位于南乌拉尔山的波塔尼和科拉半岛的科夫多尔。我国蛭石储量排世界第三位，已经发现蛭石矿床矿点 100 余处。新疆尉犁县且干布拉克蛭石矿床为超大型蛭石矿床（黄建华等，2001; 黄建华等，2012），占全国蛭石储量的 87% 以上，是我国发现的最大蛭石矿床，居世界第二位。我国较大的矿床还有内蒙古文圪气蛭石矿床、河南灵宝蛭石矿床等（刘福生等，2004），在陕西、山西、山东、湖北、江苏和安徽等地也有产出。

蛭石作为一个矿物族，是指结构单元层为 TOT 型，层间具有水分子与可交换性阳离子的三八面体结构和二面体结构的铝硅酸盐矿物。单位化学式层电荷数为 0.6 ～ 0.9，$c_0=n\times14.5$ Å，其中 c_0 为层间距，n 为层数。工业上通常所指的蛭石是一组灼烧时能产生剧烈体积膨胀的类云母层状硅酸盐矿物，包括矿物学意义的“蛭石”，以及由金云母、黑云母和绿泥石晶层与蛭石晶层形成的规则或不规则间层矿物，它们的共同特征是在结构中均含有蛭石晶层（彭同江等，1996; 董发勤，2015），有时称为水化金云母、水化黑云母、高电荷柯绿泥石。

对蛭石的大部分认识是建立在对粗粒蛭石研究和开采使用的基础上的。绝大多数粗粒蛭石属三八面体结构，是由金（黑）云母经热液蚀变或风化作用而成的。在蛭石化过程中，可形成成分、结构和理化性能规律性变化的水化产物（彭同江等，1996; 彭同江和刘福生，2005），水化作用完全的即为矿物学意义上的蛭石。对新疆且干布拉克蛭石矿床研究发现，碱性超基性岩浆作用和交代作用过程中形成的金云母岩、黑云母透辉岩、黑云母岩及含金云母蛇纹岩与含金云母碳酸岩，在岩石剥蚀近地表后其中的金云母和黑云母在大气降水作用下发生表生风化形成了蛭石（黄建华等，2001; 孙宝生和周可法，2008; 黄建华等，2012）；包括美国蒙大拿州利贝在内的很多大型或超大型蛭石矿床的蛭石都还保留了金云母或黑云母结构层，形成金（黑）云母－蛭石的规则或不规则间层结构矿物，在河南灵宝还发现绿泥石－蛭石的间层矿物（彭同江和刘福生，2005; 苏小丽等，2019）。实际上，也有许多蛭石则以黏土粒级存在于土壤中，在土壤或沉积物中的蛭石既有三八面体结构，也有二八面体结构。二八面体结构的蛭石主要由二八面体结构的伊利石蚀变而成。

蛭石结构层内为强的共价键和离子键，结构层之间为弱的离子键连接并填充一水化阳离子层。这导致蛭石结构层作为二维纳米单元（真实厚度小于 1 nm）具有一定的剥离分散性，剥离后单一晶层的厚度约为 1.5 nm；层间水化阳离子层使蛭石具有优异的灼烧膨胀性、阳离子交换性和吸附性；剥离后的蛭石片具有良好的补强性和密气密水性，灼烧后的膨胀蛭石具有质轻、保温绝热、隔音吸声、防火阻燃等优良性能，在工业保温、土壤改良、建筑节能、环境保护等领域中具有广泛的用途（董发勤，2015）。

利用蛭石的阳离子交换性能，可将烷基季铵盐阳离子等引入蛭石的层间域中，对蛭石进行插层改性，并与聚合物基体复合制备各种蛭石 / 聚合物纳米复合材料；或将聚羟基金属阳离子等前驱体引入层间域，再经水解、热处理等制备金属氧化物 / 蛭石纳米复合物，如 TiO_2/ 蛭石纳米复合物和 Al_2O_3/ 蛭石纳米复合物等，也称柱撑蛭石，可以用作吸附材料、分子筛、催化剂载体和光催化材料等。

金（黑）云母的形成地质条件不同，蛭石化过程中的风化蚀变条件不同，所形成的蛭石的晶体化学属性即使在同一矿床的一个剖面上也有较大的差异。这不仅对于蛭石找矿和成因研究，而且对于蛭石的开发应用都非常重要。

2. 关键问题

蛭石的应用属性主要取决于蛭石晶层的含量与层电荷数。要加强不同产地、不同成因类型金（黑）云母蛭石化过程的系统性对比研究，查明金

（黑）云母蛭石化过程中组分和结构调整的变化过程，揭示金（黑）云母→金（黑）云母晶层－蛭石晶层间层矿物→蛭石的成分和结构演变与成矿规律，图 1 为水热条件下金云母向蛭石的转化过程图。

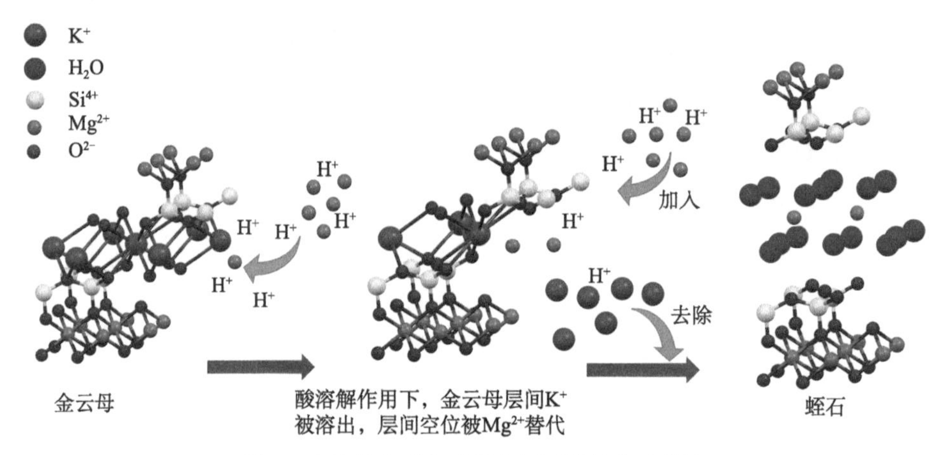

图 1　水热条件下金云母向蛭石的转化过程图

在金（黑）云母或绿泥石蛭石化过程中形成由金（黑）云母晶层与蛭石晶层构成的 1∶1 规则间层结构矿物水金（黑）云母（Taboada and García, 2003），或由绿泥石晶层与蛭石晶层构成的 1∶1 规则间层结构矿物高电荷柯绿泥石，以及金（黑）云母和绿泥石晶层与蛭石晶层构成的不规则间层结构矿物，应从热力学理论出发，将蛭石化过程看成是一个系统在新的物理化学条件下通过与外界交换物质、能量和信息，而不断地降低自身的熵值并提高其有序度的过程，引入自组织理论方法论揭示成分和结构的演化路径与规律。

在工业应用中，蛭石的灼烧膨胀性和阳离子可交换性是两个最重要的基本属性。通过天然蛭石形成过程规律性的探索，进而实现金（黑）云母或天然蛭石中金（黑）云母晶层的人工蛭石化途径和方法，进一步查明向蛭石晶层层间域中引入无机前驱体或有机前驱体的驱动力，为制备高膨胀率膨胀蛭石、柱撑型分子筛、功能化蛭石复合材料及纳米蛭石片等奠定矿物晶体化学基础。

3. 科学意义

金（黑）云母的蛭石化过程是结构中四面体片和 / 或八面体片的低价阳

离子（如 Al^{3+} 或 Fe^{2+} 改变为 Si^{4+} 或 Fe^{3+}）引起层电荷数减少、层间引入水分子及 K^+ 被 Ca^{2+}、Mg^{2+}、Na^+ 置换的过程，成分的变化引起结构变化（Jeong and Kim, 2003；Murakami et al., 2004），二者影响产物的理化性能。因此，查明金（黑）云母蛭石化过程的晶体化学与属性变化，这不仅对于揭示金（黑）云母的蛭石化过程中成分、结构和理化性能之间的关系，而且对于查明蛭石的形成地质条件和找矿规律研究具有重要的理论和实际意义。

查明金（黑）云母蛭石化过程中成分、结构和属性演变规律与机制，可进一步为金（黑）云母和弱水化金（黑）云母人工蛭石化的可控改造提供理论基础，同时对蛭石层间域（物）可改造性研究及新型蛭石复合材料的制备和应用具有重要的指导作用。

4. 衍生意义

金（黑）云母蛭石化过程发生在地球表层的氧化环境中，在大气和地表风化条件下不断发生着细化、成分的释出和交换、结构演变与重组等物理和化学过程，不仅可形成不同风化程度的蛭石资源，而且对维系地球生态系统功能也非常重要（Hao et al., 2019）。而且，这一过程也与矿物的多样性密切相关（Whitney, 1985）。

在地表条件下，金（黑）云母蛭石化过程是地表浅处的重要地球化学作用过程。在蛭石化过程中，可为植物提供所需的 K^+、Mg^{2+}、Fe^{2+}/Fe^{3+} 及 Si^{4+} 等营养元素，并且蛭石化产物不仅是土壤的重要组成部分（Drever, 2005; Bonneville et al., 2016），还与土壤的保水、保肥及重金属离子阻滞作用关系密切。

参考文献

董发勤 . 2015. 应用矿物学［M］. 北京：高等教育出版社 .

黄建华，孙宝生，顾连兴，王新，曹辉兰 . 2001. 超大型蛭石矿床成矿系列及矿床成因模式——以新疆尉犁碱型超基性碳酸岩建造为例［J］. 新疆地质，19(2): 111-114.

黄建华，吴昌志，雷如雄，陈刚，熊黎明，秦切，顾连兴 . 2012. 新疆且干布拉克超大型蛭石矿床的成因与成矿模式［J］. 矿床地质，31(2): 359-368.

刘福生，彭同江，张宝述，万朴．2004. 我国工业蛭石矿床地质特征及其成因类型探讨［J］. 中国非金属矿工业导刊，(3): 48-51

彭同江，刘福生．2005. 不同间层结构类型工业蛭石的应用矿物学特征［J］. 非金属矿，28 (4): 4-7.

彭同江，万朴，潘兆橹，张建洪．1996. 新疆尉犁蛭石矿中金云母－蛭石的间层结构研究［J］. 岩石矿物学杂志，15(3): 250-258.

苏小丽，吴逍，陈情泽，马灵涯，梁晓亮，陶奇，朱建喜，何宏平．2019. 河北灵寿蛭石晶体化学特征与层间水化行为［J］. 矿物学报，39(6): 673-680.

孙宝生，周可法．2008. 新疆且干布拉克超基性岩－碳酸岩杂岩体地质特征和地球化学研究［J］. 干旱区地理，5: 633-642.

Bonneville S, Bray A W, Benning L G. 2016. Structural Fe(Ⅱ) oxidation in biotite by an ectomycorrhizal fungi drives mechanical forcing [J]. Environmental Science & Technology, 50(11): 5589-5596.

Drever J I. 2005. Surface and Ground Water, Weathering, and Soils: Treatise on Geochemistry [M]. Amsterdam: Elsevier.

Hao W, Flynn S L, Kashiwabara T, Alam M S, Konhauser K O. 2019. The impact of ionic strength on the proton reactivity of clay minerals [J]. Chemical Geology, 529: 119294.

Jeong G Y, Kim H B. 2003. Mineralogy, chemistry, and formation of oxidized biotite in the weathering profile of granitic rocks [J]. American Mineralogist, 88(3): 352-364.

Murakami T, Ito J I, Utsunomiya S, Kasama T, Kozai N, Ohnuki T. 2004. Anoxic dissolution processes of biotite: implications for Fe behavior during Archean weathering [J]. Earth Planetary Science Letters, 224(2): 117-129.

Taboada T, García C. 2003. Applied study of cultural heritage and clays. Weathering of Biotite and Chloritized Biotite in Granitic Rocks from Galicia (NW Spain) [M]. Madrid: Editorial CSIC-CSIC Press.

Whitney C G. 1985. Clay Minerals: A Physico-chemical Explanation of their Occurrence [M]. Amsterdam: Elsevier.

（彭同江，西南科技大学）

2.4 氧化石墨的结构和性能演变

1. 问题背景

石墨是自然元素碳的层状结构矿物，具有优异的导电、导热、耐火、润滑、抗热震和耐辐射等优良性能，是制备石墨烯最为重要的矿物原料，在功能矿物材料和新能源战略性新兴产业中具有重要地位和作用。国务院颁布的《全国矿产资源规划（2016—2020年）》中，石墨被列为战略性新兴产业矿产资源。我国石墨储量和产销量均居世界首位，然而石墨产业却长期处于产业链条的中低端，石墨的矿物学研究也非常薄弱，这与石墨的优异理化性能、广泛的用途及石墨新型功能矿物材料的广阔应用前景和战略地位极不相称。

石墨结构层中π电子的存在使其具有某些金属矿物的属性，如同自然金属元素矿物在氧化条件下可形成金属（氢）氧化物，石墨也可与氧、羟基结合而被氧化（图1）。石墨结构层与分子氧的化学反应是惰性的，但它对原子氧的抵抗力有限（Murray et al., 2018）。人工氧化过程表明，在特定条件下石墨较活泼的 $2p_z$ 电子易被定域化而形成具有羟基、环氧基等不同含氧官能团的石墨氧化物［也称氧化石墨（graphite oxide）］，并赋予了新的特性（孙红娟和彭同江, 2015）。

在天然石墨样品的研究中，发现了与人工合成氧化石墨相类似的石墨氧化物，其结构中含有多种含氧官能团，首次发现并初步确认了天然石墨氧化物的存在（Sun et al., 2017）。在前期石墨人工可控氧化研究过程中，发现可以有效控制接入石墨结构层中含氧官能团的种类（Liu et al., 2020），所制备的氧化石墨的阳离子交换容量（CEC）高达500 mmol/100 g以上（冯明珠等, 2016; 王泉珺等, 2017），是蒙脱石的5～6倍！氧化石墨在中/碱性水溶液中具有良好的剥离分散性，剥离后可以获得氧化石墨烯，再经还原可获得石墨烯；氧化石墨经焙烧处理可以获得膨胀石墨；等等。这大大拓宽了石墨矿物学和晶体化学的研究内容。

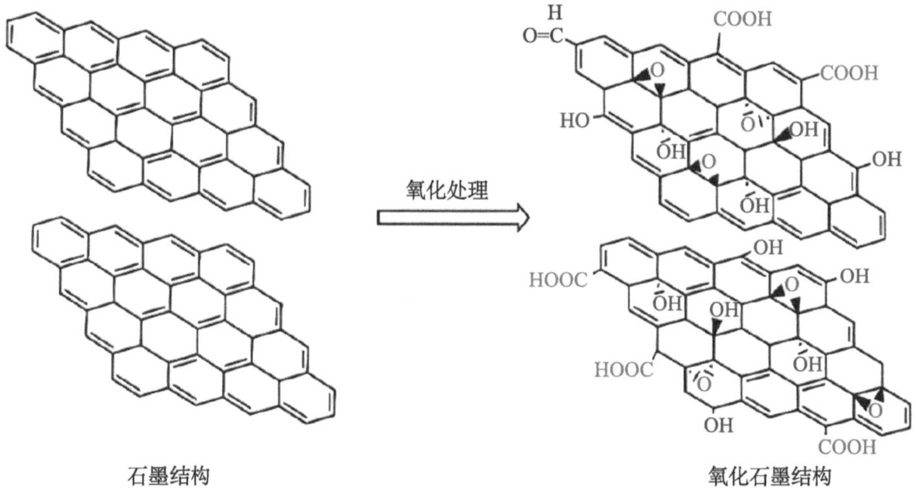

氧化处理

石墨结构　　氧化石墨结构

图 1　石墨氧化形成氧化石墨结构的示意图

氧化石墨自首次合成后，其结构的探究一直是相关学者研究的热点。在提出的诸多结构模型中，被广泛认可的是 Lerf-Klinowski 结构模型（Lerf et al.，1998）。该模型中氧化石墨结构基面由未被氧化的芳香区和被氧化的六元环区构成，碳原子基面上在两侧接有羟基、环氧基，而端面上接有羧基和羰基等。该模型已经得到了高分辨透射电子显微镜观察结果的支持（Erickson et al., 2010）。继 Lerf 后，近年来又提出了一些新的模型以解释不同的实验现象。Szabo 等（2006）提出了氧化石墨由椅型反式链环己烷和波纹六角带组成，且引入了酚类基团解释氧化石墨的酸性来源。而 Rourke 等（2011）认为，氧化石墨结构层是由一些氧化碎片附着在轻微氧化的石墨结构层上。

随着对氧化石墨的深入研究，以及新的现代分析测试手段的应用，氧化石墨的结构特征逐渐被揭示，研究者也认识到氧化石墨的制备方法不同，其结构特征具有较大的差异。

2. 关键问题

我国是石墨资源储量和产销量大国，但对不同成因类型主要产地的石墨尚未进行系统的矿物学和晶体化学研究，也缺乏风化蚀变带中石墨由于氧化作用由疏水性变为亲水性的晶体化学数据，这导致传统的石墨选矿工艺无法将风化石墨选出而使大量的风化石墨资源浪费。

石墨的晶体化学特征与成因类型及在氧化过程中成分、结构和性能之间的相互关系尚未引起矿物学工作者的足够重视，更没有从天然和人工氧化过程出发查明天然石墨在风化蚀变带中成分、结构和性能的变化规律及与环境变化的关系。

石墨的氧化与氧化石墨的制备研究已有150多年，氧化石墨的结构探索也很早就引起化学家们的关注，Lerf-Klinowski结构模型也被广泛认可，但仅局限在氧化石墨二维结构层，而氧化石墨的三维结构尚未引起重视，氧化石墨高负电荷数和阳离子交换容量还不能由现有的任何结构模型所解释。

石墨在天然和人工氧化过程中，碳原子结构层接入不同的含氧官能团，并在层间域插入水化阳离子层，对此尚未从石墨结构与属性演化体系上进行系统研究。

氧化石墨的制备已经实现规模化和工业化，但仍然缺乏对石墨氧化过程及机制的深入认识，尤其是石墨氧化物的天然形成过程及内在氧化的机制。

3. 科学意义

石墨具有稳固的结构层及层内的离域性π电子，这是石墨氧化后在碳原子层上接入含氧官能团并形成层状结构的氧化石墨及赋予其新的理化性能的前提。深入开展风化蚀变带中石墨的天然氧化过程及属性的演变研究，不仅有助于丰富石墨成因矿物学中风化蚀变与演化的研究内容，而且可为风化石墨矿石选矿工艺技术设计和表面活性剂的选择提供理论依据。

探索石墨在天然和人工条件下的氧化过程及产物的晶体化学特征演变规律，并通过对石墨氧化过程的可控达到对氧化石墨官能团类型和含量、结构及理化性能的可控，进而建立氧化石墨的三维结构模型，这不仅对于揭示石墨的晶体化学本质及在氧化过程中成分、结构与理化性能之间的关系，而且对于记录和揭示石墨形成后地质或环境演化过程具有重要的理论和实际意义。

揭示石墨的可氧化性及氧化产物成分、结构和性能变化的机制，如石墨氧化后形成的氧化石墨结构层带负电性，层间域扩大，并引起导电与导热性能显著变化，具有极高的阳离子交换容量、内外比表面积，以及优异的层间域（物）可改造性等，对于新型石墨材料的制备和应用具有重要的指导作用。

4. 衍生意义

位于地球关键带中的石墨矿物，在地表矿物－土壤－生物－水－大气的作用下，不断遭受着风化蚀变特别是氧化过程，对该过程中石墨结构和性能的演变进行研究，不仅可为地球关键带的深入研究提供数据，而且可为石墨碳转移至大气和生物圈碳的研究提供可能。

鉴于氧化石墨和石墨烯具有优异的理化性能及其对新型矿物材料的重要性，基于矿物晶体化学，研究石墨及其氧化和还原过程中结构和性能的演化规律，建立石墨－氧化石墨－氧化石墨烯－石墨烯结构互演模型，对于解决石墨烯制备方法设计、电子结构及性能计算、可控性表面功能修饰与改造和应用等科学与技术问题具有重要的指导意义。

参考文献

冯明珠，彭同江，孙红娟，王培草. 2016. 氧化程度对氧化石墨结构与阳离子交换容量的影响［J］. 无机化学学报，32(3): 427-433.

孙红娟，彭同江. 2015. 石墨氧化－还原法制备石墨烯材料［M］. 北京：科学出版社.

王泉珺，孙红娟，彭同江，冯明珠. 2017. 氧化石墨阳离子交换容量测定过程中结构的变化［J］. 物理化学学报，33(2): 413-418.

Erickson K, Erni R, Lee Z, Alem N, Gannett W, Zettl A. 2010. Determination of the local chemical structure of graphene oxide and reduced graphene oxide［J］. Advanced Materials, 22(40): 4467-4472.

Lerf A, He H, Forster M, Klinowski J. 1998. Structure of graphite oxide revisited Ⅱ［J］. The Journal of Physical Chemistry B, 102(23): 4477-4482.

Liu B, Sun H J, Peng T J, Yang J Z, Ren Y Z, Ma J, Tang G P, Wang L L, Huang S K. 2020.

High selectivity humidity sensors of functionalized graphite oxide with more epoxy groups [J]. Applied Surface Science, 503: 144312.

Murray V J, Smoll E J Jr, Minton T K. 2018. Dynamics of graphite oxidation at high temperature [J]. Journal of Physical Chemistry C, 122(12): 6602-6617.

Rourke J P, Pandey P A, Moore J J, Bates M, Kinloch I A, Young R J, Wilson N R. 2011. The real graphene oxide revealed: stripping the oxidative debris from the graphene-like sheets [J]. Angewandte Chemie International Edition, 123(14): 3231-3235.

Sun H J, Peng T J, Liu B, Ma C F, Luo L M, Wang Q J, Duan J Q, Liang X Y. 2017. Study of oxidation process occurring in natural graphite deposits [J]. RSC Advances, 7(81): 51411-51418.

Szabo T, Berkesi O, Forgo P, Josepovits K, Sanakis Y, Petridis D, Dekany I. 2006. Evolution of surface functional groups in a series of progressively oxidized graphite oxides [J]. Chemistry of Materials, 18(11): 2740-2749.

（孙红娟，西南科技大学）

2.5 阴离子黏土矿物组成对结构及性能的调控

1. 问题背景

阴离子黏土矿物具有双层结构，且金属阳离子都位于相同的层板内，而阴离子和水分子则位于层间域中，所以又称层状双氢氧化物（layered double hydroxide，LDH），由水滑石（hydrotalcite，HTL）和类水滑石（hydrotalcite-like，HTL-like）组成（王泽林等, 2020）。与阳离子黏土矿物（蒙脱石等）相比，天然阴离子黏土矿物分布非常少。最早的阴离子黏土矿物是 1842 年发现于挪威 Snarum 的水滑石，后来在澳大利亚的新南威尔士州和塔斯马尼亚州也有发现（Forano et al., 2013）。1915 年，Manasse 确定其分子式为 [$Mg_6Al_2(OH)_{16}$] $CO_3 \cdot 4H_2O$（Khan and O’Hare, 2002）。

虽然天然种群的阴离子黏土矿物非常有限，其形成条件却常存在于土壤环境中，且常与蛇纹石和方解石共存（王泽林等 , 2020）。许多第一过渡金属系列的金属离子都可以在这样的地球化学条件下被引入水滑石的羟基化片层，Al 与其他金属组合形成的层状双氢氧化物相可沉淀于层状硅酸盐和水铝石的表面（Scheidegger et al., 1997），在 Ni^{2+} 污染渗滤土壤过程中也有 Ni-LDH 形成（Regelink and Temminghoff, 2011; Shi et al., 2012）。

阴离子黏土矿物以其层状结构特征、层板组成的广泛可调控性（金属阳离子可类质同象替换）、层板电荷密度的可变性、层间阴离子可交换性，便于在实验室和工业条件下大规模合成，并可在合成过程中调控其组成、结构和性能（许艳旗等 , 2018; Prevot and Tokudome, 2017; Xu et al., 2018），因此在吸附、催化、光化学、电化学、生物医药、聚合物、环境修复等领域具有重要的科学研究意义和广阔的工业应用前景（邵适衡等 , 2021; Chuaicham et al., 2021; Hernández et al., 2017; Xiang et al.,2021; Yang et al., 2021; Zhou et al., 2019），而阴离子黏土矿物多级结构特征和层间阴离子可交换特性是决定其性能和应用的关键（Li et al., 2020）。

基于模板导向剂作用下的阴离子黏土矿物成核、结晶、生长和多级结构构筑是目前阴离子黏土矿物的热点（Li et al., 2016; Xie et al., 2021; Zhang et al., 2015）。尽管模板导向剂引入的确有利于形成阴离子黏土矿物的多级结构，但是模板导向剂是影响矿物结构的外因，矿物由本身组成决定的结晶习性才是决定其结构特征的内因，阴离子黏土矿物层板金属离子类型和组成特征在一定范围内的调控，决定了层板电荷及层板结构特征，进而可以实现对多级结构微观组成特征和性能的控制（Gu et al., 2015; Wang et al., 2017），并在根本上决定能否形成阴离子黏土矿物层状结构。但目前关于层板金属离子特征对其多级结构构筑的控制作用研究却很少。

另外，能够进入阴离子黏土矿物层间域的阴离子的类型、结构、数量等特征，取决于阴离子黏土矿物的层间域环境特征，而层间域环境特征则受控于层板结构特征，特别是层板金属离子组成特征（Forano et al., 2013; Khan and O'Hare, 2002）。因此，层板金属离子是决定层间域环境、层间阴离子特征和交换能力的关键所在，如图 1 所示。

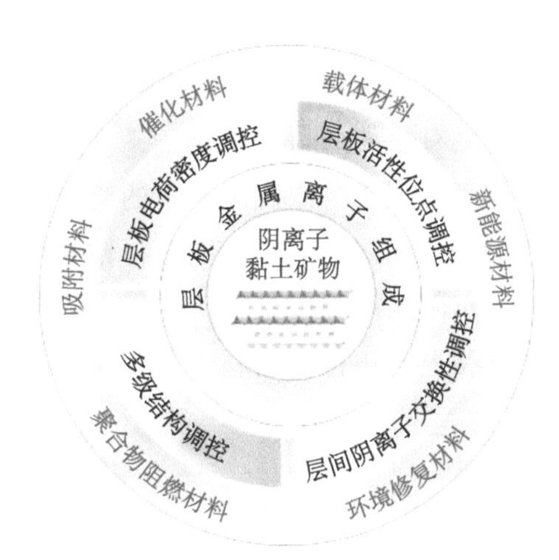

图 1 阴离子黏土矿物层板金属离子组成对结构性能的调控

2. 关键问题

（1）阴离子黏土矿物“阴离子交换容量”的评价原理研究和评价方法的建立是需要解决的主要关键科学问题之一。针对阳离子黏土矿物的“阳离子交换容量”评价方法及其应用对推动阴离子黏土矿物研究及应用研究起到了十分重要的作用。探明阴离子黏土矿物的“阴离子交换容量”评价原理，建立评价方法对阴离子黏土矿物的结构和性能、应用研究具有十分重要的矿物学意义。层板金属离子组成将直接决定层板电荷密度和层间域环境，影响层间阴离子组成和数量，这将直接体现在“阴离子交换容量”上。

（2）层板金属离子组成对阴离子黏土矿物结构的调控作用是阴离子黏土矿物研究中又一关键科学问题。阴离子黏土矿物层板金属离子本身具有可调控特征，也是其多级结构构筑的基础。但是层板金属离子的调控又受层板金属离子类质同象置换规律的控制，因此，选择合适的层板金属离子配对及其摩尔比，能调控阴离子黏土矿物的结构特征。

3. 科学意义

阴离子黏土矿物层板金属离子的组成特征是影响其矿物结构、层间阴离子特征及其交换性能的内在的、关键的因素。基于层板金属离子组成调控作用，研究阴离子黏土矿物层间阴离子交换作用规律及其机制，对阴离子黏土矿物结构及形成环境和机制研究、对阴离子黏土矿物材料制备及其在新材料领域的应用都具有重要的科学研究意义和实际应用价值。基于层板金属离子特征对阴离子黏土矿物层间阴离子的交换性能调控（在特定金属离子组成特征条件下对层间阴离子类型的选择性调控、对层间“阴离子交换容量”的调控等）作用规律及机制的研究，为阴离子黏土矿物的结构和形成条件研究，以及黏土矿物材料的制备及其在新材料领域的应用提供科学依据。

4. 衍生意义

（1）在基于阴离子黏土矿物的矿物材料性能和应用研究中，我们已经认识到基于其层状结构特征、层板组成的广泛可调控性、层板电荷密度的可变性、层间阴离子可交换性等特征的矿物材料性能和应用与我们的预期有较大的差异。阴离子黏土矿物层板金属离子组成对结构及层间阴离子交换性能的调控作用的研究对其应用性能的有目的开发和调控具有重要意义。

（2）阴离子黏土矿物容易在实验室条件下合成，但为什么在自然地质环境中却产出很少？阴离子黏土矿物层板金属离子组成对结构及层间阴离子交换性能的调控作用的研究，不仅是矿物材料研究的需要，也是阴离子黏土矿物在自然地质环境中形成条件、稳定性研究和特殊地质环境特征研究的需要。

参考文献

邵适衡，韩爱娟，李亚平，刘军枫．2021. 水滑石作为芬顿反应催化剂的研究进展［J］. 中国科学：化学，51: 509-520.

王泽林，许艳旗，谭玲，赵宇飞，宋宇飞．2020. 超薄/超小水滑石的新进展［J］. 科学通报，65: 547-564.

许艳旗，谭玲，王泽林，郝晓杰，王纪康，赵宇飞，宋宇飞．2018. 水滑石多尺度结构精准调控及其光驱动催化应用研究［J］. 科学通报，63: 3598-3611.

Chuaicham C, Xiong Y H, Sekar K, Chen W N, Zhang L, Ohtani B, Dabo I, Sasaki K. 2021. A promising Zn-Ti layered double hydroxide/Fe-bearing montmorillonite composite as an efficient photocatalyst for Cr(Ⅵ) reduction: insight into the role of Fe impurity in montmorillonite［J］. Applied Surface Science, 546: 148835.

Forano C, Costantino U, Prevot V, Taviot Gueho C. 2013. Layered double hydroxides (LDH)［M］//Bergaya F, Lagaly G. Handbook of Clay Science, Part A: Fundamentals: Developments in Clay Science. Amsterdam: Elsevier: 745-770.

Gu Z, Atherton J J, Xu Z P. 2015. Hierarchical layered double hydroxide nanocomposites: structure, synthesis and applications［J］. Chemical Communications, 51(15): 3024-3036.

Hernández W Y, Lauwaert J, van der Voort P, Verberckmoes A. 2017. Recent advances on the utilization of layered double hydroxides (LDHs) and related heterogeneous catalysts in a lignocellulosicfeedstock biorefinery scheme［J］. Green Chemistry, 19: 5269-5302.

Li C J, Lu H, Lin Y Y, Xie X L, Wang H, Wang L J. 2016. Self-sacrificial templating synthesis of self-assembly 3D layered double hydroxide nanosheets using nano-SiO_2 under facile conditions［J］. RSC Advances, 6: 97237-97240.

Li G L, Zhang H B, Sun J Q, Zhang A P, Liao C Y. 2020. Effective removal of bisphenols from aqueous solution with magnetic hierarchical rattle-like Co/Ni-based LDH［J］. Journal of Hazardous Materials, 381: 120985.

Khan A I, O'Hare D. 2002. Intercalation chemistry of layered double hydroxides: recent developments and applications［J］. Journal of Materials Chemistry, 12: 3191-3198.

Prevot V, Tokudome Y. 2017. 3D hierarchical and porous layered double hydroxide structures: an overview of synthesis methods and applications [J] . Journal Materials Science, 52: 11229-11250.

Regelink I C, Temminghoff E J M. 2011. Ni adsorption and Ni-Al LDH precipitation in a sandy aquifer: an experimental and mechanistic modeling study [J] . Environmental Pollution, 159: 716-721.

Scheidegger A M, Lamble G M, Sparks D L. 1997. Spectroscopic evidence for the formation of mixed-cation hydroxide phases upon metal sorption on clays and aluminum oxides [J] . Journal of Colloid Interface Science, 186: 118-128.

Shi Z, Peltier E, Sparks D L. 2012. Kinetics of Ni sorption in soils: roles of soil organic matter and Ni precipitation [J] . Environmental Science & Technolgy, 46: 2212-2219.

Wang X, Lin Y Y, Su Y, Zhang B, Li C J, Wang H, Wang L J. 2017. Design and synthesis of ternary-component layered double hydroxides for high-performance supercapacitors: understanding the role of trivalent metal ions [J] . Electrochimica Acta, 225: 263-271.

Xiang Q K, Xu Y Q, Chen R R, Yang C H, Li X M, Li G Y, Wu D, Xie X L, Zhu W F, Wang L J. 2021. Electrodeposition of Pt_3Sn nano-alloy on NiFe-layered double hydroxide with "card-house" structure for enhancing the electrocatalytic oxidation performance of ethanol [J] . ChemNanoMat, 7: 314-322.

Xie Z H, Zhou H Y, He C S, Pan Z C, Yao G, Lai B. 2021. Synthesis, application and catalytic performance of layered double hydroxide based catalysts in advanced oxidation processes for wastewater decontamination: a review [J] . Chemical Engineering Journal, 414: 128713.

Xu Y Q, Wang Z L, Tan L, Zhao Y F, Duan H H, Song Y F. 2018. Fine tuning heterostructured interfaces by topological transformation of layered double hydroxide nanosheets [J] . Industrial & Engineering Chemistry Research, 57: 10411-10420.

Yang C H, Zhang B, Xie X L, Li C J, Xu Y Q, Wang H, Wang L J. 2021. Three-dimensional independent CoZnAl-LDH nanosheets via asymmetric etching of Zn/Al dual ions for high-performance supercapacitors [J] . Journal of Alloys & Compounds, 861: 157933.

Zhang J, Xie X L, Li C J, Wang H, Wang L J. 2015. The role of soft colloidal templates in the shape evolution of flower-like MgAl-LDH hierarchical microstructures [J] . RSC Advances, 38: 29757-29765.

Zhou L L, Xie X L, Xie R G, Guo H, Wang M H, Wang L J. 2019. Facile synthesis of AuPd nanowires anchored on the hybrid of layered double hydroxide and carbon black for enhancing catalytic performance towards ethanol electro-oxidation [J] . International Journal of Hydrogen Energy, 44: 25589-25598.

（王林江，桂林理工大学）

2.6 电气石极端条件效应及功能

1. 问题背景

电气石是一种环状含硼硅酸盐矿物，其化学成分复杂，结构式为$XY_3Z_6[T_6O_{18}][BO_3]_3V_3W$，同一位置能被不同的元素替代，目前被国际矿物学界公认的电气石族矿物种类已有11种（Henry et al., 2011; Hawthome and Dirlam, 2011）。全球电气石的矿产资源丰富，巴西、美国、意大利、俄罗斯、斯里兰卡等都是主要的电气石产地。我国的电气石资源丰富，主要产地有新疆、内蒙古、云南、河北、广西等地（卢宗柳，2009）。目前，人们通过研究电气石在稳定温压范围内的功能属性，发现了电气石具有自发极化性、压电性能、热释电性能、远红外辐射特性和释放负离子性能，并开发了一系列应用于材料、环保、电子、保健等领域的电气石产品（林森等，2017）。电气石类质同象替代复杂，人们尚未明确电气石矿物种类与其功能属性的关系，大大限制了电气石矿物的应用。电气石矿物性质独特，其成分多变、晶内扩散作用低，具有宽广的稳定域和较好的环境敏感性（杨鑫和张立飞，2013）。因此，研究在不同极端条件下电气石成分、结构的变化情况，有助于开发电气石新的功能属性，拓宽电气石的应用领域。

电气石复杂的化学成分和特殊的晶体结构使其具有独特的性质，在高温、高压条件下，电气石的晶体结构会发生变化，影响电气石的自发极化强度，改变电气石的性能（Li et al., 2016; Chen et al., 2018）。赵长春（2011）和杨如增等（2000）研究发现高温热处理能够改变电气石中铁元素的价态和占位，使电气石中铁元素由Fe^{2+}(Y)、Fe^{2+}(Z)、Fe^{3+}(Y)占位转变为Fe^{3+}(Y)、Fe^{3+}(Z)和Fe^{2+}-Fe^{3+}(Y-Z)占位，增大电气石的固有电偶极矩，提高电气石的热释电性能。李雯雯等（2007）研究发现对电气石施加压力后，电气石晶体两端出现静电压，并在晶体破裂瞬间达到最大值。在压力的作用下，电气石晶体中的［SiO_4］六连环偏移了电荷中心，使电偶极矩相对增大，从而展现出压电效应。此外，强辐射作用于电气石后也会改变电气石的结构。Chaiyabutr 和 Wongkokua 研究（2016）发现，伽马（γ）射线辐照后电气石介电常数显著下降，说明 γ 射线对电气石的电学性质有一定影响。Maneewong 等（2016）发现 γ 射线辐照使电气石中的变价元素（Fe、Mn）发生了层间电荷转移，改变了电气石中 Y 和 Z 位置的原子结构，导致电气石的颜色发生变化。董发勤和袁昌来（2007）研究发现放射性物质钍元素被电气石表面吸附并发射 α 射线和 γ 射线时，可使电气石颗粒表面产生强大的定向粒子流，并提出电气石可能存在热释电性能和压电性能以外的电学特性——辐射产电。根据以上研究现状，并结合电气石的天然性能，本文认为可通过高温、高压、强辐射、强激光和强微波等极端条件作用于电气石，使电气石结构发生变化，进而衍生出新的功能属性（图 1）。

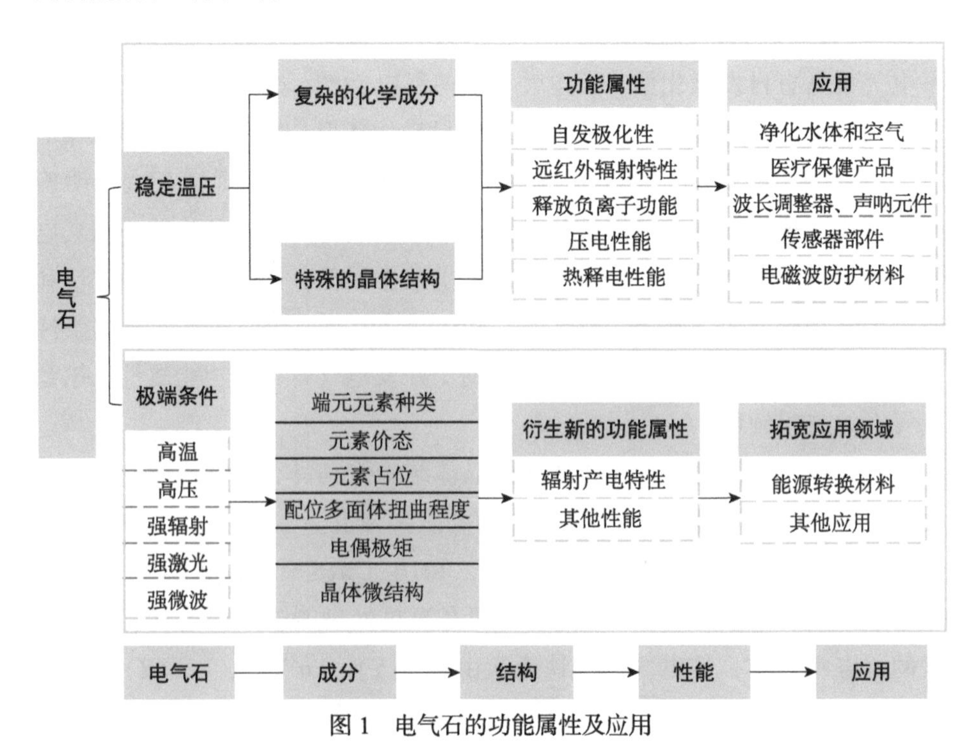

图 1　电气石的功能属性及应用

2. 关键问题

一般情况下，电气石的理化性质稳定，在形成过程中能够稳定存在于温度大于 850 ℃、压力大于 4 GPa 的环境中。然而，电气石在经过强辐射、强激光和强微波等能量束作用后，内部 Fe、Mn 等变价元素易受激发释放电子，导致电气石晶格结构发生变化，从而使电气石性质发生改变（熔化、吸光度变化、形态变化等）。因此，为了明确电气石的极端条件效应及功能属性，开拓电气石的应用范围，有必要对高温、高压、强辐射、强激光和强微波等极端条件作用下电气石的端元元素种类、元素价态及元素占位的变化情况进行研究，深入分析极端条件作用对电气石配位多面体扭曲程度和电偶极矩等晶体微结构的影响，揭示极端条件下电气石成分－结构－性能的相互制约关系。

3. 科学意义

能源和环境危机是人类目前面临的最严峻的问题。现存的能源转换技术主要有热电能源转换、风电能源转换、水电能源转换、光电能源转换和核电能源转换等技术。相应的产电材料有热电材料、压电材料和光电材料。2008 年，英国《新科学家》周刊报道，美国科学家开发了一种高功率材料——多层碳纳米管，这种纳米管与黄金一起被氢化锂包裹起来后，利用放射性粒子撞击产生的电子形成电流。据计算，比起热电材料的功率，他们的材料从放射性衰变中提取的能量最多可高出 19 倍，从而将核能转换成电能的效率大大提高。电气石具有自发极化产生的表面电场、压电性能和热释电性能，是一种理想的能源转换材料。利用高温、高压、强辐射、强激光和强微波等极端条件来激发电气石产电是将电气石开发成为一种潜在的新型电转化材料所进行的科学尝试，并为新能源发电领域提供一个全新的研究方向。

4. 衍生意义

电气石特异性结构使其具有独特的理化性质，围绕电气石表面静电场、释放负离子性能和远红外辐射性能，已在功能材料、环境保护和医疗保健领域开发了各种电气石产品（董发勤，2015; 胡应模等，2014）。然而，电气石作为一种具有压电性能和热释电性能的天然矿物材料，对于其电性能的研究还处于机制探讨阶段，实际应用较少。因此，通过探讨电气石在高温、高压、强辐射、强激光和强微波等极端条件下电性能的变化情况，厘清电气石的极端条件效应及其功能属性，对电气石的应用领域进行拓宽试验，为电气石电性能的开发提供新的原理和基础实验数据，从而拓展电气石应用矿物学研究的新思路和新领域。

参考文献

董发勤. 2015. 应用矿物学［M］. 北京：高等教育出版社.

董发勤，袁昌来. 2007. 一种含能粒子激发型高效空气负离子材料及制备方法［P］：中国，CN1994960A.

胡应模，陈旭波，汤明茹. 2014. 电气石功能复合材料研究进展及前景展望［J］. 地学前缘，21(5): 331-337.

李雯雯，张晓晖，吴瑞华，孟琳. 2007. 不同种属电气石的压电效应及磁学性质的研究［J］. 硅酸盐通报，26(6): 1116-1121.

林森，孙仕勇，申珂璇，董发勤. 2017. 电气石的环境功能属性及其复合功能材料应用研究［J］. 材料导报，31(7): 131-137.

卢宗柳. 2009. 我国电气石资源潜力分析及综合开发利用研究［D］. 长沙：中南大学：9-40.

杨如增，廖宗廷，陈晓栋，陈海生，王美生. 2000. 天然黑色电气石热释电特性的研究［J］. 宝石和宝石学杂志，2(1): 34-38.

杨鑫，张立飞. 2013. 高压-超高压变质电气石研究的现状和进展［J］. 岩石矿物学杂志，32(2): 251-259.

赵长春. 2011. 铁-镁电气石热释电性能的机理研究［D］. 北京：中国地质大学：46-50.

Chaiyabutr L, Wongkokua W. 2016. Effect of gamma irradiation on tourmaline characteristics［J］. Journal of Materials Science and Applied Energy, 5(1): 22-25.

Chen K, Gai X, Shan Y, Zhou G, Zhao C, Shen K, Fan Z, Wang Y, Wu X. 2018. The influence factors of energy storage density on tourmaline［J］. Ferroelectrics, 524(1): 138-147.

Hawthome F C, Dirlam D M. 2011. Tourmaline the indicator mineral: from atomic arrangement to viking navigation［J］. Elements, 7(5): 307-312.

Henry D J, Novak M, Hawthorne F C, Ertl A, Dutrow B L, Uher P, Pezzotta F. 2011. Nomenclature of the tourmaline-supergroup minerals［J］. American Mineralogist, 96

(5-6): 895-913.

Li J, Wang C, Wang D, Zhou Z, Sun H, Zhai S. 2016. A novel technology for remediation of PBDEs contaminated soils using tourmaline-catalyzed Fenton-like oxidation combined with *P. chrysosporium* [J] . Chemical Engineering Journal, 296: 319-328.

Maneewong A, Seong B S, Shin E J, Kim J S, Kajornrith V. 2016. Neutron-diffraction studies of the crystal structure and the color enhancement in γ-irradiated tourmaline [J] . Journal of the Korean Physical Society, 68(2): 329-339.

（董发勤，西南科技大学）

第3章
模拟和计算

3.1 蒙脱石分子模拟的挑战

1. 问题背景

蒙脱石是陆地表生环境、沉积盆地和海底沉积物中常见的黏土矿物。这些环境具有显著的水岩相互作用，蒙脱石是该作用的重要载体。蒙脱石具有可膨胀的层间域，水和离子是层间域物质的主要组成，小的有机分子也可以进入层间域（图 1）。层间域承载了物质交换作用。在蒙脱石的外表面，形成了沉积物的孔隙，与流体接触，起到吸附离子和有机分子的作用。蒙脱石的外表面与层间域共同作用于元素的地球化学循环，影响离子、有机物的富集与分配（Anderson et al., 2010; Brown et al., 2017; Birgersson, 2017）。

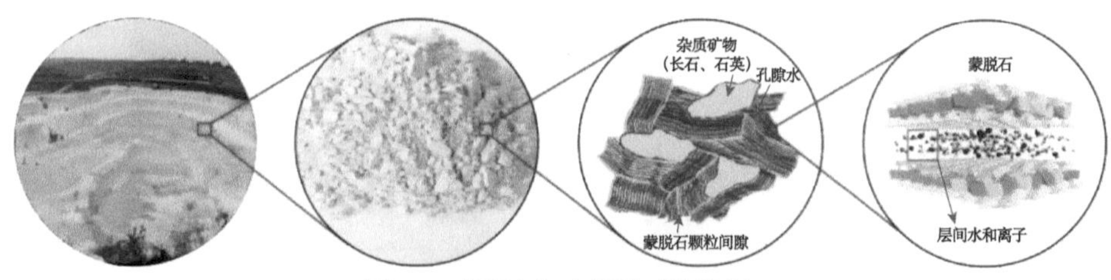

图 1　不同尺度对蒙脱石的认识

蒙脱石层间域和外表面的物质吸附与分配制约表生环境的地球化学平衡

研究者采用野外采样分析和实验室模拟对蒙脱石的元素分配行为进行了广泛研究，与此同时，原子、分子尺度的计算模拟研究也大量开展。分子模拟研究精细化使我们认识了蒙脱石对离子、有机分子的吸附模式，并在热力学层面解释了蒙脱石的元素分配机制。分子模拟研究手段主要包括：①经典分子动力学或蒙特卡罗模拟，该方法依靠经验力场参数描述原子间相互作用；②基于密度泛函理论的量子力学计算和分子动力学模拟。以 Cygan 等于 2004 年开发 ClayFF 力场为标志，经典分子动力学模拟广泛应用于蒙脱石的结构与表面吸附研究（Cygan et al., 2004）。这些研究在原子尺度揭示了蒙脱石单层、双层水合结构及其转变机制，与实验认识形成对应。通过模拟研究区分了离子在蒙脱石表面的外球络合和内球络合吸附模式，如碱金属离子 Li^+、Na^+ 倾向于形成外球络合吸附，而 K^+、Cs^+ 则倾向于形成内球络合吸附（Boek, 2014; Zhang et al., 2014; Dazas et al., 2015; Vao-soongnern et al, 2015）。分子动力学模拟研究揭示了链状有机分子在蒙脱石层间域的负载模式，随有机分子含量增加，其烷基链的排列模式由层状转为倾斜状（Zhou et al., 2014; Zhou et al., 2015）。学者使用经典方法模拟，认识了蒙脱石表面对甲烷吸附和甲烷水合物形成的驱动作用（Zhou et al., 2011）。而基于密度泛函理论的计算和模拟，在认识蒙脱石表面的质子解离、边缘面的离子络合与化学键的形成等方面（Liu et al., 2013; Zhang et al., 2018）取得了长足的进步。

应用分子模拟方法更广泛地解决蒙脱石对元素分配的作用机制问题，但是仍有较多技术瓶颈需要克服。量子力学计算与模拟是比较精确的方法，但受限于目前的计算机能力，只能模拟研究几十到几百个原子的体系，这种尺度局限可能影响对蒙脱石 / 流体界面性质的分析。另外，量子力学计算的精确度还有可提升的空间，如采用更精确的泛函、考虑核量子效应等（Tuckerman and Ceperley, 2018），这样可以在定量上提高对蒙脱石表面性质（如质子解离）的准确认识。经典方法虽然可以模拟分析较大的体系，但经验力场（如离子的力场）的准确性仍受到一定质疑（Zhou et al., 2020）。提高经验力场的可靠性非常必要。另外，蒙脱石的结构建模需要更贴合实际，如近年提出的顺式空位蒙脱石模型（Subramanian et al., 2020）。

2. 关键问题

对于蒙脱石相关体系的分子模拟研究，关键问题是：分子模拟是否能作为一个可靠的理论工具，准确预测蒙脱石对离子、有机物的物质分配作用？该问题可以从计算模拟方法的精度和广度两个方面理解。在精度上，密度泛函方法是否能足够准确描述蒙脱石及其表面的性质（Gillan et al., 2016）？经验力场对离子、有机物与蒙脱石表面的相互作用近似，是否在定性上准确？在定量上有多可靠？在广度上，由于蒙脱石不是单一结构与化学组成的矿物，其具有不同类质同象替代与顺反式空位结构等特点（Ferrage et al., 2007），分析蒙脱石对物质分配的作用，显然不能仅仅考虑某一结构或化学组成的蒙脱石，必须全面考虑各种可能的类质同象替代与顺反式空位结构。这在计算量上提出了挑战。而蒙脱石的外表面（包括基面与边缘面）与层间域都对离子、有机物的分配起到作用，二者是怎样相互竞争的？外表面的吸附与孔隙大小相关，模拟建模必须考虑不同的孔隙尺寸。这些问题的衡量与解决，是将分子模拟作为预测蒙脱石物质分配作用工具的关键(图 2)。

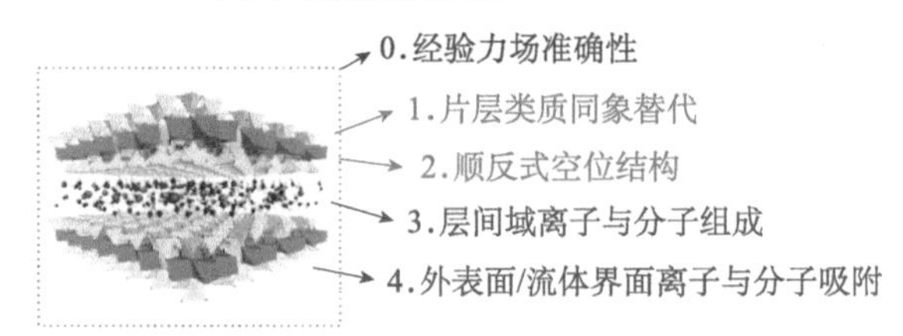

图 2　将分子模拟作为预测蒙脱石物质分配作用工具的关键科学问题

3. 科学意义

地球化学研究的关键目的之一在于厘清元素在地球上的循环机制。含有黏土矿物的地层，具有对流体的离子分配作用，素有“地质过滤膜”之称（Neuzil and Person, 2017）。蒙脱石的外表面与层间域，就起到了“过滤膜”作用。蒙脱石可以选择性吸附环境的有机物，起到有机质分馏作用（Yeasmin et al., 2017）。如果具备一个理论工具，该工具能准确预测流体流经含黏土地层后的物质组成变化、有机质在黏土中的分馏情况，对于分析元素的地球化学循环机制具有重要意义，对封存有害物质和生态环境保护也有重要启示。分子模拟可以成为这样一个理论工具。但是，囿于以上所述的技术瓶颈，分子模拟仍难称一个完美的理论工具。笔者认为，在精度和广度上提高分子模拟对蒙脱石物质分配机制的预测能力是非常必要的，该工具有望成为厘清与蒙脱石相关的元素循环机制的必备手段。

4. 衍生意义

基于蒙脱石的离子选择性，蒙脱石可以作为离子交换材料在工业上应用（Wang et al., 2004）。如果分子模拟手段可以在定量上预测蒙脱石的离子交换能力，那么可以节省实验时间，为制备离子交换材料提供可靠的理论支撑。与蒙脱石相似的具有纳米孔的材料很多，如沸石（Kocevski et al., 2018）。针对蒙脱石模拟的经验力场优化，也有望应用于其他具有纳米孔的材料，这为研发更好的纳米材料用于离子交换或过滤提供支撑。以蒙脱石相关体系为起点的分子模拟和热力学计算，一旦方法成熟，有望成为一种范式，作为工业生产过程必不可少的手段。

参考文献

Anderson R L, Ratcliffe I, Greenwell H C, Williams P A, Cliffe S, Coveney P V. 2010. Clay swelling—a challenge in the oilfield [J]. Earth Science Reviews, 98(3-4): 201-216.

Birgersson M. 2017. A general framework for ion equilibrium calculations in compacted bentonite [J]. Geochimica et Cosmochimica Acta, 200: 186-200.

Boek E S. 2014. Molecular dynamics simulations of interlayer structure and mobility in hydrated Li-, Na- and K-montmorillonite clays [J]. Molecular Physics, 112: 1472-1483.

Brown K M, Poeppe D, Josh M, Sample J, Even E, Saffer D, Tobin H, Hirose T, Kulongoski J, Toczko S. 2017. The action of water films at Å-scales in the earth: implications for the Nankai subduction system [J]. Earth and Planetary Science Letters, 463: 266-276.

Cygan R T, Liang J J, Kalinichev A G. 2004. Molecular models of hydroxide, oxyhydroxide, and clay phases and the development of a general force field [J]. Journal of Physical Chemistry B, 108: 1255-1266.

Dazas B, Lanson B, Delville A, Robert J L, Komarneni S, Michot L J, Ferrage E. 2015. Influence of tetrahedral layer charge on the organization of inter layer water and ions in synthetic Na-saturated smectites [J]. Journal of Physical Chemistry C, 119: 4158-4172.

Ferrage E, Lanson B, Sakharov B A, Geoffroy N, Jacquot E, Drits V A. 2007. Investigation of dioctahedral smectite hydration properties by modeling of X-ray diffraction profiles: influence of layer charge and charge location [J]. American Mineralogist, 92: 1731-1743.

Gillan M J, Alfe D, Michaelides A. 2016. Perspective: How good is DFT for water? [J].

Journal of Chemical Physics, 144(13): 130901.

Kocevski V, Zeidman B D, Henager C H, Besmann T M. 2018. Communication: first-principles evaluation of alkali ion adsorption and ion exchange in pure silica LTA zeolite [J]. Journal of Chemical Physics, 149(13): 131102.

Liu X D, Lu X C, Sprik M, Cheng J, Meijer E J, Wang R C. 2013. Acidity of edge surface sites of montmorillonite and kaolinite [J]. Geochimica et Cosmochimica Acta, 117: 180-190.

Neuzil C E, Person M. 2017. Reexamining ultrafiltration and solute transport in groundwater [J]. Water Resources Research, 53(6): 4922-4941.

Subramanian N, Whittaker M L, Ophus C, Lammers L N. 2020. Structural implications of interfacial hydrogen bonding in hydrated wyoming-montmorillonite clay [J]. Journal of Physical Chemistry C, 124(16): 8697-8705.

Tuckerman M, Ceperley D. 2018. Preface: special topic on nuclear quantum effects [J]. Journal of Chemical Physics, 148(10): 102001.

Vao-soongnern V, Pipatpanukul C, Horpibulsuk S. 2015. A combined X-ray absorption spectroscopy and molecular dynamic simulation to study the local structure potassium ion in hydrated montmorillonite [J]. Journal of Materials Science, 50: 7126-7136.

Wang C C, Juang L C, Lee C K, Hsu T C, Lee J F, Chao H P. 2004. Effects of exchanged surfactant cations on the pore structure and adsorption characteristics of montmorillonite [J]. Journal of Colloid and Interface Science, 280(1): 27-35.

Yeasmin S, Singh B, Johnston C T, Sparks D L. 2017. Organic carbon characteristics in density fractions of soils with contrasting mineralogies [J]. Geochimica et Cosmochimica Acta, 218: 215-236.

Zhang C, Liu X D, Tinnacher R M, Tournassat C. 2018. Mechanistic understanding of uranyl ion complexation on montmorillonite edges: a combined first-principles molecular dynamics-surface complexation modeling approach [J]. Environmental Science & Technology, 52: 8501-8509.

Zhang L H, Lu X C, Liu X D, Zhou J H, Zhou H Q. 2014. Hydration and mobility of interlayer ions of (Na_x, Ca_y)-montmorillonite: a molecular dynamics study [J]. Journal of Physical Chemistry C, 118: 29811-29821.

Zhou H, Chen M, Zhu R L, Lu X C, Zhu J X, He H P. 2020. Coupling between clay swelling/collapse and cationic partition [J]. Geochimica et Cosmochimica Acta, 285: 78-99.

Zhou Q, Lu X C, Liu X D, Zhang L H, He H P, Zhu J X, Yuan P. 2011. Hydration of methane intercalated in Na-smectites with distinct layer charge: insights from molecular simulations [J]. Journal of Colloid and Interface Science, 355: 237-242.

Zhou Q, Shen W, Zhu J X, Zhu R L, He H P, Zhou J H, Yuan P. 2014. Structure and dynamic properties of water saturated CTMA-montmorillonite: molecular dynamics simulations

[J] . Applied Clay Science, 97: 62-71.
Zhou Q, Zhu R L, Parker S C, Zhu J X, He H P, Molinari M. 2015. Modelling the effects of surfactant loading level on the sorption of organic contaminants on organoclays [J] . RSC Advances, 5: 47022-47030.

（陈锰，中国科学院广州地球化学研究所）

3.2 非金属矿理论模型数据库

1. 问题背景

尽管我国现阶段在国际发表文章数量已达首位，但研究成果版权和新结构模型等也随之流入国外数据库系统。这种规则制定使欧美发达国家能够在根本上稳固全球科技领先地位，也造成国内矿物学研究者在从事理论研究时对国外数据系统和软件的严重依赖。目前，国际上已建立五大晶体学数据库，其中，剑桥晶体数据中心（CCDC，1935 年创建）、无机晶体结构数据库（ICSD，1913 年创建）、蛋白质结构数据库（PDB，1971 年创建）、国际衍射数据中心的粉晶数据库（JCPDS-ICDD，1969 年创建）和结晶学开放数据库（COD，2003 年创建）均是非金属矿结构矿物学研究的主要来源（胡欢等，2019）。近几年，我国矿物学研究者已多次提出建设国内矿物学数据特征分析系统及其数据库、矿物专业数据库和矿物信息资源平台等（董晋琨等，2019），而已建成的“国家岩矿化石标本资源共享平台”并未达到预期的影响力。由此，矿物数据库建立不能单纯仿照建立国外已有体系，应依托计算机模拟和仿真技术快速占领国内外最新的多尺度－复杂体系研究领域。

以我国资源储量居世界第一位的膨润土为例，其已被广泛应用于保水、固沙、重金属调控治理等环境修复体系领域，但利用率和附加值过低已成为膨润土发展的瓶颈。从矿物理论的角度而言，大多数理论模拟研究利用 ICSD 和 COD 数据库中八种模型，衍生的矿化和改性机制均基于此类模型提出（Tatarchuk et al., 2019）。随着近代计算机技术的飞速发展，蒙脱石理论研究也从单一模型物理化学模拟深入复杂环境诱导矿化的层次。前期研究发现，天然膨润土加工时蒙脱石会出现构型畸变和化学配比失衡的现象，这是蒙脱石发生了溶解作用并重结晶为其他黏土矿物及氧化物 / 氢氧化物的自然过程，脱硅－富铝化、重金属矿化等反应速率加速，促使土壤环境恶化（Zhao et al.，2013; María et al., 2014）。因此，引入计算机模拟技术可快速预测蒙脱石的结构变化和演化规律。例如，密度泛函理论（Adraa et al., 2017）和量子动力学法（Zhang et al., 2016）可解析蒙脱石羟基化边缘和蒙脱石 / 伊利石 / 混合层黏土边缘位置处半胱氨酸的单齿－二齿－四齿配合物构型与去质子化过程。再如，采用蒙特卡罗－量化动力学联用方法（Li et al., 2019; 周青等，2016）可描述自由基促进氨基酸团簇诱导蒙脱石沿四八面体边缘位置逐步剥离层间和表面氧化硅的演化过程（图 1），并证实细菌促溶蒙脱石边缘和重结晶的实验结论（Bishop et al., 2014）。上述研究是近代膨润土修复与改性的新发展方向，国内外研究尚处于部分影响因素诱导作用的搜寻和探讨阶段。因此，系统建立蒙脱石溶解、重结晶、矿化等定性和定量数据体系（Dong et al., 2018），可从根本上提高膨润土的设计开发能力，同时降低大规模正交实验的成本和时间，助力我国此领域的研究快速赶超国际先进水平。

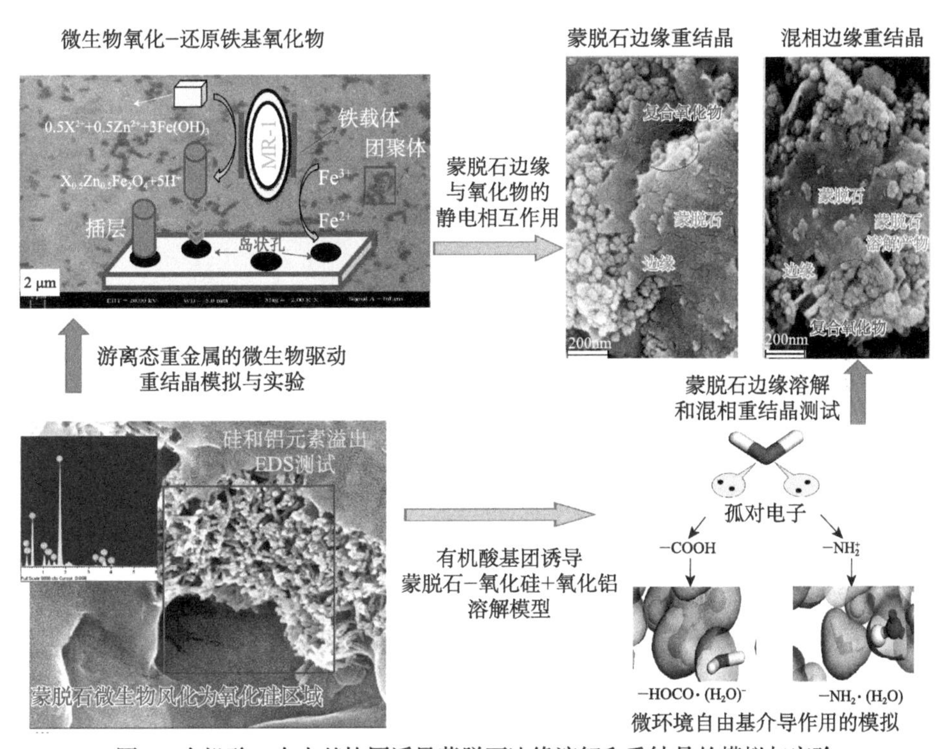

图 1　有机酸－自由基协同诱导蒙脱石边缘溶解和重结晶的模拟与实验（Bian et al., 2017; Bian et al., 2018; Li et al., 2019）

2. 关键问题

土壤修复和膨润土资源开发等领域急需厘清蒙脱石的矿物结构的定性和定量演化机制，这就要从模拟和分析方法入手，搭建多尺度-复杂体系的理论体系（图2），关键问题如下：

（1）蒙脱石结构演化研究需要同时引入分子动力学经典力场、密度泛函理论长程静电力场、过渡态理论能量最低原则等，则需分类阐明多尺度模拟的各阶段限定条件和适用范围。

（2）矿物相变不是突然的质变过程，而是积累性量变的结果，则需引入原子/电子级定量化数据分析的新方法（Bian et al., 2015），定量描述微量移动的电子能级变化过程。

（3）外环境变化是蒙脱石结构演化的直接原因，则需厘清外环境因素的权重和协同关系，同时比对实验边界条件和晶界等参数所带来的误差影响。

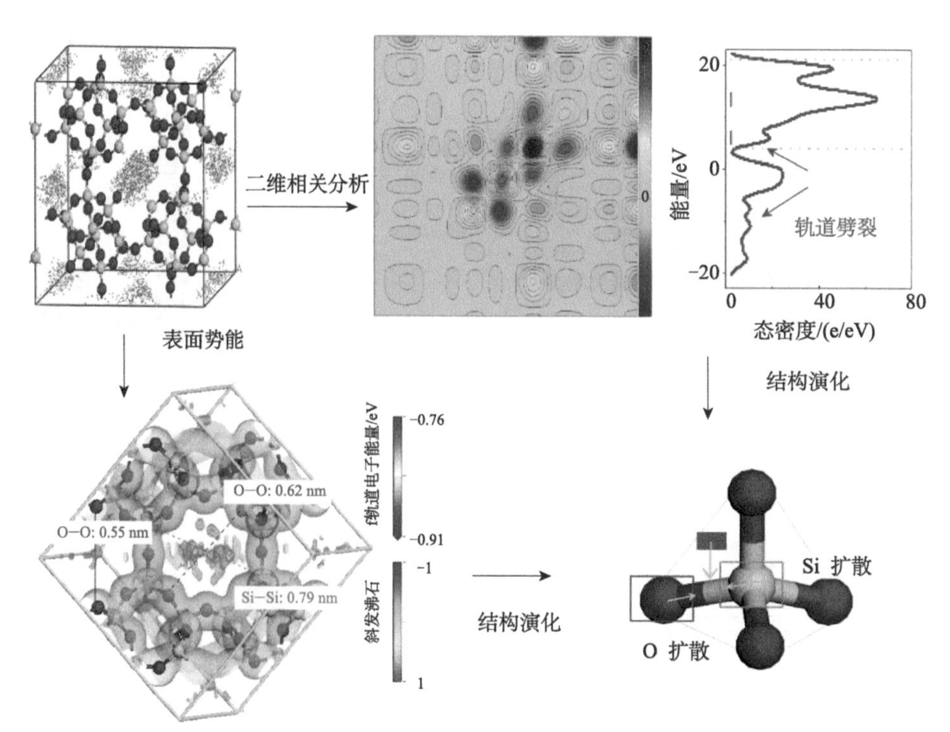

图2 量化动力学和定量数据分析联用技术处理（Bian et al., 2015; Dong et al., 2016）

3. 科学意义

蒙脱石膨胀性、保水性、吸附性、阳离子交换性等性质均源于层状结构的表面、边缘和层间带电性，然而，外环境诱导蒙脱石结构变化过程中，蒙脱石结构会发生平行层结构膨胀－畸变－卷曲－剥离、结构内离子游离和化学配比缺失、边缘溶解和重结晶等现象。这将改变原有蒙脱石应用的设计理念，且在使用过程中发生性能波动和结构崩坏。因此，系统建立蒙脱石复杂体系演化规律的理论模型数据库，不仅能提升膨润土产品的理论设计水平，还能对蒙脱石地质演化过程、加工、使用、老化等阶段进行精准判定和追踪。这可加快我国非金属矿理论发展速度，并提高本土特色矿物研究和应用的国际竞争力。

4. 衍生意义

蒙脱石是黏土矿物代表性矿物之一，其复杂体系演化规律理论模型可作为非金属矿物演化理论模拟和分析方法的模板，大幅度降低实验能耗、成本和时间等，并针对性提高附加值和使用效率，为我国碳达峰和碳中和作出一定贡献。

（1）定性及定量模拟和分析方法可为同类层状（高岭土、累托石、贝得石等）、笼状（沸石）等硅酸盐矿物提供理论数据库建设依据，完善非金属矿理论数据库体系。

（2）微生物绿色加工和矿化研究中，理论演化数据库可提供跨尺度－多尺度范围内非金属矿的微观－介观尺度基础数据，缩小我国新绿色加工技术－修复工艺与国外的技术差距。

（3）对于蒙脱石基矿物材料加工和使用过程，理论演化数据库可延伸到蒙脱石表面/边缘/层间负载－复合结构设计，提高准确性和稳定性，扩大膨润土产品高附加值的应用领域。

参考文献

董晋琨，杨眉，吴志远，秦善，王雨薇．2019. 系统矿物学数据特征分析及数据库建设

［J］. 吉林大学学报 (地球科学版), 49(3): 727-736.

胡欢，董少春，王汝成，陆现彩，徐士进. 2019. 互联网上的矿物专业数据库和矿物信息资源平台［J］. 中国地质教育，28(3): 56-63.

周青，董发勤，边亮，孙仕勇，郭玉婷，霍婷婷. 2016. 氨基酸团簇及磷脂在蒙脱石表面的电子传递计算模拟研究［J］. 功能材料，47(4): 129-133.

Adraa K E, Georgelin T, Lambert J F, Jaber F, Tielens F, Jaber M. 2017. Cysteine-montmorillonite composites for heavy metal cation complexation: a combined experimental and theoretical study［J］. Chemical Engineering Journal, 314: 406-417.

Bian L, Dong F Q, Song M X, Dong H L, Li W M, Duan T, Xu J B, Zhang X Y. 2015. DFT and two-dimensional correlation analysis methods for evaluating the Pu^{3+}-Pu^{4+} electronic transition of plutonium-doped zircon［J］. Journal of Hazardous Materials, 294: 47-56.

Bian L, Li H, Dong H, Dong F Q, Song M X, Wang L S, Zhou T L, Li W M, Hou W P, Zhang X Y, Lu X R, Li X X, Xie L. 2017. Fluorescent enhancement of bio-synthesized X-Zn-ferrite-bismuth ferrite (X= Mg, Mn or Ni) membranes: experiment and theory［J］. Applied Surface Science, 396: 1177-1186.

Bian L, Nie J, Jiang X, Song M, Dong F Q, Li W M, Shang L P, Deng H, He H C, Xu B, Wang L, Gu X B. 2018. Selective removal of uranyl from aqueous solutions containing a mix of toxic metal ions using core-shell MFe_2O_4-TiO_2 nanoparticles of montmorillonite edge sites［J］. ACS Sustainable Chemistry & Engineering, 6(12): 16267-16278.

Bishop M E, Glasser P, Dong H, Arey B, Kovarik L. 2014. Reduction and immobilization of hexavalent chromium by microbially reduced Fe-bearing clay minerals［J］. Geochimica et Cosmochimica Acta, 133: 186-203.

Dong F Q, Bian L, Song M, Li W M, Duan T. 2016. Computational investigation on the $f^n \rightarrow f^{n-1}d$ effect on the electronic transitions of clinoptilolite［J］. Applied Clay Science, 119: 74-81.

Dong F Q, Zhu J Z, Yu S W, Bian L. 2018. Interface effect of ultrafine mineral particles and microorganisms［J］. Environmental Science and Pollution Research, 25(23): 22323-22327.

Li H L, Bian L, Dong F Q, Li W M, Song W M, Nie J N, Liu X N, Huo T T, Zhang H P, Xu B, Frank S R, Sun S H. 2019. DFT and 2D-CA methods unravelling the mechanism of interfacial interaction between amino acids and Ca-montmorillonite［J］. Applied Clay Science, 183: 10536-10547.

María E P, Gisela R P, Telma B M, Maria P, Sánchez I, Laura G F. 2014. Characterization of organo-modified bentonite sorbents: the effect of modification conditions on adsorption performance［J］. Applied Surface Science, 320: 356-363.

Tatarchuk T, Shyichuk A, Mironyuk I, Naushad M. 2019. A review on removal of uranium(Ⅵ) ions using titanium dioxide based sorbents［J］. Journal of Molecular Liquids, 293: 111563.

Zhang C, Liu X, Lu X, He M, Meijer E J, Wang R. 2016. Cadmium(Ⅱ) complexes adsorbed on clay edge surfaces: insight from first principles molecular dynamics simulation [J]. Clays and Clay Minerals, 64(4): 337-347.

Zhao L, Dong H, Kukkadapu R, Agrawal A, Liu D, Zhang J, Edelmann R E. 2013. Biological oxidation of Fe(Ⅱ) in reduced nontronite coupled with nitrate reduction by *Pseudogulbenkiania* sp. strain 2002 [J]. Geochimica et Cosmochimica Acta, 119: 231-247.

（边亮，西南科技大学）

第4章

剥离和高效利用

4.1 蒙脱石二维剥片

1. 问题背景

蒙脱石是一种典型的黏土矿物，其晶体结构为硅氧四面体层和铝氧八面体层构成天然的 TOT 型纳米层状结构（Galán and Ferrell, 2013）。蒙脱石的硅氧四面体和铝氧八面体结构单元中的硅和铝会被铝和镁等低价阳离子类质同象取代，使黏土矿物表面天然荷负电，因此蒙脱石层间会吸附 Na^{+}、Ca^{2+} 等离子平衡电性，并且蒙脱石层间由范德瓦耳斯力（van der Waals force）和静电力（electrostatic force）这类弱相互作用结合（Schoonheydt and Johnston, 2013）。在水溶液中，蒙脱石片层的亲水性以及层间阳离子的水化使得水分子进入蒙脱石的层间并增大其层间距，此时蒙脱石片层之间仍然存在相互作用力，并保持一定的晶体取向，当在外加能量的作用下，蒙脱石片层之间的距离进一步增大并在水溶液中成为相互独立的两个片层，分离出仅纳米级厚度的蒙脱石单片层（Aslanov and Dunaev, 2018）。剥离得到的蒙脱石纳米片具有二维层状结构，在保留蒙脱石优异的物化特性的同时，比表面积显著提高，表面活性位点充分暴露，是设计和制备先进矿物功能材料的理想原料，容易与各种无机 / 有机偶联剂或功能性基团结合，可通过可控的重组装过程制备各种蒙脱石纳米片基矿物功能材料，应用于环境修复（Zhang et al., 2021; Zhao et al., 2020）、安全工程（Chen et al., 2019a）、清洁能源（Yi et al., 2019）、盐湖资源开发（Razmjou et al., 2019）等领域，具有极高的研究价值和应用潜力。

传统的蒙脱石二维剥片方法通常分为化学剥片方法和机械剥片方法（Nicolosi et al., 2013）。如图 1(a) 和 (b) 所示，化学剥片方法根据所用化学剥片助剂的种类分为无机化学剥片方法和有机化学剥片方法。无机剥片剂主要通过高水化能力离子交换作用进入蒙脱石层间域，对于有机插层剥片，通过有机长碳链分子或离子以共价键和离子键等作用力与黏土片层结合，使晶层表面由亲水变为疏水，撑大层间距并减小层间结合作用，当黏土层间距扩大到极限后即可得到无序的纳米片层分散体系，从而实现二维剥片效果。如图 1(c) 所示，机械剥片方法则是通过外加机械力如超声波等克服蒙脱石层间结合作用，从而实现二维蒙脱石纳米片的剥离。由于蒙脱石的二维化剥片程度以及剥离后纳米片的结构性质（如厚度、片径尺寸及径厚比）直接影响合成材料的机械性能等性质，是其后续应用过程的核心要素，因此如何实现大片径尺寸蒙脱石纳米片的规模化剥离是推动二维蒙脱石实际应用进程的核心问题。

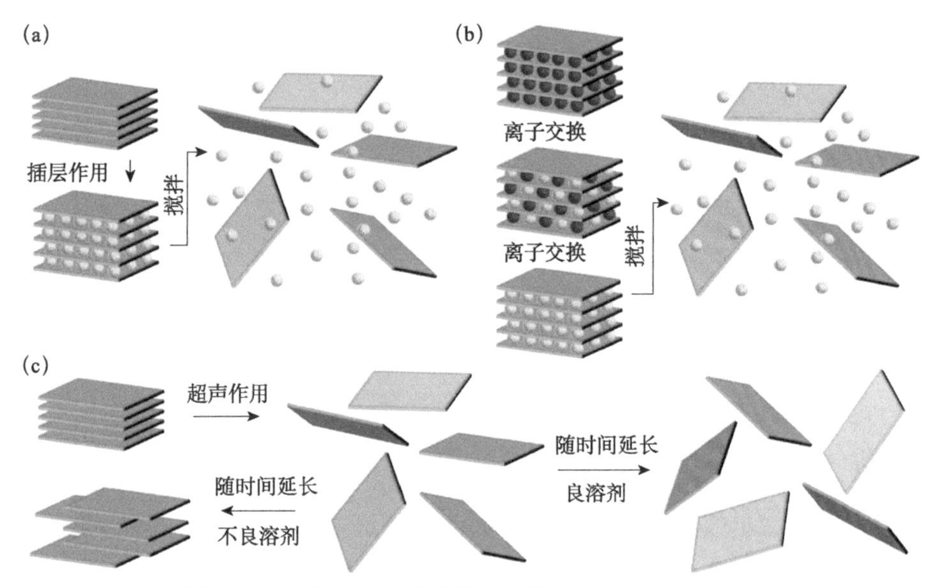

图 1　化学及机械剥片方法制备蒙脱石二维纳米片 (Nicolosi et al., 2013)
（a）插层作用；（b）离子交换作用；（c）超声剥片作用

2. 关键问题

对比蒙脱石二维剥片方法发现，化学法剥片效率低且会引入杂质离子及分子，机械法剥片蒙脱石制备二维纳米片具有成本低、可大规模生产和与溶液加工兼容的优势，并且不引入客体分子，有利于得到高纯二维蒙脱石纳米片，但是长时间的高能量输入在将层状堆叠结构打开的同时容易造成已剥离纳米片结构的破坏，并且高能耗的加工方式难以实现大规模工业化应用。尽管对蒙脱石二维剥片方法的研究已经取得大量的成果，但这些方法往往无法兼顾蒙脱石纳米片的纯度、剥片效率以及对片层大小控制，使得对蒙脱石纳米片的研究及应用受到限制。已有研究利用水冷冻解冻过程中的体积变化克服蒙脱石层间结合作用，辅以温和的超声过程可在实现二维剥片的同时有效保护大片径尺寸蒙脱石纳米片的片层结构（图 2）（Chen et al., 2019b）。此外，也可利用液氮气化过程中剧烈体积膨胀撑开蒙脱石片层，该方法避免了杂质分子的引入且无需固液分离，可实现高纯干燥蒙脱石纳米片的制备（图 2）（Chen et al., 2022）。

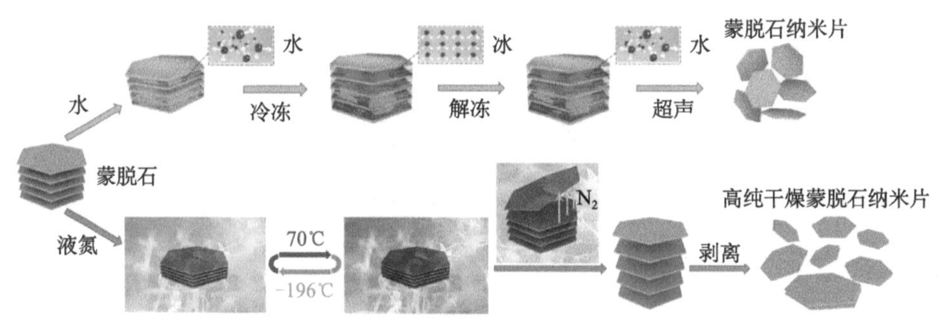

图 2　大片径尺寸蒙脱石二维纳米片规模化剥离新方法：冷冻解冻结合超声剥离制备蒙脱石纳米片；液氮气相剥离制备蒙脱石纳米片

3. 科学意义

蒙脱石二维剥离纳米片是制备各种先进矿物材料的理想原料，二维剥片过程中暴露出的蒙脱石表面丰富的活性位点容易与各种无机 / 有机偶联剂或功能性基团结合，并且蒙脱石天然优异的化学稳定性和热稳定性非常适合于合成材料体系性能的提升。立足于蒙脱石天然水化膨胀特性以及纳米层状结构特征，通过研究二维剥片过程可丰富和拓宽蒙脱石水化和剥片的基础理论。

除蒙脱石外层状黏土矿物家族种类丰富，如常见的高岭石、蛭石、云母等黏土矿物各自具有迥异的矿物禀赋特性，高岭石具有天然的二维异质结构，蛭石具有极佳的热稳定性，云母表面电荷密度较高等。类比于“材料基因组计划”，通过解析各种黏土矿物禀赋特征，基于蒙脱石规模化二维剥片技术体系，可进一步开发出对应于各种层状黏土矿物二维剥片的核心技术，将深化层状黏土矿物结构性质基础理论，促进各种新型矿物基功能材料的开发。

4. 衍生意义

蒙脱石是膨润土的主要矿物成分，是重要的非金属矿之一。《全国矿产资源规划（2016—2020年）》中专门指出："加强膨润土等重要功能性非金属矿产的保护和精深加工利用，开辟矿产资源利用新领域。""十三五"期间，我国非金属矿产业规模稳定发展，产业结构持续优化，但是低端原辅材料产品产能过剩，高值化、系列化矿物功能材料产品开发应用迟缓等问题和矛盾依然突出。研究蒙脱石的二维剥片问题有助于进一步深入挖掘蒙脱石的矿物特性，符合国家对于功能性矿产资源开发的战略需求。并且形成的蒙脱石二维剥片技术体系将赋予传统的蒙脱石矿物资源新的功能属性，有利于推动我国蒙脱石行业的产业结构优化和升级，也为其他种类丰富的层状黏土矿产资源高值化应用提供了思路借鉴。

参考文献

Aslanov L A, Dunaev S F. 2018. Exfoliation of crystals [J]. Russian Chemical Reviews, 87(9): 882-903.

Chen L, Zhao Y, Bai H, Ren B, Wang W, Qi M, Zhang T, Song S. 2022. A novel gasification exfoliation method of the preparation of anhydrous montmorillonite nanosheets for inhibiting restack problem suffering from dehydration [J]. Applied Clay Science, 217: 106394.

Chen P, Zhao Y, Wang W, Zhang T, Song S. 2019a. Correlation of montmorillonite sheet thickness and flame retardant behavior of a chitosan-montmorillonite nanosheet membrane assembled on flexible polyurethane foam [J]. Polymers, 11(2): 213.

Chen T, Yuan Y, Zhao Y, Rao F, Song S. 2019b. Preparation of montmorillonite nanosheets through freezing/thawing and ultrasonic exfoliation [J]. Langmuir, 35(6): 2368-2374.

Galán E, Ferrell R E. 2013. Chapter 5—Genesis of clay minerals [A] //Bergaya F, Lagaly G. Handbook of Clay Science, Developments in Clay Science [C]. Oxford: Elsevier: 83-126.

Nicolosi V, Chhowalla M, Kanatzidis M G, Strano M S, Coleman J N. 2013. Liquid exfoliation of layered materials［J］. Science, 340(6139): 72-75.

Razmjou A, Eshaghi G, Orooji Y, Hosseini E, Korayem A H, Mohagheghian F, Boroumand Y, Noorbakhsh A, Asadnia M, Chen V. 2019. Lithium ion-selective membrane with 2D subnanometer channels［J］. Water Research, 159: 313-323.

Schoonheydt R A, Johnston C T. 2013. Chapter 1—Surface and interface chemistry of clay minerals［A］//Bergaya F, Lagaly G. Hand book of Clay Science, Developments in Clay Science［C］. Oxford: Elsevier: 87-113.

Yi H, Zhan W, Zhao Y, Zhang X, Jia F, Wang W, Ai Z, Song S. 2019. Design of MtNS/SA microencapsulated phase change materials for enhancement of thermal energy storage performances: effect of shell thickness［J］. Solar Energy Materials and Solar Cells, 200: 109935.

Zhang T, Wang W, Zhao Y, Bai H, Wen T, Kang S, Song G, Song S, Komarneni S. 2021. Removal of heavy metals and dyes by clay-based adsorbents: from natural clays to 1D and 2D nano-composites［J］. Chemical Engineering Journal, 420: 127574.

Zhao Y, Kang S, Qin L, Wang W, Zhang T, Song S, Komarneni S. 2020. Self-assembled gels of Fe-chitosan/montmorillonite nanosheets: dye degradation by the synergistic effect of adsorption and photo-Fenton reaction［J］. Chemical Engineering Journal, 379: 122322.

（赵云良，武汉理工大学，矿物资源加工与环境湖北省重点实验室）

4.2 高岭石插层与剥离

1. 问题背景

高岭石作为一种重要的非金属矿，现已被广泛应用于造纸、陶瓷、涂料、塑料和橡胶等领域（Cheng et al., 2017）。在这些应用中，高岭石颗粒的润湿性、分散性和增稠性均受到其晶体结构和表面特性的影响。高岭石的基本单元层是由一层硅氧四面体与一层铝氧八面体通过共用的氧原子互相连接而成，基本单元层四面体的边缘是氧原子，而八面体的边缘是氢氧基团，单元层具有天然不对称的纳米片层结构（Hirsemann et al., 2012; Weiss et al., 2013），单元层与单元层之间通过氢键相互连接。可见，高岭石具有独特的二维纳米级片层结构和良好的物理、化学稳定性，其表面存在丰富的活性官能团和大量的边缘断键（Hirsemann et al., 2011），其表面形貌和化学修饰可控性使其在能源领域的应用具备重大潜力。

插层复合法已成为当今制备聚合物/黏土复合材料最常用的方法之一（朱建喜等, 2012; 刘钦甫等, 2014）。有机分子插入高岭石层间所形成的高岭石/有机分子插层复合物还可作为一种新型材料应用于聚合物基复合材料、环境工程材料和阻隔功能材料等领域，且有着广阔的应用前景。然而，由于高岭石的晶体结构特征，阳离子交换容量小，水分子较难进入层间，不能像蒙脱石那样通过阳离子交换的方式来制备纳米复合材料。仅有少数极性较强的有机/无机小分子才可直接进入高岭石层间并与之发生相互作用，形成高岭石插层复合物。

粒度是衡量高岭石产品质量的一个重要指标，尤其是应用于高新技术领域，高岭石的粒度大小直接影响产品的诸多性能。高新技术领域的应用一般要求高岭石颗粒的粒度达到纳米级范围，以期获得较大的“纳米效应”。目前，大量研究发现插层法是最有希望也是最有效的制备纳米级高岭石的技术。然而，由于高岭石自身特征、插层剂分子的化学特性以及插层反应过程的特殊性，并非所有的化学分子都能够直接进入高岭石层间，多数化学物质需要利用“置换插层”的方法进入高岭石层间（图 1）。在插层过程中，有机 / 无机小分子在高岭石层间的排列趋向更加有序，这在热力学上是一个熵减化学反应过程，因此，高岭石插层从热力学角度分析是很难进行的化学反应过程，必须在一定的条件才可进行。

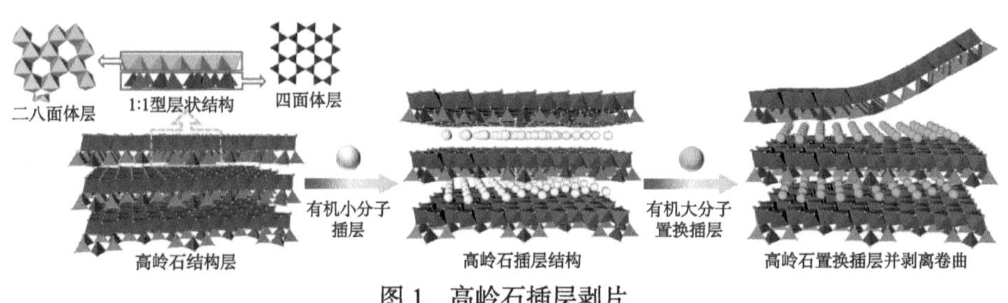

图 1　高岭石插层剥片

2. 关键问题

为了深度挖掘高岭石结构与表面反应特性，并充分发挥高岭石在纳米材料领域的潜在高值化利用价值，目前存在以下问题亟须解决：

（1）“置换插层”是将大分子有机物嵌入高岭石层间常用的实验方法。通过对前驱体复合物进行酸处理和热处理，使得制备时间急剧缩短，极大地提高插层复合物制备效率（Jia et al., 2019）。尽管如此，可进入高岭石层间的化学物质依然有限，可否通过其他方式使更多的化学物质进入高岭石层间？

（2）高岭石插层后发生卷曲等形态变化特征，体现为由纳米片层形态向纳米卷形态的转化（Kuroda et al., 2011; Yuan et al., 2013; Zhou et al., 2019）。那么，如何有效地实现高岭石片层分离，并有效控制片层卷曲？

（3）作为一种重要的层状硅酸盐矿物，高岭石片层天然二维异质结构具有独特优势，然而其在复合材料体系中的独特作用及机制目前尚不清楚。

3. 科学意义

高岭石层间插层分子的进入大幅减弱了氢键的作用力，导致束缚高岭石片层叠置的力被移除，因而伴随着高岭石的剥离，通过其他方式使更多的化学物质进入高岭石层间能够加深对高岭石层间域性质的进一步理解，有效控制片层分离以及片层卷曲，不管是对矿物学还是纳米材料来说都具有极大的开发价值。从高岭石的物质成分分析，高岭石纳米卷的圈层结构类似于埃洛石。研究高岭石插层、剥离及其卷曲控制对埃洛石的成因以及高岭石族矿物相转变具有一定的指导意义。此外，四面体片在外、八面体在内的中空管状纳米卷，对于高岭石纳米卷作为新型吸附或包埋材料、缓释器、反应器、纳米级载体的相关应用意义重大，未来对其形成机制、形貌特征进行深入研究解译，必将开拓出高岭石纳米卷的高技术应用领域并带来矿物科学的新进展。

4. 衍生意义

层状构造的矿物通过剥离可得到二维材料或者类二维材料，可作为二维薄膜材料的组装单元。通过对初步剥离的高岭石片层进行差异化修饰并组装成具有二维纳米孔道结构的薄膜，依托其表面电荷（Zhu et al., 2016），能够实现对溶液中阴阳离子的选择性输运。此外，由于高岭石片层八面体丰富的活性位点，还能够实现多种表面改性以及接枝反应，实现更加精确分子 / 离子筛分。开展高岭石插层剥片及其在能源转换和环境保护方面的应用研究，对新型功能材料的开发具有重大的实际意义；对深入了解层状硅酸盐矿物层间域微观结构及反应性，丰富矿物学理论具有重要的理论意义；对调控化学物质在层间域与层外的迁移，对削减污染物环境毒害，提高层间域化学物质的开发效率，促进高岭石的功能化应用等均有重要意义。

参考文献

刘钦甫，李晓光，郭鹏，程宏飞，吉雷波，张帅．2014. 高岭石－烷基胺插层复合物的制备与纳米卷的形成［J］. 硅酸盐学报，42(8): 1064-1069.

朱建喜，何宏平，陈鸣，董发勤，冯雄汉，蒋引珊，袁鹏．2012. 矿物物理学研究进展简述(2000—2010)［J］. 矿物岩石地球化学通报，31: 218-228.

Cheng H F, Zhou Y, Feng Y P, Geng W X, Liu Q F, Guo W, Jiang L. 2017. Electrokinetic energy conversion in self-assembled 2D nanofluidic channels with janus nanobuilding blocks [J]. Advanced Materials, 29(23): 1700177.

Hirsemann D, Köster T K J, Wack J, van Wüllen L, Breu J, Senker J. 2011. Covalent grafting to μ-hydroxy-capped surfaces: a kaolinite case study [J]. Chemistry of Materials, 23(13): 3152-3158.

Hirsemann D, Shylesh S, de Souza R A, Diar-Bakerly B, Biersack B, Mueller D N, Martin M, Schobert R, Breu J. 2012. Large-scale, low-cost fabrication of janus-type emulsifiers by selective decoration of natural kaolinite platelets [J]. Angewandte Chemie International Edition, 51(6): 1348-1352.

Jia X H, Cheng H F, Zhou Y, Zhang S L, Liu Q H. 2019. Time-efficient preparation and mechanism of methoxy-grafted kaolinite via acid treatment and heating [J]. Applied Clay Science, 174: 170-177.

Kuroda Y, Ito K, Itabashi K, Kuroda K. 2011. One-step exfoliation of kaolinites and their transformation into nanoscrolls [J]. Langmuir, 27(5): 2028-2035.

Weiss S, Hirsemann D, Biersack B, Ziadeh M, Müller A H E, Breu J. 2013. Hybrid Janus particles based on polymer-modified kaolinite [J]. Polymer, 54(4): 1388-1396.

Yuan P, Tan D Y, Annabi-Bergaya F, Yan W C, Liu D, Liu Z W. 2013. From platy kaolinite to aluminosilicate nanoroll via one-step delamination of kaolinite: effect of the temperature of intercalation [J]. Applied Clay Science, 83-84: 68-76.

Zhou Y, LaChance A M, Smith A T, Cheng H F, Liu Q F, Sun L Y. 2019. Strategic design of clay-based multifunctional materials: from natural minerals to nanostructured membranes [J]. Advanced Functional Materials, 29: 1807611.

Zhu X Y, Zhu Z C, Lei X R. 2016. Defects in structure as the sources of the surface charges of kaolinite [J]. Applied Clay Science, 124: 127-136.

（程宏飞，长安大学）

4.3 高效利用混维凹凸棒石黏土

1. 问题背景

凹凸棒石是一种具有层链状结构的含水富镁铝硅酸盐黏土矿物，通常单根棒晶的直径为 20 ～ 70 nm，长度可达 0.5 ～ 5 μm，是典型的天然一维纳米材料（Wang W B and Wang A Q, 2019）。纳米孔结构（0.37nm × 0.64 nm）和纳米棒晶赋予凹凸棒石吸附（Zhang et al., 2021b; Wang et al., 2019）、胶体（Zhuang et al., 2019; Zhang et al., 2020）、载体（Dai et al., 2021; Wang et al., 2021）和增韧补强（Ni et al., 2020; Huang et al., 2020）等性能，使其在众多领域得到了广泛应用（王爱勤等，2014）。近 10 年来，随着矿物学与化学、材料学、环境科学等多个学科交叉融合，黏土矿物研究的方法和策略丰富了，有效促进了凹凸棒石及功能材料的研究和应用，从而使凹凸棒石从传统应用逐步拓展到催化材料、储热材料、组织工程材料、液晶材料、储氢材料、膜分离材料、功能涂层、防腐材料、屏蔽材料、绝热材料和 3D 打印材料等高端应用领域（王爱勤等，2021）（图 1）。然而，目前国内外针对凹凸棒石的研究主要聚焦在纯度较高、矿物组成单一的高纯凹凸棒石，关于组成复杂的混维黏土矿物的基础理论和应用研究工作尚在起步阶段。随着优质凹凸棒石资源的不断减少，如何解决伴生矿资源化利用和杂色矿转白等关键共性问题，成为制约凹凸棒石产业规模发展的瓶颈。

在我国湖相沉积混维凹凸棒石黏土资源极为丰富，探明储量有 10 亿吨，远景储量超 30 亿吨，凹凸棒石含量在 21% ～ 63%（郑茂松和杜高翔，2020），同时伴生有二维片状伊利石、高岭石、绿泥石和蒙脱石等（Zhang et al., 2021a），属于典型混维凹凸棒石黏土矿。从这些伴生矿物中很难提纯出单一矿物，但在功能应用方面又有先天混维优势，挖掘混维黏土矿物的协同效应及其作用机理，将成为未来重要的研究内容。凹凸棒石的应用性能主要与晶体结构八面体中的类质同晶取代密切相关，这也是不同地区凹凸棒石黏土性能差异的重要原因。理想的凹凸棒石晶体应该是三八面体矿物，其中八面体的位置都被 Mg^{2+} 占据（Bradley, 1940）。然而某些三价阳离子（如 Al^{3+} 和 Fe^{3+}）会取代八面体位点的 Mg^{2+}，因而大自然形成的凹凸棒石更多是以二八面体或二八面体与三八面体过渡态形式存在（Chryssikos et al., 2009）。由于变价金属离子（如 Fe^{2+} 和 Fe^{3+}）大多赋存在八面体中，混维凹凸棒石黏土矿的颜色多呈砖红色、青色和土黄色（张帅等，2019），由于“颜值”较低，不具备应用导向的规模化工业价值。因此，必须进一步深化对凹凸棒石及其伴生矿形成机制和呈色机制的认识，寻找环保绿色转白途径和混维凹凸棒石黏土资源的全矿物高效利用方式。

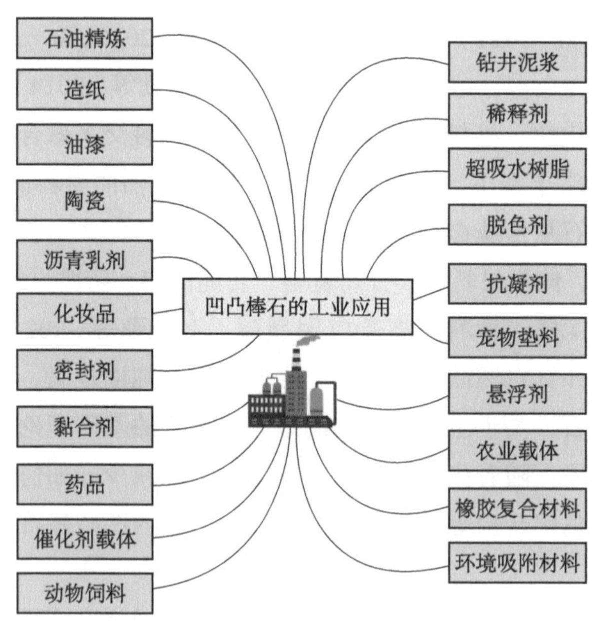

图 1　凹凸棒石应用领域（王爱勤等，2021）

2. 关键问题

针对矿产资源高效利用的国家战略需求和混维凹凸棒石黏土产业发展的现实科技需求，需要加强应用基础研究，重点发展梯度酸蚀法精准溶出致色离子转白、新型功能材料构筑、酸蚀溶出八面体金属离子再利用以及多种伴生矿同步结构转化与重组的新方法和新理论，解决杂色混维凹凸棒石黏土全矿物利用过程中的关键科学问题（图2）。

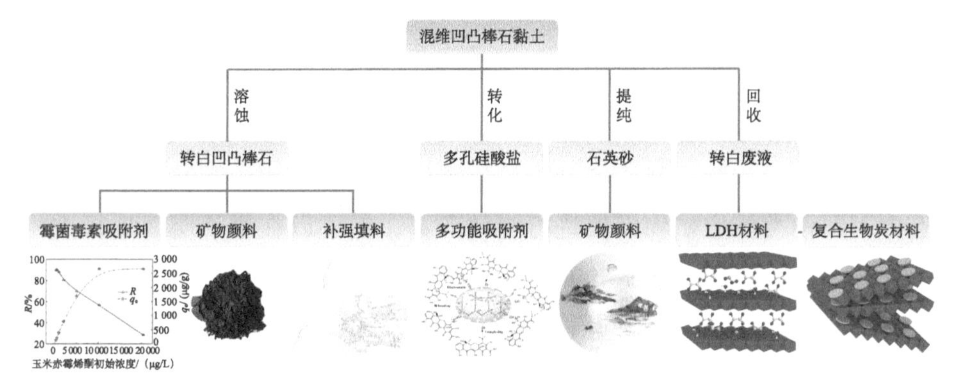

图2 混维凹凸棒石黏土全组分利用构筑功能材料

（1）揭示杂色混维凹凸棒石黏土中变价致色离子的赋存规律和致色机制，明确凹凸棒石伴生矿结构调控及转化机制。采用梯度酸蚀法，逐渐溶蚀杂色混维凹凸棒石黏土八面体中变价致色离子，明晰八面体中致色离子的溶出规律和凹凸棒石及其伴生矿的结构演化规律；模拟自然矿化作用环境，探究凹凸棒石和伴生矿物同步转化为新矿物功能材料的途径。

（2）利用转白混维纳米棒晶/片层，构筑各种矿物功能材料，系统研究一维棒晶和二维层状结构的差异性、互补性及互转性；通过高压均质等机械力辅助手段，深刻认识无机和有机分子与混维凹凸棒石黏土的主客体相互作用机制，解决混维黏土矿物在纳米功能材料应用中的关键基础科学问题，奠定混维凹凸棒石黏土功能材料的应用基础。

（3）利用杂色混维凹凸棒石黏土中溶蚀金属离子，构筑层状双氢氧化物（LDH），实现溶蚀金属离子的有效利用，通过吸附有机污染物再煅烧等方式，发展生物炭/黏土矿物复合材料，最终应用于土壤调理或修复，实现源于自然、用于自然和融于自然的研究理念。

（4）利用混维凹凸棒石黏土中分离出的石英砂，深刻认识石英砂微观结构，构筑石英砂基功能材料，实现黏土矿物全组分高效利用。

3. 科学意义

黏土矿物兼具环境与资源属性。一方面，它是土壤和沉积物等地球表层系统的重要矿物组分，对地球关键带的物质循环乃至生命起源等有重要影响。另一方面，作为一类天然的纳米结构材料，黏土矿物在众多领域具有重要应用。长期以来，由于黏土矿物结构复杂，人们对黏土矿物的晶体生长机制、不同矿物间的演化规律以及矿物表面反应性的结构本质等问题缺乏清晰认识，严重制约了黏土矿物资源的高效利用。混维凹凸棒石黏土中不同种类伴生矿物无法进行高效分离，但可以在原子层面进行重构（Jozefaciuk and Bowanko, 2002; Wang et al., 2016a），通过多种矿物的同步转变，形成新的矿物功能材料。在黏土矿物高效利用方面，需要转变传统矿物加工过程中过度强调单一矿物提纯的观念，而应加强多种矿物同步转化和功能化研究（Zhao et al.，2021；Fan et al.，2021），发展转化矿物学。从宏观应用出发，以微观尺度入手，在原子水平上对多种矿物进行一体调控，推动混维凹凸棒石黏土的结构演变和功能材料构筑，将为新型黏土矿物功能材料应用开辟新途径。

4. 衍生意义

由于地质成因的多样性，目前探明的凹凸棒石黏土矿呈现明显的地域性特点，在一定空间和区域内同时与多种非金属矿共存（Suárez et al., 2018; Galán and Pozo, 2011）。在对自然资源禀赋较差、伴生多种矿物的混维凹凸棒石黏土资源利用过程中，更需关注伴生矿物与凹凸棒石的相互联系以及多种伴生矿物的内在价值（Wang et al., 2016b）。当表面改性将凹凸棒石功能应用发挥到“极致”后，结构演化及其功能化研究必将得到高度重视。黏土矿物研究过去多为“拿来主义”，将原矿直接做功能材料具有相对的盲目性，做出的产品也不具备普适性原则。为此，应加强混维凹凸棒石黏土个性化研究，从凹凸棒石基因组学上挖掘矿物属性，将是未来关注的重点方向之一。

参考文献

王爱勤，牟斌，张俊平，王文波，朱永峰. 2021. 凹凸棒石新型功能材料及应用［M］. 北京：科学出版社.

王爱勤，王文波，郑易安，郑茂松，刘晓勤. 2014. 凹凸棒石棒晶束解离及其纳米功能复合材料［M］. 北京：科学出版社.

张帅，刘莉辉，乔志川，刘钦甫. 2019. 临泽县杨台洼滩新近系白杨河组凹凸棒石的成因［J］. 矿物学报，39(6): 690-696.

郑茂松，杜高翔. 2020. 中国凹凸棒石黏土产业发展报告［M］. 北京：地质出版社.

Bradley W F. 1940. The structure scheme of attapulgite［J］. American Mineralogist, 25(6): 405-410.

Chryssikos G D, Gionis V, Kacandes G H, Stathopoulou E T, Suarez M, Garcia-Romero E, Del Rio M S. 2009. Octahedral cation distribution in palygorskite［J］. American Mineralogist, 94(1): 200-203.

Dai H, Xiao X, Huang L H, Zhou C J, Deng J. 2021. Different catalytic behavior of Pd/palygorskite catalysts for semi-hydrogenation of acetylene［J］. Applied Clay Science, 211: 106173.

Fan Z R, Zhou S Y, Xue A L, Li M S, Zhang Y, Zhao Y J, Xing W H. 2021. Preparation and properties of a low-cost porous ceramic support from low-grade palygorskite clay and silicon-carbide with vanadium pentoxide additives［J］. Chinese Journal of Chemical Engineering, 29: 417-425.

Galán E, Pozo M. 2011. Chapter 6—Palygorskite and sepiolite deposits in continental environments［M］. description, Genetic Patterns and Sedimentary Settings. Amsterdam: Elsevier, 3: 125-173.

Huang D J, Zheng Y T, Zhang Z, Quan Q L, Qiang X H. 2020. Synergistic effect of hydrophilic palygorskite and hydrophobic zein particles on the properties of chitosan films［J］. Materials & Design, 185: 108229.

Jozefaciuk G, Bowanko G. 2002. Effect of acid and alkali treatments on surface areas and adsorption energies of selected minerals［J］. Clays and Clay Minerals, 50(6): 771-783.

Ni L L, Mao Y, Liu Y T, Cai P, Jiang X W, Gao X Y, Cheng X C, Chen J. 2020. Synergistic reinforcement of waterborne polyurethane films using palygorskite and dolomite as micro/nano-fillers［J］. Journal of Polymer Research, 27(1): 23.

Suárez M, García-Rivas J, Sánchez-Migallón J M, García-Romero E. 2018. Spanish palygorskites: geological setting, mineralogical, textural and crystal-chemical characterization［J］. European Journal of Mineralogy, 30 (4): 733-746.

Wang S, Ren H D, Lian W, Wang J Z, Zhao Y, Liu Y, Zhang T S, Kong L B. 2021. Purification and dissociation of raw palygorskite through wet ball milling as a carrier to enhance the microwave absorption performance of Fe_3O_4 [J]. Applied Clay Science, 200: 105915.

Wang W B, Tian G Y, Wang D D, Zhang Z F, Kang Y R, Zong L, Wang A Q. 2016a. All-into-one strategy to synthesize mesoporous hybrid silicate microspheres from naturally rich red palygorskite clay as high-efficient adsorbents [J]. Scientific Reports, 6(1): 39599.

Wang W B, Tian G Y, Zong L, Wang Q, Zhou Y M, Wang A Q. 2016b. Mesoporous hybrid Zn-silicate derived from red palygorskite clay as a high-efficient adsorbent for antibiotics [J]. Microporous and Mesoporous Materials, 234: 317-325.

Wang W B, Wang A Q. 2019. Chapter 2—Palygorskite nanomaterials: Structure, properties, and functional applications [M]. Nanomaterials from Clay Minerals: A New Approach to Green Functional Materials. Amsterdam: Elsevier: 21-133.

Wang Y Q, Feng Y, Jiang J L, Yao J F. 2019. Designing of recyclable attapulgite for wastewater treatments: a review [J]. ACS Sustainable Chemistry & Engineering, 7(2): 1855-1869.

Zhang J R, Xu M D, Christidis G E, Zhou C H. 2020. Clay minerals in drilling fluids: functions and challenges [J]. Clay Minerals, 55(1): 1-11.

Zhang S, Liu L H, Liu Q F, Zhang B J, Qiao Z C, Teppen B J. 2021a. Genesis of palygorskite in the neogenebaiyanghe formation in yangtaiwatan basin, Northwest China, based on the mineralogical characteristics and occurrence of enriched trace elements and ree [J]. Clays and Clay Minerals, 69(1): 23-37.

Zhang T T, Wang W, Zhao Y L, Bai H Y, Wen T, Kang S C, Song G S, Song S X, Komarneni S. 2021b. Removal of heavy metals and dyes by clay-based adsorbents: from natural clays to 1D and 2D nano-composites [J]. Chemical Engineering Journal, 420: 127574.

Zhao Y, Wang Y P, Wang F, Meng J P, Zhang H, Liang J S. 2021. *In-situ* preparation of palygorskite-montmorillonite materials from palygorskite mineral via hydrothermal process for high-efficient adsorption of aflatoxin B1 [J]. Separation and Purification Technology, 280: 119960.

Zhuang G Z, Zhang Z P, Jaber M. 2019. Organoclays used as colloidal and rheological additives in oil-based drilling fluids: an overview [J]. Applied Clay Science, 177: 63-81.

（王爱勤，中国科学院兰州化学物理研究所，甘肃省黏土矿物应用研究重点实验室）

4.4 凹凸棒石精制及高值应用

1. 问题背景

凹凸棒石（attapulgite，ATP）是一种含水富镁铝硅酸盐，属稀缺型非金属黏土矿物，理想化学式为 $Mg_5Si_8O_{20}(OH)_2(OH_2)_4 \cdot 4H_2O$，理论化学成分 MgO、$SiO_2$、$H_2O$ 占比分别为 23.83%、52.96% 和 19.21%。凹凸棒石具有 TOT 型矿物结构，由二层硅氧四面体和填充其中的镁氧八面体构成层状结构。凹凸棒石晶体为独特一维棒状结构，直径和长度分别为 20 ～ 70 nm 和 0.5 ～ 5 μm，内部多孔道，比表面积高达 300 ～ 500 m^2/g。凹凸棒石特殊的微通道结构、孔道分布及结构负电性使水分子、金属离子、有机分子可进入层间，显现出优异的吸附、催化、胶体和离子交换等性能，广泛应用于油品精制加工、环保、农业、建材等传统领域以及医药、航空等新兴领域（郑自立等 , 1997; 王爱勤等 , 2014）。

我国是世界凹凸棒石黏土资源大国，探明储量占世界凹凸棒石资源的 60% 以上，其中甘肃张掖、白银两市远景储量达 44 亿吨（王文波等 , 2018）。相比于美国和俄罗斯，我国对凹凸棒石研究起步晚，目前主要面向建材、农业、食用油加工等初级产品，产品附加值较低，资源浪费严重（周济元和崔炳芳 , 2004; 周济元等 , 2002）。凹凸棒石作为重要的优先发展产业已列入国家和地方规划，如《建材工业发展规划（2016—2020 年）》提出“大力推广新技术和产品”，围绕凹凸棒石等优势矿种，“加大传统矿物制品升级换代”；2020 年，《中共甘肃省委关于制定甘肃省国民经济和社会发展第十四个五年规划和二〇三五年远景目标的建议》指出要“大力发展战略性新兴产业”，“加快凹凸棒石应用”，“优先布局建设一批新兴产业基地，推动新兴产业特色化、集群化发展”。

我国凹凸棒石资源储量大，但是普遍品位低（5% ～ 15%）、铁含量高

（10%～38%）、白度低（约 15），难以用于新材料、环保、健康等新兴高端领域（郑志杰，2011）。随着凹凸棒石应用领域的不断拓展和需求量的持续增大，对凹凸棒石的品质要求更加严格，其白度和纯度成为衡量应用领域和商业价值的重要指标。因此，面向新兴产业和新领域的高附加值应用，建立凹凸棒石的脱铁转白提纯路线，突破低品质凹凸棒石转白提纯难题，充分发挥我国特有的凹凸棒石资源的商业价值，是亟须解决的问题（汪灵，2019）（图 1）。

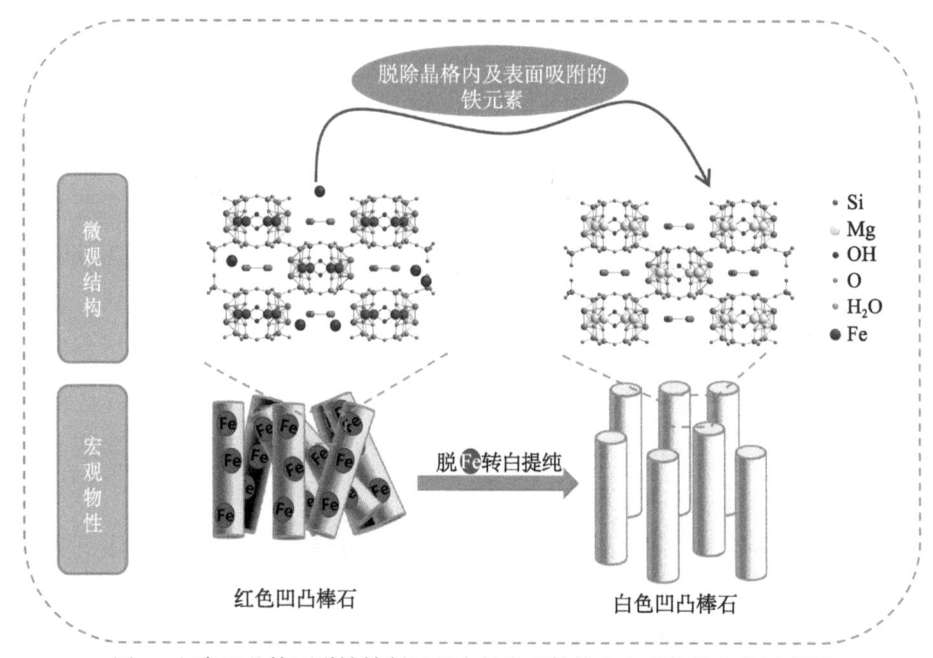

图 1 红色凹凸棒石脱铁精制过程中的微观结构和宏观物性变化示意图

目前，凹凸棒石黏土中脱铁转白提纯方法主要有以下五种：高温煅烧转白法（Lai et al., 2010）、水热转白法 (Ding et al., 2019)、盐酸羟胺浸出法（Zhang et al., 2018a）、溶剂热法（Zhang et al., 2018b）、草酸络合法（Lu et al., 2020）。以上方法对凹凸棒石转白提纯技术做出了有益探索，但是存在能耗高，废酸、废水等二次污染隐患，成本高等问题，尚处于实验室探索阶段，且对铁元素微观化学态变化、脱铁机制等缺乏深入研究，亟须联合攻关，夯实基础，突破关键技术，构建适合我国资源禀赋特征转白提纯精制的自主知识产权体系，从而推进我国凹凸棒石新材料产业发展，对生产消费升级、战略新兴产业发展、推动产业绿色转型具有重大意义。

2. 关键问题

实现凹凸棒石资源的高值高效利用，将我国资源优势变为经济和社会效益优势，亟须解决三个关键问题：高效脱铁转白提纯精制、棒晶高效解离和稳定分散以及功能导向成套制备工艺。

在不破坏棒晶形貌和孔结构的条件下，凹凸棒石转白提纯精制是其高附加值功能材料应用的首要关键难题。一方面，要避免当前国内外报道的强酸浸出工艺对棒晶结构的破坏以及大量含酸废水处理成本高且污染严重等问题；另一方面，要系统性研究脱铁转白提纯过程中铁化学态变化机制与控制关键点，从而阐明创新技术的作用原理，为过程的精准控制提供科学依据。

天然凹凸棒石因较强氢键和静电作用而团聚严重，不具备纳米材料特性且难分散，因此在保持棒晶形貌的前提下，实现棒晶束的高效解离和稳定分散是实现凹凸棒石矿物材料纳米功能化应用的另一个关键难题。棒晶高效解离和稳定分散是其功能充分发挥和高值利用的基础。

转白提纯的终极目标是实现凹凸棒石的高值化应用，通过关键技术的突破和工程化研究，着力研究各关键技术的放大效应，形成完整工艺包，建成千吨级示范装置，验证关键技术的可控性和稳定性，为其规模化应用奠定基础。在保证凹凸棒中的铁不破坏凹凸棒石棒晶形貌和孔结构的条件下，掌握可重复转白提纯技术，并分析转白提纯机制是研究者面临的首要关键难题。

3. 科学意义

凹凸棒石转白提纯难题是世界问题，限制了凹凸棒石复合材料的研发及创制。研发在温和条件下环境友好的凹凸棒石精制和棒晶稳定解离关键技术，实现转白提纯技术中关键过程精准控制，阐明转白提纯过程中铁元素化学态转变和转白作用机制，是实现凹凸棒石可控转白提纯的科学基础。克服凹凸棒石及其复合材料创制过程中面临的材料限制，回收的富铁残渣可用于生态农业、环境修复与治理等领域，为凹凸棒石的研究及资源的综合利用奠定科学基础和应用前提，相关创新技术也可拓展至其他非金属矿资源综合利用。

4. 衍生意义

当前凹凸棒石的产业应用面临技术含量低、产品档次低的问题。突破凹凸棒石转白提纯及棒晶高效解离和稳定分散关键技术，攻克凹凸棒石颜色较深、品位较低、应用领域低端的现状，可实现凹凸棒石从生态农业领域向环境修复、化工、日化等高值化应用领域拓展，提高凹凸棒石产品附加价值，促进科技成果加速转化，提升我国资源利用率，有利于资源优势向经济效益优势的转变，服务于我国西部大开发战略和改善民生福祉。

参考文献

汪灵 . 2019. 战略性非金属矿产的思考［J］. 矿产保护与利用 , 39(6): 1-7.

王爱勤 , 王文波 , 郑易安 , 等 . 2014. 凹凸棒石棒晶束解离及其纳米功能复合材料［M］. 北京 : 科学出版社 .

王文波 , 牟斌 , 张俊平 , 王爱勤 . 2018. 凹凸棒石 : 从矿物材料到功能材料［J］. 中国科学 : 化学 , 48(12): 1432-1451.

郑志杰 . 2011. 凹凸棒石黏土的提纯和应用研究［D］. 合肥 : 合肥工业大学 .

郑自立 , 宋绵新 , 易发成 , 李虎杰 , 田熙 . 1997. 中国坡缕石［M］. 北京 : 地质出版社 .

周济元 , 崔炳芳 . 2004. 国外凹凸棒石粘土的若干情况［J］. 资源调查与环境 , 25(4): 254-259.

周济元 , 顾金龙 , 周茂 , 崔炳芳 , 陈世忠 , 肖惠良 , 胡青 . 2002. 凹凸棒石粘土应用现状及高附加值产品开发［J］. 非金属矿 , 25(2): 5-7.

Ding J J, Huang D J, Wang W B, Wang Q, Wang A Q. 2019. Effect of removing coloring metal ions from the natural brick-red palygorskite on properties of alginate/palygorskite nanocomposite film［J］. International Journal of Biological Macromolecules, 122: 684-694.

Lai S Q, Li Y, Zhao X F, Gao L J. 2010. Preparation of silica powder with high whiteness from palygorskite［J］. Applied Clay Science, 50(3): 432-437.

Lu Y S, Wang W B, Xu J, Ding J J, Wang Q, Wang A Q. 2020. Solid-phase oxalic acid leaching of natural red palygorskite-rich clay: a solvent-free way to change color and properties [J] . Applied Clay Science, 198: 105848.

Zhang Z F, Wang W B, Kang Y R, Wang Q, Wang A Q. 2018a. Structure evolution of brick-red palygorskite induced by hydroxylammonium chloride [J] . Powder Technology, 327: 246-254.

Zhang Z F, Wang W B, Tian G Y, Wang Q, Wang A Q. 2018b. Solvothermal evolution of red palygorskite in dimethyl sulfoxide/water [J] . Applied Clay Science, 159: 16-24.

（冯拥军，北京化工大学）

第5章

环境指示和治理

5.1 蒙脱石与土壤有机污染物迁移转化

1. 问题背景

蒙脱石是一类由两层硅氧四面体和一层铝氧二八面体形成夹心的斜方晶体，通常起源于火山灰的风化 (Ferris, 2005)。在风化过程中，蒙脱石向伊利石或绿泥石转化。我国的蒙脱石矿主要分布在东北三省、内蒙古、新疆、广西等地。在土壤中，蒙脱石通常与高岭石、绿泥石、蛭石和伊利石混合出现，在新成土和变形土中含量较高（龚子同, 2007）。在我国，从南到北土壤风化程度受气候影响逐渐减弱，因此南方土壤中主要含高岭石类高风化度的黏土矿物。在黑土、黑钙土、白浆土、潮土等土壤中蒙脱石矿物大量存在。

土壤中的有机污染物主要被土壤有机质所固持，黏土矿物由于具有高的比表面积、表面电负性及大量可交换阳离子，也可以吸附大量的有机污染物。尤其是蒙脱石矿物，因为比表面积较大，可交换阳离子通常为 Na^+ 或 Ca^{2+}，在蒙脱石中间层可以吸附大量水分子，造成土壤颗粒的膨胀。中性或带正电荷的平面型有机分子可以进入蒙脱石中间层发生吸附，同时会造成中间层间距的显著增加（Luckham and Rossi, 1999）。而伊利石矿物颗粒的中间层可交换阳离子为 K^+，对黏土中间层两边的黏土层具有黏连作用，中间层距不能增加，因此对有机污染物的吸附不如蒙脱石矿物颗粒（Haderlein et al., 1996）。Boyd 等（2001）和 Wu 等（2015）的研究表明对相同的蒙脱石矿物颗粒，可交换阳离子 K^+ 换成 Na^+ 后，对有机污染物的吸附会显著增加。

当蒙脱石中间层可交换阳离子为 Na^+ 或者 Ca^{2+} 时，蒙脱石黏土具有光反应活性。例如，四环素分子（TCs）和蒙脱石层间 Na^+ 络合，在光照下产生单线态氧（$^1O_2$），降解 TCs 和中间产物（Xu et al., 2019）。TCs 也可以和黏土结构 Fe 发生电子传递，并发生脱氯和脱水反应（Chen et al., 2019a），该反应也会导致蒙脱土结构中部分反式二八面体结构 Fe(Ⅲ) 向三八面体结构 Fe(Ⅱ) 转变。还原态蒙脱石中结构 Fe(Ⅱ) 可以和土壤溶液中的 O_2 发生电子传导，生成 · OH，或是活化单过硫酸钠产生 · OH 和 · SO_4^-（Chen et al., 2019b），进而降解有机污染物。土壤溶液中的小分子有机酸、有机硫醇等主要来自根系分泌物、微生物胞外聚合物和动植物残体分解液，它们通常具有多个—COO^-、—OH、—SH 和—Ph-OH 官能团，也具有还原性。因此这些小分子有机物与蒙脱土结构 Fe(Ⅲ) 和阳离子 Fe^{3+} 之间也可以发生电子交换（Chen et al., 2018），使其处于还原态，在土水交换过程中带入的 O_2 分子和还原态蒙脱土作用，会产生 · OH（Yuan et al., 2018），对污染物有降解作用。

从上面的讨论中可以知道，蒙脱石是土壤中常见的层状铝硅酸盐，它的遇水膨胀性、巨大的比表面积和可交换阳离子容量与土壤的性质（如渗透性、肥力、土壤团聚体的大小）紧密联系（Oades, 1984）。同时蒙脱石是土壤中活性成分，与有机污染物的吸附、扩散和转化降解相关联（图 1）。因此研究土壤中蒙脱石与有机污染物的相互作用有利于解决当前我国逐渐严重的土壤有机污染问题，并发展一系列有效的环境友好土壤污染修复方法和技术。

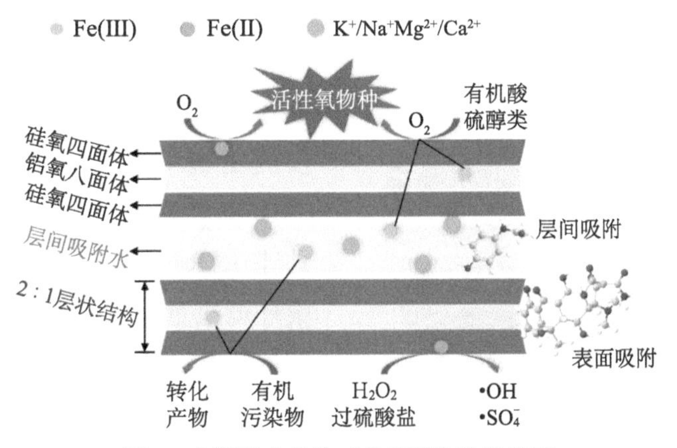

图 1 土壤黏土矿物对有机污染物的作用

2. 关键问题

土壤中蒙脱石对有机污染物迁移转化的影响是涉及有机污染物在土壤中生物有效性的关键问题。对这个问题的解决，需要清楚以下几点：①有机污染物是否容易被蒙脱土吸附、解吸，这个过程主要与有机污染物的官能团相关（亲疏水性），环境条件中酸碱性的改变也会影响有机污染物的吸附解吸过程（Gao and Pedersen, 2005）。②通过吸附解吸实验，如何构建模型预测有机污染物在土壤矿物－有机质颗粒中吸附扩散？③被吸附的污染物是否在蒙脱土的作用下发生不同的反应？有研究证明蒙脱石表面的可交换阳离子 Fe^{3+} 和黏土结构中的Fe(Ⅲ)都具有得失电子（Sun et al., 2020）。④如何改性增加蒙脱土的吸附固定和催化能力用于环境治理（Zhu et al., 2011）？当改性蒙脱土用于土壤后对土壤性质、植物生长有何影响？

3. 科学意义

蒙脱石是土壤组分中重要的天然矿物，它与土壤有机质的稳定性有着密切的关系（Chen et al., 2020），同时也与土壤的肥力、保水性和微生物群落分布有关。有机污染物进入土壤后，与黏土矿物和有机质的相互作用影响它在土壤中的赋存形态、扩散、迁移和转化，同时影响地下水和地表水中污染物的浓度和生物毒性。因此研究蒙脱土、土壤有机质与有机污染物的相互作用机制和主控因子，发展土壤中污染物去除的新方法（有机改性黏土、铁柱撑黏土、合成黏土）（Ryu et al., 2020），改善土壤环境质量，增加微生物有效降解菌的活性（Zhang et al., 2021），有助于解决我国土壤有机污染严重的问题（图2）。

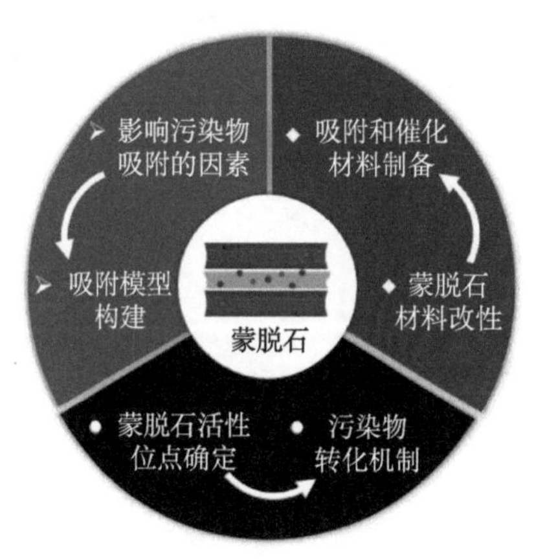

图2　蒙脱石对有机污染物迁移转化的作用

4. 衍生意义

蒙脱石的作用不是一成不变的，在与污染物相互作用的过程中，蒙脱石的结构会发生变化，很多研究（Zeng et al., 2020）都报道了在氧化还原的过程中蒙脱石的结构向伊利石转变，并且其结构的转变往往是不可逆的过程（Chen et al., 2019b），有时在矿物界面生成新的矿物（Gerard, et al., 2007）。因此，研究蒙脱石与有机污染物的相互作用还有助于揭开土壤污染导致的土壤结构组成转变的黑箱，以及由此导致的多介质多界面多过程耦合的复合污染过程。通过此问题的研究，我们可以进一步研究污染物在土壤环境中动态变化和对植物的毒性影响。

参考文献

龚子同 . 2007. 土壤发生与系统分类 [M] . 北京 : 科学出版社 .

Boyd S A, Sheng G Y, Teppen B J, Johnston C J. 2001. Mechanisms for the adsorption of substituted nitrobenzenes by smectite clays [J] . Environmental Science and Technology, 32(21): 4227-4234.

Chen C, Hall S J, Coward E, Thompson A. 2020. Iron-mediated organic matter decomposition in humid soils can counteract protection [J] . Nature Communications, 11(1): 2255.

Chen N, Fang G, Liu G, Zhou D, Gao J, Gu C. 2018. The effects of Fe-bearing smectite clays on · OH formation and diethyl phthalate degradation with polyphenols and H_2O_2 [J] . Journal of Hazardous Materials, 357(5): 483-490.

Chen N, Fang G, Liu G, Zhou D, Gao J, Gu C. 2019b. The degradation of diethyl phthalate by reduced smectite clays and dissolved oxygen [J] . Chemical Engineering Journal, 355(1): 247-254.

Chen N, Huang M, Liu C, Fang G, Liu G, Sun Z, Zhou D, Gao J, Gu C. 2019a. Transformation of tetracyclines induced by Fe(Ⅲ)-bearing smectite clays under anoxic dark conditions [J] . Water Research, 165 (15): 114997.

Ferris J P. 2005. Mineral catalysis and prebiotic synthesis: montmorillonite-catalyzed formation of RNA [J] . Elements, 1(3): 145-149.

Gao J, Pedersen J A. 2005. Adsorption of sulfonamide antimicrobial agents to clay minerals [J] . Environmental Science and Technology, 39(24): 9509-9516.

Gerard M, Caquineau S, Pinheiro J, Stoops G. 2007. Weathering and allophane neoformation in soils developed on volcanic ash in the Azores [J] . European Journal of Soil Science,

58(2):496-515.

Haderlein S B, Weissmahr K W, Schwarzenbach R P. 1996. Specific adsorption of nitroaromatic explosives and pesticides to clay minerals [J]. Environmental Science and Technology, 30(2): 612-622.

Luckham P F, Rossi S. 1999. The colloidal and rheological properties of bentonite suspensions [J]. Advances in Colloid and Interface Science, 82(1-3): 43-92.

Oades J M. 1984. Soil organic matter and structural stability: mechanisms and implications for management [J]. Plant and Soil, 76(1-3): 319-337.

Ryu H, Hang N T, Lee J, Choi J Y, Choi G, Choy J. 2020. Effect of organo-smectite clays on the mechanical properties and thermal stability of EVA nanocomposites [J]. Applied Clay Science, 196: 105750.

Sun Z, Huang M, Liu C, Fang G, Chen N, Zhou D, Gao J. 2020. The formation of · OH with Fe-bearing smectite clays and low-molecular-weight thiols: implication of As(Ⅲ) removal [J]. Water Research, 174(1): 115631.

Wu Y, Si Y, Zhou D, Gao J. 2015. Adsorption of diethyl phthalate ester to clay minerals [J]. Chemosphere, 119: 690-696.

Xu L, Li H, Mitch W A, Tao S, Zhu D. 2019. Enhanced phototransformation of tetracycline at smectite clay surfaces under simulated sunlight via a Lewis-base catalyzed alkalization mechanism [J]. Environmental Science and Technology, 53(2): 710-718.

Yuan S, Liu X, Liao W, Zhang P, Wang X, Tong M. 2018. Mechanisms of electron transfer from structrual Fe(Ⅱ) in reduced nontronite to oxygen for production of hydroxyl radicals [J]. Geochimica et Cosmochimica Acta, 223: 422-436.

Zeng Q, Wang X, Liu X, Huang L, Hu J, Chu R, Tolic N, Dong H. 2020. Mutual interactions between reduced Fe-bearing clay minerals and humic acids under dark, oxygenated conditions: hydroxyl radical generation and humic acid transformation [J]. Environmental Science and Technology, 54(23): 15013-15023.

Zhang L, Gadd G M, Li Z. 2021. Microbial biomodification of clay minerals [J]. Advances in Applied Microbiology, 114: 111-139.

Zhu R, Chen W, Sharply T, Molinari M, Ge F, Parker C S. 2011. Sorptive characteristics of organomontmorillonite toward organic compounds: a combined LFERs and molecular dynamics simulation study [J]. Environmental Science and Technology, 45(15): 6504-6510.

（高娟，中国科学院南京土壤研究所）

5.2 蒙脱石界面催化及环境意义

1. 问题背景

蒙脱石是一种自然界中广泛分布的黏土矿物，具有层状结构和适中的表面电荷，同时拥有巨大的比表面积。由于同晶置换作用，蒙脱石带负电荷，而这些负电荷往往被黏土层间常见的阳离子所中和。由于蒙脱石矿物边缘具有羟基基团，在溶液中能够发生解离，因此蒙脱石表面具有布朗斯特酸性（Ravindra Reddy et al., 2009）。而在干燥条件下，由于层间阳离子对配位水分子的强极化作用，蒙脱石表面的酸性甚至可以达到与90%硫酸相当的程度（Soma Y and Soma M, 1989）。另外，蒙脱石晶格结构或者表面存在可交换态过渡金属离子，如 Fe^{3+} 和 Al^{3+}，这些离子具有接受/提供电子的能力，使得蒙脱石表面还具有路易斯酸碱性（Laszlo, 1987）。这些过渡金属的存在也可能导致蒙脱石表面发生界面介导的氧化还原反应（Hofstetter et al., 2006; Liao et al., 2019）。蒙脱石表面还具有大量均裂或异裂的断键，在光照下能够通过极化氧气产生活性氧自由基，也会诱发光解反应（Wu et al., 2008）。因此，蒙脱石在自然环境中能够通过多种界面催化反应影响污染物的环境行为。

研究表明，蒙脱石能够通过降低黏土表面的pH，或者通过层间阳离子与红霉素A分子中的羰基络合来活化其分子中的内酯环，从而大大加速了红霉素A的催化水解反应（Kim et al., 2004）。而Xu等（2019）发现蒙脱石能够利用表面的路易斯碱性位点与四环素分子发生络合，从而改变了四环素的形态，促进了其与光生单线态氧的反应过程。最近的研究还发现，太阳光照射会激发蒙脱石表面电子转移到氧气分子，生成超氧自由基和羟基自由基，能够促进全氟辛烷磺酰胺的光氧化生成全氟辛酸（Lv et al., 2020）。在这个过程中，蒙脱石不但起到激发氧分子产生活性氧自由基的作用，还能作为纳米反应器将全氟辛烷磺酰胺与自由基共同浓缩到黏土矿物表面，增加其接触概率。另外，我们课题组研究了光照条件下蒙脱石对吲哚分子光化学行为的影响，发现吲哚在太阳光照射下会激发出水合电子，同时产生吲哚阳离子自由基，而蒙脱石独特的层状结构以及表面负电荷的特征，能够通过稳定有机阳离子自由基 (Miyamoto et al., 2007)，促进了水合电子的释放及对硝基苯的还原降解 (Tian et al., 2015)。蒙脱石晶格中结构铁也能够参与污染物的降解过程，吸附在蒙脱石表面的四环素能够通过电子转移还原结构三价铁，而四面体结构铁活性比八面体铁更强 (Wang et al., 2019a; Wang et al., 2019b)。这些研究表明，自然条件下蒙脱石与典型有机污染物的相互作用，不只局限于吸附解吸过程，而有机污染物在蒙脱石表面的催化降解也值得更多的关注。但在真实土壤环境中，蒙脱石往往处于非饱和态，在该条件下，其表面可能表现出不同的性质，蒙脱石与污染物之间可能存在不同的作用机制，但相关研究还非常有限。在非水相条件下，蒙脱石表面官能团以及可能发生的界面催化反应如图 1 所示。

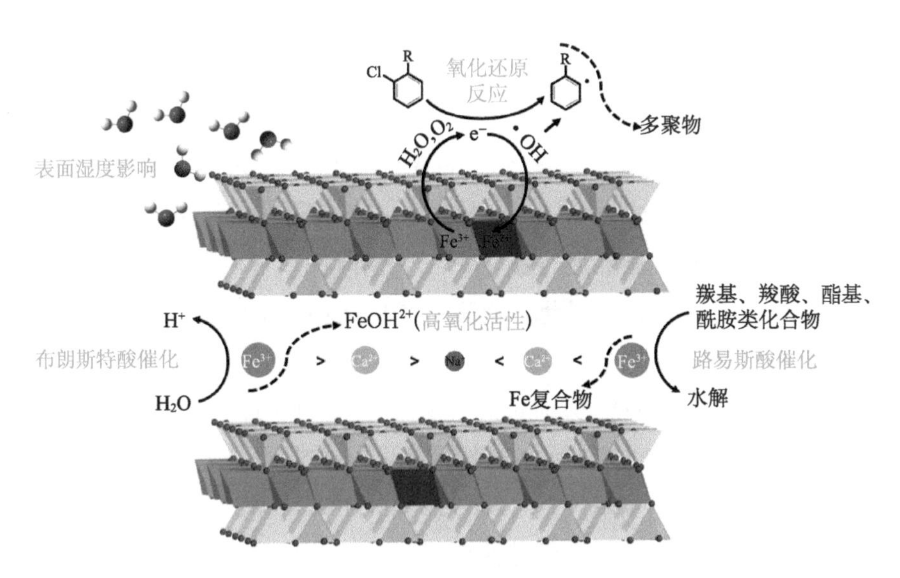

图 1 非水相条件下蒙脱石表面官能团及对污染物的催化转化过程

2. 关键问题

研究干燥条件下蒙脱石与污染物间的反应机制，首先需要明确水分子在界面反应中所起到的作用。例如，水分子存在下，蒙脱石层间以及结构中的 Fe^{3+} 能够与水分子络合，从而影响污染物与蒙脱石之间的电子传递（Wang et al., 2019a; Gu et al., 2008）。另外，在固相反应过程中，水分子会充当溶剂，将污染物输送到反应位点，同时水分子还会竞争蒙脱石表面的路易斯酸位点，因此污染物在蒙脱石表面的催化水解反应主要发生在中等湿度条件下（Jin et al., 2021）。其次，在土壤环境条件下，蒙脱石往往与有机质相结合，一般认为在溶液体系中，有机质具有加速电子传递、增加污染物吸附和促进光敏化的作用（Porras et al., 2016），而有机质如何影响污染物的非水相界面反应过程还不得而知。

3. 科学意义

当前针对蒙脱石与污染物相互作用的研究，主要关注典型污染物与蒙脱石在溶液相中的反应过程。但在真实土壤环境条件下，土壤一般处于非饱和态，即蒙脱石黏土表面没有被水分子充分浸润，其和水分子的相互作用与土壤含水率密切相关（Jin et al., 2019）。研究表明，蒙脱石表面的酸性、氧化还原性、活性位点都会受到水分条件的影响，进而影响蒙脱石与污染物的反应过程。因此，深入研究非水相条件下污染物在蒙脱石表面的催化降解反应，将为揭示污染物在土壤环境中新的迁移转化路径和降解规律，评估其毒性及生物有效性具有重要的环境意义。

4. 衍生意义

通过系统研究实际土壤环境条件下，污染物在蒙脱石表面的催化转化过程，将为制定新的污染物排放标准以及进行污染修复提供重要的理论依据。研究表明，在常温常压条件下，一些氯酚类污染物能够在干燥的蒙脱石表面发生聚合反应，生成二噁英类化合物 (Gu et al., 2011)，大大增加了其毒性效应。因此，在制定氯酚类污染物排放标准时，应充分考虑蒙脱石界面反应可能造成的影响。另外，污染物在蒙脱石催化下也可能生成一些低毒的物质 (Jin et al., 2021)，基于此，在土壤修复中也可以通过简单投加蒙脱石黏土矿物，实现对污染物的高效、低成本修复。

参考文献

Gu C, Li H, Teppen B J, Boyd S A. 2008. Octachlorodibenzodioxin formation on Fe(Ⅲ)-montmorillonite clay [J]. Environmental Science & Technology, 42: 4758-4763.

Gu C, Liu C, Ding Y J, Li H, Teppen B J, Johnston C T, Boyd S A. 2011. Clay mediated route to natural formation of polychlorodibenzo-*p*-dioxins [J]. Environmental Science & Technology, 45: 3445-3451.

Hofstetter T B, Neumann A, Schwarzenbach R P. 2006. Reduction of nitroaromatic compounds by Fe(Ⅱ) species associated with iron-rich smectites [J]. Environmental Science & Technology, 40(1): 235-242.

Jin X, Wu D D, Chen Z Y, Wang C, Liu C, Gu C. 2021. Surface catalyzed hydrolysis of chloramphenicol by montmorillonite under limited surface moisture conditions [J]. Science of the Total Environment, 770: 144843.

Jin X, Wu D D, Ling J Y, Wang C, Liu C, Gu C. 2019. Hydrolysis of chloramphenicol catalyzed by clay minerals under nonaqueous conditions [J]. Environmental Science & Technology, 53: 10645-10653.

Kim Y H, Heinze T M, Kim S J, Cerniglia C E. 2004. Adsorption and clay-catalyzed degradation of erythromycin A on homoionic clays [J]. Journal of Environmental Quality, 33: 257-264.

Laszlo P. 1987. Chemical reactions on clays [J]. Science, 235: 1473-1477.

Liao W J, Yuan S H, Liu X X, Tong M. 2019. Anoxic storage regenerates reactive Fe(Ⅱ) in reduced nontronite with short-term oxidation [J]. Geochimica et Cosmochimica Acta, 257: 96-109.

Lv K, Gao W, Meng L Y, Xue Q, Tian H T, Wang Y W, Jiang G B. 2020. Phototransformation of perfluorooctane sulfonamide on natural clay minerals: a likely source of short chain perfluorocarboxylic acids [J]. Journal Hazardous Materials, 392: 122354.

Miyamoto N, Yamada Y, Koizumi S, Nakato T. 2007. Extremely stable photoinduced charge separation in a colloidal system composed of semiconducting niobate and clay nanosheets [J]. Angewandte Chemie International Edition, 46(22): 4123-4127.

Porras J, Bedoya C, Silva-Agredo J, Santamaria A, Fernandez J J, Torres-Palma R A. 2016. Role of humic substances in the degradation pathways and residual antibacterial activity during the photodecomposition of the antibiotic ciprofloxacin in water [J]. Water Research, 94: 1-9.

Ravindra Reddy C R, Bhat Y S, Nagendrappa G, Jai Prakash B S. 2009. Brønsted and Lewis acidity of modified montmorillonite clay catalysts determined by FT-IR spectroscopy [J]. Catalysis Today, 141(1-2): 157-160.

Soma Y, Soma M. 1989. Chemical reactions of organic compounds on clay surfaces [J].

Environmental Health Perspective, 83: 205-214.
Tian H T, Guo Y, Pan B, Gu C, Li H, Boyd S A. 2015. Enhanced photoreduction of nitro-aromatic compounds by hydrated electrons derived from indole on natural montmorillonite [J]. Environmental Science & Technology, 49: 7784-7792.
Wang Y, Liu C, Peng A P, Gu C. 2019a. Formation of hydroxylated polychlorinated diphenyl ethers mediated by structural Fe(Ⅲ) in smectite [J]. Chemosphere, 226: 94-102.
Wang Y, Peng A P, Chen Z Y, Jin X, Gu C. 2019b. Transformation of gaseous 2-bromophenol on clay mineral dust and the potential health effect [J]. Environmental Pollution, 250: 686-694.
Wu F, Li J, Peng Z, Deng N S. 2008. Photochemical formation of hydroxyl radicals catalyzed by montmorillonite [J]. Chemosphere, 72: 407-413.
Xu L P, Li H, Mitch W A, Tao S, Zhu D Q. 2019. Enhanced phototransformation of tetracycline at smectite clay surfaces under simulated sunlight via a Lewis-base catalyzed alkalization mechanism [J]. Environmental Science Technology, 53: 710-718.

（谷成，南京大学，污染控制与资源化研究国家重点实验室）

5.3 硅藻蛋白石（古）环境指示意义

1. 问题背景

我国硅藻土矿床分布广泛，资源量极大，储量居世界第二位（黄成彦，1993）。硅藻土主要由硅藻蛋白石等矿物组成。硅藻蛋白石来源于硅藻的硅质壳体，为生物成因矿物（袁鹏，2001）。考虑到硅藻在全球的广泛分布及其关键的生物地球化学效应，硅藻蛋白石常被用于环境指示。例如，在海洋沉积物中，其含量与表层水体中硅藻的种群和密度密切相关，根据其时空分布可反映不同时期环境水体中的营养成分以及海洋生产力特征及其变化过程（Treguer and de la Rocha, 2013; Xiong et al., 2012; Xiong et al., 2013）；而在湖泊中，硅藻蛋白石的产率变化反映了湖泊区域气候环境条件，不仅可有效反映气候环境特征（如水体中硅的含量、日照、温度、降雨等特征，图 1），而且还完整地记录了百年甚至十年尺度的古气候环境变化事件（Liao et al., 2020; Ryves et al., 2020; Filippelli et al., 2000; Wessels et al., 1999; Rodysill et al., 2012）。由于硅藻对水体环境中营养、pH 和温度变化较为敏感，沉积物中硅藻蛋白石所属的种群类型及其尺寸和通量等可作为硅藻蛋白石形成期环境因素的探测因子，反演短时间尺度的环境特征（Schelske et al., 1983）。因此，硅藻蛋白石对古环境的重建通常与树轮等的结果相符合，并且相较于长地质时期的指示物等精确度更高、反应的时间跨度更短。由于湖泊深度远较海洋浅且盐度低，硅藻蛋白石的溶解更为困难，保存相对容易，因此湖泊沉积物中的硅藻蛋白石更容易获得且时空分布连续性更好。

前人研究表明，我国所有的硅藻土矿床均为湖相成因，且主要形成时代为新生代的第三纪到第四纪（黄成彦，1993）。在高等哺乳动物和人类出现之始，从温暖湿润的中新世到冰川期的更新世，都有硅藻土矿床的形成。这些湖相矿床，无论在时间持续性上，还是在空间分布上，都可反映成矿期的环境特征及变化。并且，硅藻土矿床形成期为百年、千年到万年时间跨度，因此对不同地层中硅藻蛋白石的探测和分析可以对较短时期的环境特征进行反演，其很有可能可以弥补黄土断面仅能反映第四纪环境特征的短板。因此，对硅藻土矿床的研究，尤其是对我国湖相硅藻土矿床的研究，具有非常重要的环境意义，是对古气候的反演的重要手段。另外，我国大部分硅藻土矿床的形成被认为与火山有关，火山喷发形成的营养物质导致了硅藻爆发，并且岩浆形成了硅藻土矿床的盖层（木土春，1997）。该过程中，部分硅藻蛋白石经高温相变形成方英石等，这也很好地反映了当时地质环境，尤其是火山运动的特征。

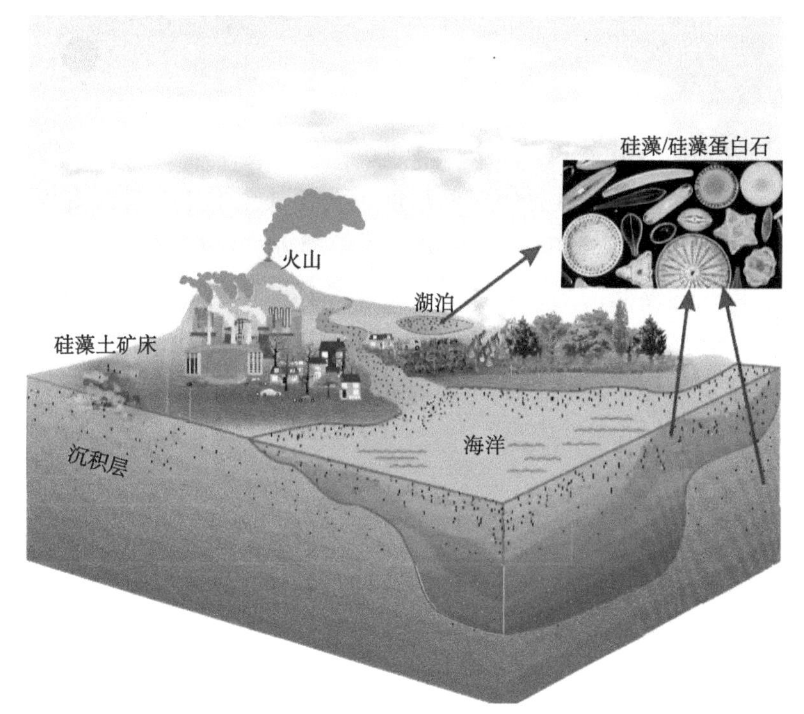

图 1 硅藻蛋白石 / 硅藻土矿床的形成及环境特征

2. 关键问题

然而，尽管硅藻蛋白石对（古）环境有着重要的指示意义，但其研究存在以下几个问题：①样品采集及准确定年。与其他矿物不同，硅藻蛋白石的堆积通常较为松散，因此在取样，尤其是获取岩心柱时常面临较大困难；另外，取样后的样品分割也较为困难，加之成矿时间尺度较短，如何准确定年尚未建立标准方法。②纯相硅藻蛋白石的获得。硅藻蛋白石通常与黏土矿物、石英等共同形成硅藻土，由于黏土矿物和细粒石英等与硅藻蛋白石紧密胶结，因此难以通过常规物理化学方法进行纯化（袁鹏，2001）。③硅藻蛋白石起源种类。淡水硅藻种类繁多，目前最为准确的分辨方法为生物测序。然而，对于矿床中的硅藻蛋白石而言，只能通过形貌进行区分，因此难以获得准确的不同类型硅藻的数量。④硅藻蛋白石通量的测定。目前常使用热碱法对硅藻蛋白石的含量进行分析，然而该方法受到其他含硅矿物的影响（Michalopoulos and Aller, 2004; Mortlock and Froelich, 1989; Sauer et al., 2006），难以对硅藻蛋白石含量进行准确评估。

3. 科学意义

综上所述，对硅藻蛋白石的环境反应研究具有以下几个重要科学意义：①反演古气候，尤其是短时间尺度（百年甚至十年）局部古环境的特征及变化，如温度、降雨、水体 pH、火山喷发、冰期等；②了解第三纪和第四纪以来硅藻驱动的元素的地球化学循环特征，如硅、铝等；③可通过反演生产力判明当时的碳、氮、磷等营养元素的地球化学循环特征；④明确硅藻土矿床的成矿机制；⑤明确硅藻这一全球重要的固碳生物的演化等特征。

4. 衍生意义

上述研究不仅涉及矿物学，还涉及环境科学、地球化学以及生物学等学科，属交叉学科研究范畴。该研究不仅有利于探明硅藻蛋白石矿物的结构性质及其在环境反演中的重要作用和机制，还可适用于富硅生物矿物的研究，如放射虫、硅质鞭毛虫和海绵等的生物硅（秦亚超，2010）。该研究的开展有望建立一套含硅生物矿物的标准研究方法，并获得（古）气候和环境特征及变化反演的指示因子，弥补现阶段难以评估短时间尺度以及使用黄土反演古气候的局限。

参考文献

黄成彦 . 1993. 中国硅藻土及其应用［M］. 北京 : 科学出版社 .

木土春 . 1997. 中国硅藻土矿床地质特征及成矿大地构造条件［J］. 大地构造与成矿学 , 21(3): 228-232.

秦亚超 . 2010. 生物硅早期成岩作用研究进展［J］. 地质论评 , 56(1): 89-98.

袁鹏 . 2001. 硅藻土的提纯及其表面羟基、酸位研究［D］. 广州 : 中国科学院广州地球化学研究所 .

Filippelli G M, Carnahan J W, Derry L A, Kurtz A. 2000. Terrestrial paleorecords of Ge/Si cycling derived from lake diatoms［J］. Chemical Geology, 168(1-2): 9-26.

Liao M N, Herzschuh U, Wang Y B, Liu X Q, Ni J, Li K. 2020. Lake diatom response to climate change and sedimentary events on the southeastern Tibetan Plateau during the last millennium［J］. Quaternary Science Reviews, 241: 106409.

Michalopoulos P, Aller R C. 2004. Early diagenesis of biogenic silica in the Amazon delta: alteration, authigenic clay formation, and storage［J］. Geochimica et Cosmochimica Acta, 68(5): 1061-1085.

Mortlock R A, Froelich P N. 1989. A simple method for the rapid determination of biogenic opal in pelagic marine sediments［J］. Deep-Sea Research Part A: Oceanographic Research Papers, 36(9): 1415-1426.

Rodysill J R, Russell J M, Bijaksana S, Brown E T, Safiuddin L O, Eggermont H. 2012. A paleolimnological record of rainfall and drought from East Java, Indonesia during the last 1,400 years［J］. Journal of Paleolimnology, 47(1): 125-139.

Ryves D B, Leng M J, Barker P A, Snelling A M, Sloane H J, Arrowsmith C, Tyler J J, Scott D R, Radbourne A D, Anderson N J. 2020. Understanding the transfer of contemporary temperature signals into lake sediments via paired oxygen isotope ratios in carbonates and diatom silica: problems and potential［J］. Chemical Geology, 552: 119705.

Sauer D, Saccone L, Conley D J, Herrmann L, Sommer M. 2006. Review of methodologies for extracting plant-available and amorphous Si from soils and aquatic sediments［J］. Biogeochemistry, 80(1): 89-108.

Schelske C L, Stoermer E F, Conley D J, Robbins J A, Glover R M. 1983. Early Eutrophication in the lower great lakes: new evidence from biogenic silica in sediments［J］. Science, 222(4621): 320-322.

Treguer P J, de la Rocha C L. 2013. The world ocean silica cycle［J］. Annual Review of Marine Science, 5: 477-501.

Wessels M, Mohaupt K, Kummerlin R, Lenhard A. 1999. Reconstructing past eutrophication trends from diatoms and biogenic silica in the sediment and the pelagic zone of Lake Constance, Germany［J］. Journal of Paleolimnology, 21(2): 171-192.

Xiong Z F, Li T G, Algeo T, Nan Q Y, Zhai B, Lu B. 2012. Paleoproductivity and paleoredox conditions during late pleistocene accumulation of laminated diatom mats in the tropical West Pacific［J］. Chemical Geology, 334: 77-91.

Xiong Z F, Li T G, Crosta X, Algeo T, Chang F M, Zhai B. 2013. Potential role of giant marine diatoms in sequestration of atmospheric CO_2 during the Last Glacial Maximum: $\delta^{13}C$ evidence from laminated *Ethmodiscus rex* mats in tropical West Pacific［J］. Global and Planetary Change, 108: 1-14.

（刘冬，中国科学院广州地球化学研究所）

5.4 纤蛇纹石在过硫酸盐氧化中的活化机制

1. 问题背景

近些年来，在有机污染物降解研究领域中，基于过硫酸盐的高级氧化技术因其氧化性强、适用性广、操作简单和绿色环保等特点受到了广泛关注（Liu et al., 2018）。过硫酸盐自身的氧化性能较弱，需要通过外加活化剂或输入能量而被活化产生强氧化性活性物质，进而降解有机污染物。不同的过硫酸盐活化体系会产生不同的活性物质，如硫酸根自由基、羟基自由基、超氧阴离子自由基、单线态氧等，从而使得有机物的氧化降解途径不同、矿化效果有差异（Devi et al., 2016）。过渡金属离子和氧化物是常见的过硫酸盐活化剂，使用过程简单、环境适用性强、活化降解效果较好，因而受到了广大研究者的重视（Li et al., 2021）。但是，该体系存在反应时间较长、氧化剂利用率较低等问题；同时活化降解过程会造成大量过渡金属离子浸出，不仅缩短了活化剂使用寿命，而且造成了二次污染，因此目前该体系的实际应用受到了很大的制约（Peng et al., 2021）。

天然矿物因其资源丰富、成本较低、易于加工、环境友好等优点，在污染治理中有着广泛的应用。近年来，以天然矿物为基础的新型过硫酸盐活化材料逐渐成为新的研究方向（Peng et al., 2020）。与常规化学合成的活化剂相比，很多天然矿物可以直接应用，从而大大降低了活化剂成本，简化了实际应用操作。目前，已报道的可用于活化过硫酸盐的天然矿物主要包括硫化矿物（Xia et al., 2017）、氧化矿物（Kong et al., 2021）和黏土矿物（Li et al., 2019）等几大类，其他矿物的活化研究工作也在不断开展。

纤蛇纹石是一种具有特殊纳米管状形貌的天然镁硅酸盐矿物，通常呈纤维状产出（Falini et al., 2002），俗称“温石棉”。这种形貌特点以及所禀赋的理化性能使得纤蛇纹石在古今中外得到了广泛的应用，如众所周知的品种繁多的石棉制品。在这些传统应用中，纤蛇纹石的附加值提高有限，而且加工过程会产生大量废弃物和粉尘，从而造成严重的环境污染和健康伤害问题。如何实现纤蛇纹石的绿色高值化利用，以及巨量堆存的石棉尾矿的资源化利用，一直是非金属矿工作者面临的挑战。

纤蛇纹石属于蛇纹石族矿物，化学式为 $Mg_6[Si_4O_{10}](OH)_8$，为 1∶1 型三八面体层状结构镁硅酸盐矿物。其晶体构造单元为硅氧四面体和镁氧八面体，六个四面体以相同的端氧朝向连接成六元环，再扩展形成硅氧四面体层；每一个六元环通过端氧连接三个八面体，从而扩展形成镁氧八面体层（Baronnet and Devouard, 1996）。由于八面体层的尺寸略大于四面体层，因此形成了八面体在外、四面体在内的卷曲结构，从而呈现出管状形貌。纤蛇纹石具有很强的表面化学活性，主要源自表面丰富的羟基、断面与端面的不饱和键、晶格弯曲而引起的附加内能和表面能等，因此赋予了它较强的环境效应（Gazzano et al., 2005; 曹曦等, 2013; 王长秋等, 2003）。对于有机污染物而言，一方面，纤蛇纹石的高表面活性对于有机分子具有较好的吸附、富集作用；另一方面，纤蛇纹石表面的羟基易脱失从而使溶液的pH升高，能促进多种有机污染物的分解和水解，降低毒性，甚至降解为无毒物质。近些年来，有关纤蛇纹石在环境治理上的应用研究已多有报道，但是在环境催化，尤其是活化过硫酸盐方面的研究工作则开展较少（Dai et al., 2021）。因此，加强相关工作的研究，着力解决所涉及的科学问题和工程技术问题，将有助于开发基于纤蛇纹石的新型环境材料，实现矿物资源的高值化利用及尾矿的资源化利用，具有十分重要的现实意义。

2. 关键问题

研究发现纤蛇纹石具有优异的过硫酸盐活化性能，能够依靠表面羟基活化过硫酸氢钾产生强氧化性活性物质，实现水体中有机污染物的高效降解（Dai et al., 2021）。纤蛇纹石的活化性能与其化学组成、晶体结构和表面性质等密切相关。例如，纤蛇纹石表面镁氧八面体层中的镁离子部分溶出会导致其活化性能迅速下降。又如，高温煅烧会使纤蛇纹石活化性能逐渐下降，但当温度升高至 850℃左右时，活化性能却突然增强，且具有优异的循环稳定性能。研究表明此时纤蛇纹石转变成了镁橄榄石，但与之对应的天然镁橄榄石却不具备活化过硫酸盐的性能。这些研究发现都印证了纤蛇纹石的组成、结构与性质对于过硫酸盐活化性能有着直接影响。

目前，有多种非金属矿被直接用作过硫酸盐的活化剂，从研究报道来看，矿物中活性位点的探索备受关注，而活性位点的存在形态、性能增强以及其他组分的相互作用等问题却被忽视。例如，研究发现高岭土的羟基可以活化过硫酸盐，但却不清楚结构羟基和表面羟基的作用性差异；研究发现纤蛇纹石的羟基具有活化能力，但纤蛇纹石衍生的氧化硅表面虽然也富含羟基，却不具备活化性能，这种由羟基种类还是羟基含量造成的差异的机制尚不清楚；研究发现氧化镁纳米颗粒和氧化硅 / 氧化镁复合材料的活化性能均低于纤蛇纹石，是否由于纤蛇纹石中氧化镁与氧化硅特殊的结合形式造就了其优异的催化性能也未可知。因此，总体来看，在研究纤蛇纹石活化过硫酸盐产生强氧化性活性物质的过程中（图 1），一些科学问题值得深入探讨：

（1）包括纤蛇纹石在内的蛇纹石族矿物，其结构、性质与过硫酸盐活化性能之间存在什么内在联系？

（2）如何通过物理或化学方法实现纤蛇纹石组分、结构与表面性质的调控，以强化其活化性能？

（3）高温可以实现纤蛇纹石等镁硅酸盐矿物的矿相重构，相变而成的镁橄榄石为什么具有过硫酸盐活化性能，其活化机制是什么？

（4）纤蛇纹石中的氧化硅组分在活化过硫酸盐过程中是否具有协同催化作用，作用机制是什么？

3. 科学意义

通过上述关键问题的研究与解析，可以查明包括纤蛇纹石在内的蛇纹石族矿物活化过硫酸盐的机制，阐明蛇纹石成分、结构和性质对于活化性能的影响规律及作用机制，揭示镁硅酸盐矿物高温相变产物的活化过硫酸盐行为及机制，进而以纤蛇纹石为基础构建出活化过硫酸盐及其增强的理论模型和体系，为纤蛇纹石等镁硅酸盐矿物在高级氧化技术中的应用奠定理论基础。

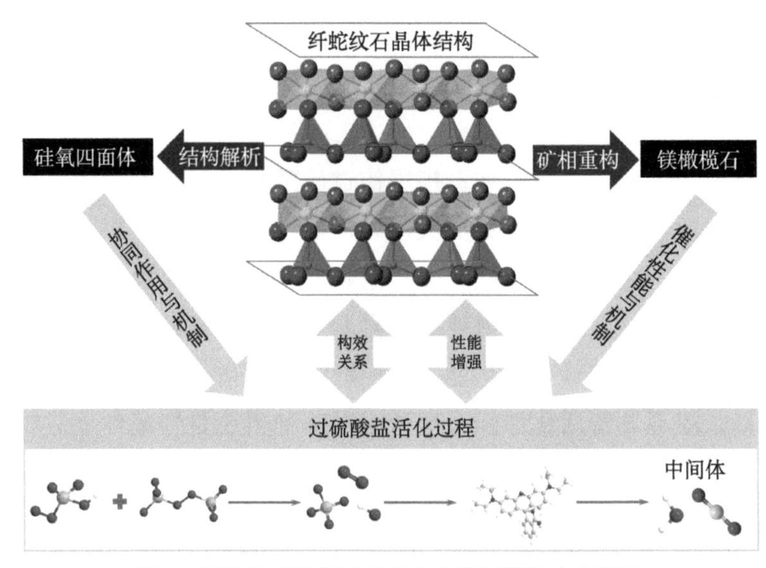

图 1　纤蛇纹石活化过硫酸盐关键问题的内在联系

4. 衍生意义

该研究体系可以用于探索其他硅酸盐矿物的过硫酸盐活化性能研究中，有助于矿物基催化材料的研发。此外，关键问题的解决，一方面，可为有机污染物的高级氧化降解提供新型的高性能催化材料，实现纤蛇纹石等镁硅酸盐矿物的高值化利用；另一方面，有助于石棉尾矿的大宗消纳处理和资源化利用，将其应用于有机废水处理，实现以废治废，环境效益明显。

参考文献

曹曦，传秀云，黄杜斌. 2013. 天然纳米管纤蛇纹石的结构性能和应用研究［J］. 功能材料，14: 1984-1989.

王长秋，王丽娟，鲁安怀. 2003. 纤蛇纹石在纳米材料及环境科学中的意义［J］. 岩石矿物学杂志，5: 409-412.

Baronnet A, Devouard B. 1996. Topology and crystal growth of natural chrysotile and polygonal serpentine［J］. Journal of Crystal Growth, 166: 952-960.

Dai Y, Peng Q, Liu K, Tang X K, Zhou M Y, Jiang K, Zhu B N. 2021. Activation of peroxymonosulfate by chrysotile to degrade dyes in water: performance enhancement and activation mechanism [J] . Minerals, 11: 1-18.

Devi P, Das U, Dalai A K. 2016. *In-situ* chemical oxidation: principle and applications of peroxide and persulfate treatments in wastewater systems [J] . Science of the Total Environment, 571: 643-657.

Falini G, Foresti E, Lesci G, Roveri N. 2002. Structural and morphological characterization of synthetic chrysotile single crystals [J] . Chemical Communications, 2: 1512-1513.

Gazzano E, Foresti E, Lesci I G, Tomatis M, Riganti C, Fubini B, Roveri N, Ghigo D. 2005. Different cellular responses evoked by natural and stoichiometric synthetic chrysotile asbestos [J] . Toxicology and Applied Pharmacology, 206: 356-364.

Kong L S, Fang G D, Xi X J, Wen Y, Chen, Y F, Xie M, Zhu F, Zhou D M, Zhan J H. 2021. A novel peroxymonosulfate activation process by periclase for efficient singlet oxygen-mediated degradation of organic pollutants [J] . Chemical Engineering Journal, 403: 126445.

Li C Q, Huang Y, Dong X B, Sun Z M, Duan X D, Ren B X, Zheng S L, Dionysiou D D. 2019. Highly efficient activation of peroxymonosulfate by natural negatively-charged kaolinite with abundant hydroxyl groups for the degradation of atrazine [J] . Applied Catalysis B: Environmental, 247: 10-23.

Li X F, Liang D D, Wang C X, Li Y G. 2021. Insights into the peroxomonosulfate activation on boron-doped carbon nanotubes: performance and mechanisms [J] . Chemosphere, 275: 130058.

Liu C G, Wu B, Chen X E. 2018. Sulfate radical-based oxidation for sludge treatment: a review [J] . Chemical Engineering Journal, 335: 865-875.

Peng J L, Zhou H Y, Liu W, Ao Z M, Ji H D, Liu Y, Su S J, Yao G, Lai B. 2020. Insights into heterogeneous catalytic activation of peroxymonosulfate by natural chalcopyrite: pH-dependent radical generation, degradation pathway and mechanism [J] . Chemical Engineering Journal, 397: 125387.

Peng L J, Shang Y A, Gao B Y, Xu X. 2021. Co_3O_4 anchored in N, S heteroatom co-doped porous carbons for degradation of organic contaminant: role of pyridinic N-Co binding and high tolerance of chloride [J] . Applied Catalysis B: Environmental, 282: 119484.

Xia D H, Yin R, Sun J L, An T C, Li G Y, Wang W J, Zhao H J, Wong P K. 2017. Natural magnetic pyrrhotite as a high-Efficient persulfate activator for micropollutants degradation : radicals identification and toxicity evaluation [J] . Journal of Hazardous Materials, 340: 435-444.

（刘琨，中南大学）

5.5 碳酸盐矿物在高级氧化中的作用机制

1. 问题背景

碳酸盐矿物种类繁多，是重要的非金属矿原料，如方解石、白云石、菱铁矿、菱镁矿、菱锰矿等，广泛用于冶金、建筑、食品、造纸、塑料、橡胶装饰等行业。同时，碳酸盐矿物分布也很广泛，其中钙镁碳酸盐矿物最为发育，形成巨大的海相沉积层。除此之外，近些年生物成因碳酸盐也被广为报道（王红梅等，2013）。目前，碳酸盐矿物研究和应用主要涉及矿物学特征、对环境的指示意义、作为工业原料及环境保护材料等（吴亚生等，2021）。为开发新型环境友好型材料，充分利用非金属矿材料，碳酸盐矿物在环境保护中的应用受到广泛关注，主要包括钝化土壤重金属离子、吸附或富集水体中金属离子、捕集二氧化碳或净化气体污染物等（Liu and Lian, 2019; Mccutcheon et al., 2019; 汪华明等，2015）。

近些年，基于过硫酸盐的高级氧化技术因具有强氧化性且适用于复杂的水质条件，在处理难降解有机污染物领域得到了广泛研究（Lee et al., 2020）。虽然过硫酸盐是强氧化剂，但与有机污染物直接反应速率较低。需要通过热、碱、紫外光、碳材料、过渡金属、金属氧化物和超声等活化过硫酸盐产生强氧化性的活性物种才能快速氧化降解污染物（Chu et al., 2019；Ghanbari and Moradi, 2017）。其中，为克服过渡金属在中性以及碱性条件下活化效率不高、离子浸出的问题，金属氧化物引起研究人员的广泛关注。例如，Kong 等（2021b）指出采用方镁石（MgO）可以稳定地活化过一硫酸盐（PMS）快速降解双酚 A、苯酚、氯苯酚和染料，其中主导多种污染物快速降解的单线态氧（$^1O_2$）主要是由 MgO 表面羟基诱导的 PMS 自分解生成的。Kong 等（2021a）发现氧化锌（ZnO）中氧空位的局域电子为吸附在表面的 PMS 提供足够的电子，促进 PMS 进行单电子转移产生羟基自由基（·OH）和硫酸根自由基（$\cdot SO_4^-$）。金属氧化物中的氧空位还可以促进 PMS 脱氢产生$^-SO_4$-O-O-SO_4^-，该物种快速分解产生超氧自由基（$\cdot O_2^-$）。Yan 等（2019）采用 Al_2O_3 负载 CuO 活化 PMS 在最优条件下可实现 99% 磺胺甲噁唑的降解效率，其活化 PMS 主要是通过固相和液相的 Cu^{3+} 和 Cu^{2+} 的循环促进了 PMS 产生·OH 和 $\cdot SO_4^-$。此外，有大量研究报道指出：适宜的碱性环境可以活化 PMS 和过二硫酸盐（PDS），产生 $^1O_2$、$\cdot O_2^-$、$\cdot SO_4^-$ 和·OH 等活性物种（Qi et al., 2016；Chu et al., 2021；Yan et al., 2013）。Qi 等（2016）的研究指出碱活化 PMS 产生的 $^1O_2$ 和 $\cdot O_2^-$ 可以快速降解酸性橙 7、苯酚和双酚 A，其降解反应速率常数最高可达 0.1749 min^{-1}。此外，通常表现出对 AOPs 技术有强烈抑制作用的碳酸根 / 碳酸氢根（CO_3^{2-}/HCO_3^-），可促进基于 PMS 的 AOPs 技术的发展（Zhu et al., 2020；Feng et al., 2018；Sun et al., 2020）。Nie 等（2019）提出 CO_3^{2-}可以活化 PMS，并且在 40 min 内实现酸性橙 7 脱色率 100%。

与氢氧化钠和碳酸钠相比，方解石是一种无毒且容易获得的成岩矿物，在地壳中的含量约为 4%，此外在建筑业、二氧化碳储存、医药制造等方面也发挥着重要作用。鉴于碱和碳酸钠可以高效活化 PMS 降解多种有机污染物，研究者发现方解石可以高效活化 PMS 降解抗生素废水，并且对水体中金属离子和阴离子具有优越的耐受性（Chu et al., 2021），如图 1 所示。

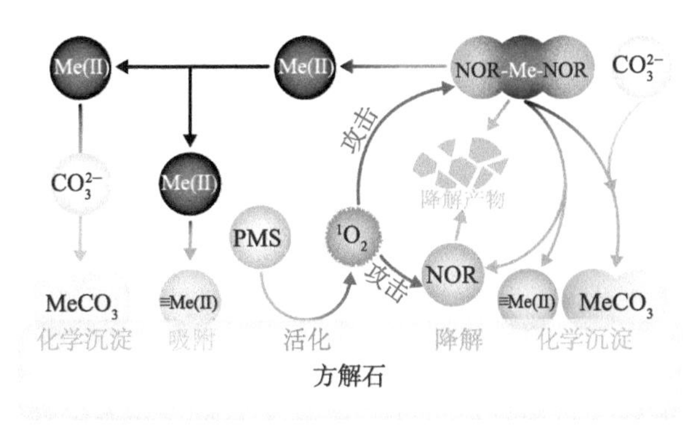

图 1 方解石活化 PMS 同步降解抗生素及去除重金属离子

除方解石以外，菱铁矿 ($FeCO_3$) 和菱锰矿 ($MnCO_3$) 是两种含有过渡金属的常见碳酸盐矿物，其中菱铁矿活化氧化剂降解污染物早有报道。

Yan 等（2013）指出菱铁矿自然缓释的二价铁离子可以高效活化过氧化氢 (H_2O_2) 和 PDS 组成的二元体系降解三氯乙烯，其中产生的 ·OH 和 ·SO_4^- 为主要活性氧物种（reactive oxygen species, ROS）。Feng 等（2018）系统地证明了菱铁矿在活化过硫酸盐（PDS 或 PMS）体系中有着较高的活性降解苯酚，并且比磁铁矿 / 过硫酸盐体系有着更高的活性，反应动力学常数高了 10 倍多。此外，Sun 等（2020）研究发现菱铁矿可以在较宽的 pH（3 ～ 9）范围活化 H_2O_2 降解磺胺类抗生素，其中碱性条件下表面产生的 ·OH 起到了重要作用。同时，在菱铁矿活化过硫酸盐的体系下，发现除了传统的自由基（·OH 和 ·SO_4^-）以外，$^1O_2$ 在较高的 pH 下也发挥了降解富电子污染物的特异性作用（Sun et al.，2021）。菱锰矿作为我国西南地区常见的沉积型碳酸锰盐矿物，对污染物的迁移、转化也起着重要的作用，同时也可以活化氧化剂强化降解污染物。Xu 等（2010）报道了 0.1 mol/L 的 Mn^{2+} 在存在 HCO_3^- 的情况下，可以活化 H_2O_2 处理染料和垃圾渗滤液，可以使得染料溶液完全脱色，垃圾渗滤液 COD 去除率达到 34%，其中产生的活性物种都是高价态的 Mn_{IV}=O 物种，相比于 ·OH 而言更具活性与选择性。

2. 关键问题

现有研究表明碳酸盐矿物在活化过氧化氢或过硫酸盐降解难降解有机污染物方面体现了优异的性能。但是，无论是方解石，还是菱铁矿和菱锰矿，在活化氧化剂过程中都难以避免诱导体系 pH 升高。鉴于碱可以活化 PMS 产生大量活性物种，同时 PMS（pK_a = 9.4）在碱性环境下不稳定易分解产生 $^1O_2$ 的事实，那么究竟是活化剂的活性位点活化过硫酸盐还是外加活化剂产生的碱性环境活化过硫酸盐值得深入探究。

对于菱铁矿而言，研究者主要将菱铁矿作为一个提供缓释铁离子的铁源而非整体的配合物来看。据报道 $FeCO_3$ 配合物在中性附近是一个还原性极强的铁物种，可以使得 H_2O_2 较快分解（King and Farlow, 2000）。而这一过程中产生的 ROS（自由基或者非自由基）并没有被系统性地论证。此外，考虑到菱铁矿实际组成的复杂性，其杂质组分的影响也应该被细致地研究，尤其是共存矿物的作用以及类质同象替代的影响。自然界中存在的菱锰矿大多纯度较低，其中的伴生组分种类繁杂。此外，高价 Mn 物种赋存状态也十分复杂，Mn(Ⅲ)（最常见）、Mn(Ⅳ)和Mn(Ⅴ)都可能作为反应中间体参与有机物的迁移与转化，同时产生的自由基和反应性Mn物种可能有利于提升Mn物种活性，进而促进有机物的分解以及有机碳转化为无机碳实现碳保存（Huang and Zhang, 2019）。

3. 科学意义

通过上述关键问题的研究与解析，可建立碳酸盐矿物组成及矿物学特征分析的方法，查明碳酸盐矿物活化过氧化氢或过硫酸盐的作用机制，阐明不同成因碳酸盐矿物对活化过氧化氢或过硫酸盐的影响及作用机制，理清共存矿物，尤其是类质同象替代对碳酸盐矿物活化过氧化氢或过硫酸盐的影响及作用机制，可进一步深入认识碳酸盐矿物的矿物学特征，有利于建立碳酸盐矿物活化过氧化氢或过硫酸盐的构效关系，为碳酸盐矿物在高级氧化技术中的应用奠定理论基础。

4. 衍生意义

基于碳酸盐矿物活化过氧化氢或过硫酸盐的构效关系及作用机制，研制经济高效的环境友好型功能材料，开发系列碳酸盐矿物材料的制备方法及处理难降解有机污染物的一体化设备，关键问题的解决可提高碳酸盐矿物的综合利用，为难降解有机污染物的处理提供一种新材料，促进基于碳酸盐矿物高级氧化技术的推广及应用，有利于提高经济效益和环境效益。

参考文献

汪华明，陈天虎，周跃飞，王进，岳正波. 2015. 碳酸盐-硫酸盐矿物强化垃圾渗滤液厌氧处理研究[J]. 环境科学学报，35(11): 3750-3754.

王红梅，吴晓萍，邱轩，刘邓. 2013. 微生物成因的碳酸盐矿物研究进展[J]. 微生物学通报，40(1): 180-189.

吴亚生，姜红霞，李莹，虞功亮. 2021. 微生物碳酸盐岩的显微结构基本特征[J]. 古地理学报，23(2): 321-334.

Chu C H, Yang J, Huang D H, Li J F, Wang A Q, Alvarez P J J, Kim J H. 2019. Cooperative pollutant adsorption and persulfate-driven oxidation on hierarchically ordered porous carbon [J]. Environmental Science and Technology, 53(17): 10352-10360.

Chu Z Y, Chen T H, Liu H B, Chen D, Zou X H, Wang H L, Sun F W, Zhai P X, Xia M, Liu M. 2021. Degradation of norfloxacin by calcite activating peroxymonosulfate: performance and mechanism [J]. Chemosphere, 282: 131091.

Feng Y, Wu D L, Li H L, Bai J F, Hu Y B, Liao C Z, Li X Y, Shih K. 2018. Activation of persulfates using siderite as a source of ferrous ions: sulfate radical production, stoichiometric efficiency, and implications [J]. ACS Sustainable Chemistry & Engineering, 6(3): 3624-3631.

Ghanbari F, Moradi M. 2017. Application of peroxymonosulfate and its activation methods for degradation of environmental organic pollutants: review [J]. Chemical Engineering Journal, 310: 41-62.

Huang J Z, Zhang H C. 2019. Mn-based catalysts for sulfate radical-based advanced oxidation processes: a review [J]. Environment International, 133: 105141.

King D W, Farlow R. 2000. Role of carbonate speciation on the oxidation of Fe(Ⅱ) by H_2O_2 [J]. Marine Chemistry, 70(1-3): 201-209.

Kong L S, Fang G D, Fang Z, Zou Y S, Zhu F, Zhou D M, Zhan J H. 2021a. Peroxymonosulfate activation by localized electrons of ZnO oxygen vacancies for contaminant degradation [J]. Chemical Engineering Journal, 416: 128996.

Kong L S, Fang G D, Xi X J, Wen Y, Chen Y F, Xie M, Zhu F, Zhou D M, Zhan J H. 2021b. A novel peroxymonosulfate activation process by periclase for efficient singlet oxygen-mediated degradation of organic pollutants [J]. Chemical Engineering Journal, 401: 126445.

Lee J, Gunten U, Kim J H. 2020. Persulfate-based advanced oxidation: critical assessment of opportunities and roadblocks [J]. Environmental Science and Technology, 54(6): 3064-3081.

Liu R L, Lian B. 2019. Immobilisation of Cd(Ⅱ) on biogenic and abiotic calcium carbonate [J]. Journal of Hazardous Materials, 378: 120707.

Mccutcheon J, Power I M, Shuster J, Harrison A L, Dipple G M, Southam G. 2019. Carbon sequestration in biogenic magnesite and other magnesium carbonate minerals [J]. Environmental Science and Technology, 53(6): 3225-3237.

Nie M H, Zhang W J, Yan C X, Xu W L, Wu L L, Ye Y P, Hu Y, Dong W B. 2019. Enhanced removal of organic contaminants in water by the combination of peroxymonosulfate and carbonate [J]. Science of the Total Environment, 647: 734-743.

Qi C D, Liu X T, Ma J, Lin C Y, Li X W, Zhang H J. 2016. Activation of peroxymonosulfate by base: implications for the degradation of organic pollutants [J]. Chemosphere, 151: 280-288.

Sun F W, Chen T H, Liu H B, Zou X H, Zhai P X, Chu Z Y, Shu D B, Wang H L, Chen D. 2021. The pH-dependent degradation of sulfadiazine using natural siderite activating PDS: the role of singlet oxygen［J］. Science of the Total Environment, 784: 147117.

Sun F W, Liu H B, Wang H L, Shu, D B, Chen T H, Zou X H, Huang F J, Chen D. 2020. A novel discovery of a heterogeneous Fenton-like system based on natural siderite: a wide range of pH values from 3 to 9［J］. Science of the Total Environment, 698: 134293.

Xu A H, Shao K, Wu W L, Fan J Cui J, Yin G. 2010. Oxidative degradation of organic pollutants catalyzed by trace manganese(Ⅱ) ion in sodium bicarbonate solution［J］. Chinese Journal of Catalysis (Chinese version), 31(8): 1031-1036.

Yan J F, Li J, Peng J L, Zhang H, Zhang Y H, Lai B. 2019. Efficient degradation of sulfamethoxazole by the CuO@Al_2O_3 (EPC) coupled PMS system: optimization, degradation pathways and toxicity evaluation［J］. Chemical Engineering Journal, 359: 1097-1110.

Yan N, Liu F, Huang W Y. 2013. Interaction of oxidants in siderite catalyzed hydrogen peroxide and persulfate system using trichloroethylene as a target contaminant［J］. Chemical Engineering Journal, 219: 149-154.

Zhu C Q, Zhang Y K, Fan Z W, Liu F Q, Li A M. 2020. Carbonate-enhanced catalytic activity and stability of Co_3O_4 nanowires for $^1O_2$-driven bisphenol A degradation via peroxymonosulfate activation: critical roles of electron and proton acceptors［J］. Journal of Hazardous Materials, 393: 122395.

（刘海波，合肥工业大学）

第二篇

面向经济主战场和国家重大需求

第6章

清洁加工和增值改性

6.1 清洁低能耗白云石炼镁工艺与装备

1. 问题背景

白云石矿产资源在地球上分布较广，储量相对丰富。白云石矿产遍及我国多数省区，特别是山西、宁夏、河南、吉林、青海、贵州等有大型矿床，已探明储量有200亿吨以上（方萤，2004; 赵瑞等，2019）。白云石的应用领域众多。白云石在冶金行业中是烧结、炼钢的重要辅料之一，通常采用生白云石、石灰石、生石灰等一起用作铁矿石烧结的助熔剂。根据所使用的铁矿石的类型，白云石的添加量为3%～10%。轻烧白云石在转炉炼钢生产过程中用作镁质造渣剂，能结合而除去硅、铝、硫、磷等不需要的或有害的元素。在土木工程中，白云石作为砂石骨料用于水泥混凝土、沥青混凝土、道路基础、铁路道砟等；可以在水泥生产中部分代替石灰石作为钙质来源，以及生产含镁铝尖晶石的铝酸钙水泥；作为生产玻璃的原料之一，起到熔剂的作用，其用量仅次于砂岩或硅料，掺入比（掺入比是掺入物的质量与被掺入物的质量之比）为0.18～0.23，可以向玻璃中引入氧化镁成分和氧化钙成分，以降低玻璃液的析晶倾向，改善玻璃的成型性能、可塑性能，提高化学稳定性和机械强度，减少玻璃老化等。在耐火材料工业用于生产白云石耐火砖、镁钙砖、不烧镁钙（碳）砖、镁钙系不定形耐火材料。此外，浙江工业大学周春晖课题组（Mao et al., 2018）曾利用白云石的镁钙元素合成新型层状双羟基氢氧化物（CaMgAl-LDH）。

白云石还作为体质颜料添加填充于工业保护涂料和船舶涂料。白云石具有表面活性和离子交换性（张巍，2018），作为环境矿物材料可以吸附铜、铅、镉等重金属和磷、硼等元素（Humphries et al., 2019; 陈淼和吴永贵，2014; 倪浩等，2016; 千方群等，2015; 魏尊莉等，2010）。利用白云石镁元素，结合添加磷酸盐，能生成磷酸铵镁（$MgNH_4PO_4 \cdot 6H_2O$）矿物来除

去水中的 NH_4^+ 离子（Chen et al., 2017）。经过海水淡化技术处理后的淡水，往往缺乏必要的钙镁离子，加入白云石可补充钙镁矿物元素（李东洋等，2015）。近年来，有研究开发白云石作为催化剂或催化剂载体，用于生物柴油的非均相催化（许美丽等，2016）、甘油催化重整制备氢气等（刘少敏等，2013）。还有研究开发利用白云石作为储能材料，其原理是以白云石分解来吸收储存能量，煅白（CaO · MgO）和 CO_2 化合的反应来释放能量，其中 CO_2 实现了循环。

$$CaMg(CO_3)_2 = MgO + CaCO_3 + CO_2 \quad \Delta H(1280℃) = -1841.47\ kJ/mol \tag{1}$$

白云石炼镁是当前重要的白云石深加工增值利用技术之一。早在1941年，加拿大科学家皮江（Lloyd Montgomery Pidgeon）教授发明了皮江法炼镁工艺，即白云石热还原法炼镁工艺（图1），主要原理是利用硅铁作为还原剂将含有镁的矿石，如菱镁矿（碳酸镁）、白云石等的煅白，在高温和真空条件下还原，形成高温镁蒸气，再用冷凝器冷却结晶，得到粗镁后再精炼成镁金属（图2）。

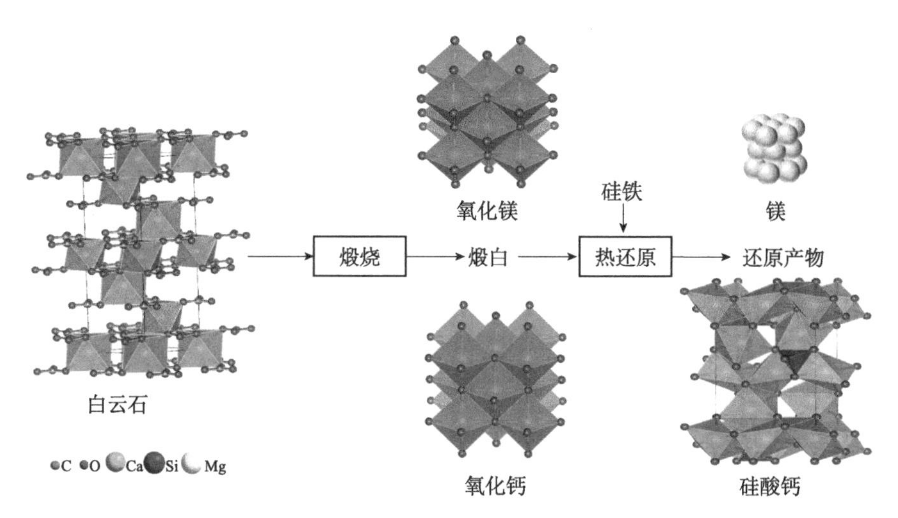

图1　白云石热还原法炼镁工艺过程

根据还原剂不同，热还原法可以分为硅热还原法、碳热还原法和碳化物还原法等（徐祥斌和曹慧君，2016）。碳热还原法在制备过程中会用到大量氢气（中性气体或油）进行冷淬（杨成博，2013），若稍有不慎会造成劳工安全问题。碳化物还原法使用的还原剂之一为碳化钙，其活性较低、容易水解且用量大。因此，以上两种在工业上已鲜少使用。

图 2 采用传统的皮江法进行白云石炼镁的主要工艺过程和生产实况
(a) 生产车间；(b) 煅白硅热还原；(c) 加热精炼；(d) 镁锭

碳热还原法：$MgO(s)+C(s)\xrightarrow{1800℃}Mg(s)+CO(g)\uparrow$ （2）

碳化物还原法：$CaC_2(s)+MgO(s)\xrightarrow{1875℃}CaO(s)+Mg(g)\uparrow+2C(s)$ （3）

目前白云石炼镁工业主要采用硅热还原法，即一般在 1100 ～ 1250℃温度和 1.3 ～ 13.3Pa 真空度的还原罐中，用含硅量大于 75% 的硅铁作为还原剂，与煅白发生还原反应来制备金属镁。

硅热还原法：$MgCO_3\cdot CaCO_3(s)\xrightarrow{1100\sim1250℃}MgO\cdot CaO(s)+2CO_2(g)\uparrow$ （4）

$$2(MgO\cdot CaO)(s)+Si(Fe)\xrightarrow{1200℃}2Mg(g)\uparrow+2CaO\cdot SiO_2(s)+Fe \quad (5)$$

根据硅热还原法的具体生产工艺流程与工艺设备的某些点不同，可以被分为四种，加拿大的皮江法（Pidgeon Process）、意大利的巴尔札诺法（Balzano Process）、法国的玛格尼法（Magnetherm Process）和南非的MTMP法（Mintek Thermal Magnesium Process）（图3）。

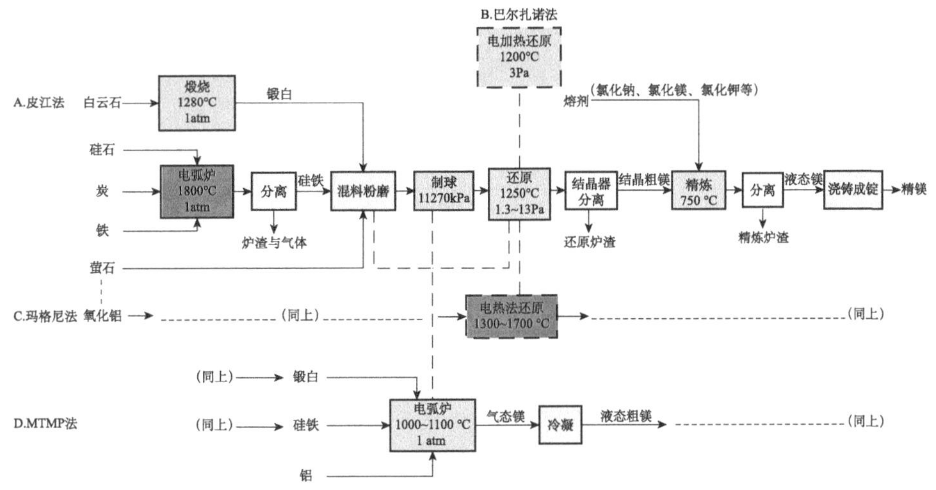

图3　几种硅热还原法白云石炼镁的工艺流程和异同点

电解法炼镁的基本原理是用直流电去电解熔融状态下的无水$MgCl_2$，从而还原生成金属镁，主要包括无水$MgCl_2$制备和直流电解两个过程。根据原料及处理方式的不同，现行的电解法主要有：陶氏法（Dow Process）（Soper, 2002）、诺斯克法（Norsk Hydro Process）、MgO氯化法（IG Farbenindustrie Process）和光卤石法（Russian Process）。电解法炼镁有原料成本低、能耗低、生产工艺先进、机械化程度高等优点。主要缺点有：无水$MgCl_2$制备过程困难，很容易与水发生水解反应；水的比热容较大，工艺流程接近一半的成本都集中在脱水步骤；低纯度$MgCl_2$会严重影响后续的电解效率与炼镁质量；在$MgCl_2$脱水过程中，需要保持高温环境和酸性气氛；在电解过程中，电极接触Cl_2，设备和电极非常容易被腐蚀；电解得到的金属镁会带有电解质中的氯化物及其他杂质，产品纯度较低，远不如热还原法；电解法产生的三废，尤其是Cl_2，易对环境造成污染，后处理成本较高。

$$\text{电解法炼镁：} MgCl_2(l) \xrightarrow{\text{直流电 } 12800\sim13000\text{kW}\cdot\text{h}} Mg(s) + Cl_2(g)\uparrow \qquad (6)$$

2. 重大需求

镁是常用金属结构材料中最轻的一种，广泛应用航空航天工业、军工领域、交通领域及3C（家电、计算机、通信）领域等，在国民经济建设中发挥着重要作用，应用范围不断扩大。国际原镁主要生产国有中国、俄罗斯、以色列、巴西、韩国；据称中国在2017年占世界炼镁总量的88%（林如海和孙前，2019; 周鹏等，2020）。工业上，镁主要用于铝合金添加剂、生产镁合金、制造海绵钛和钢铁脱硫等，其中目前最主要是在铝合金中添加镁元素（冀娜和王蕊，2020），以提高铝合金压铸件的性能，特别是防腐蚀性能。镁合金是以镁为基础加入其他元素组成的合金，其特点是密度小（1.8 g/cm^3 左右），强度高，弹性模量大，散热好，消震性好，承受冲击载荷能力大，耐有机物和耐碱腐蚀性能好。因此，镁铝合金材料及深加工单件和产品在“轻量化”汽车和装配式“绿色建筑”正日渐受到青睐。在海绵钛的生产中，以镁还原四氯化钛生成钛，再高温蒸发镁与氯化镁，留下海绵钛。可见，优质镁产品具有重大需求。

当前，结合我国的具体国情，开采利用的白云石资源以硅热还原法炼镁比较合理。硅热还原法（皮江法）的工艺过程主要分为四个阶段，分别为白云石破碎煅烧工段、配料制球工段、还原工段和精炼工段。主要设备和操作有：

（1）选用回转窑，将白云石矿粒（20～30 mm）在1100～1250 ℃高温条件下煅烧为煅白 ($CaO \cdot MgO$)。

（2）将煅白粉碎研磨，与萤石粉（催化剂，主要成分为 $CaF_2 \geqslant 95\%$）和硅铁粉（含硅量为75%）混合均匀，再用制球机压制成球团。

（3）将球团放入还原炉（罐）内，在1100～1250 ℃温度及1.3～1.33 Pa 真空度下进行还原反应，生成的镁蒸气于端部冷凝器中冷凝成结晶状的粗镁。一个生产周期大约为10 h（包括装料、还原和扒渣）。

（4）采用真空升华法制备高纯镁，即将含有杂质的金属镁加热到合理的温度并保温，使金属镁气化逸出，然后将气态镁收集冷却结晶，获得纯化的金属镁。工业上加入石灰作为助熔剂，以去除粗镁中的 Fe_2O_3、MgO、CaO、Al_2O_3、CaF_2 等杂质（徐日瑶和诸天柏，1994）。经过去除杂质、精炼、浇铸成锭，经过后续的检验处理，从而得到高纯度金属镁锭。

$$MgCO_3 \cdot CaCO_3(s) \xrightarrow{1100\sim1250℃} MgO \cdot CaO(s) + 2CO_2(g)\uparrow \quad (7)$$

$$2(MgO \cdot CaO)(s) + Si(Fe) \xrightarrow{1200℃} 2Mg(g)\uparrow + 2CaO \cdot SiO_2(s) + Fe \quad (8)$$

由以上可见，皮江法整个生产过程需要多段加热：白云石煅烧、真空加热还原、精炼加热，有多个不同操作单元，生产过程为间歇式。皮江法炼镁工艺存在下列问题：

（1）对煅白活性要求较高，煅白的活性直接影响还原反应进行的程度，活性越高越有利于还原反应发生。在煅烧阶段，如果温度控制不当，出现温度过高则会造成煅白表面过烧，从而降低煅白活性。另外，反应产物煅白 ($CaO \cdot MgO$) 极易吸收空气中的水分和 CO_2，需要密封保存，并且密封保存时间不宜过长。

（2）煅白活性、制球压力及成分配比均会对还原过程产生影响。制备球团的制球压力也需要根据白云石矿石的化学成分进行合理确定，以获得最佳原料配比和参数状态。为使后续的还原反应进行更加充分、经济，制备球团所用硅铁和萤石粉用量要根据煅白特性进行动态调整。

（3）皮江法炼镁工艺中关键环节是还原工段，还原工段直接影响生产周期的长短以及最终产品的品质。巴尔扎诺法是将真空还原罐的尺寸加大，并且还原过程采用内部电加热，从而能直接对煅烧后的白云石与硅铁压制成的球团加热，而不是加热整个还原罐。罐内压强为 3 Pa，反应温度为 1200℃，其能量消耗远低于其他热还原法，加热炉仅消耗 7 ～ 7.3kW · h/kg 镁，其他生产工艺参数和皮江法相似。

玛格尼法是 1960 年前后由法国的 Pechiney 铝业公司提出的炼镁方法，之后成为美国制取金属镁的主流方法。与巴尔扎诺法类似，也采用内加热法，但不同之处是，此工艺的加热温度高达 1300 ～ 1700 ℃，主要目的是使还原罐渣保持液态，以便于排渣；白云石和硅铁原料中还加入了铝土矿，以形成硅铝酸盐，用于降低炉渣的熔点。玛格尼法属于半连续法，连续加料，间断排渣。

$$12(MgO \cdot CaO) + 4Si + Si_2Fe + 0.9Al_2O_3 = 12Mg(g)\uparrow + 6Ca_2SiO_4 \cdot 0.9Al_2O_3 + Fe \quad (9)$$

南非的 Mintek 公司与 Eskom 公司共同发明了 MTMP 炼镁法（magnetherm process），又称为南非热法，是对玛格尼法的改进。采用硅铁作为还原剂，反应炉温度控制在 1700 ～ 1750 ℃，通过直流电弧炉提取白云石或氧化镁中的金属镁，进料平均速度为 525 kg/h，通过阀门控制混合原料配比，白云石、硅铁、铝的进料质量比为 83.8∶10.7∶5.5。最终，镁蒸气以液态形式在冷凝室内富集。MTMP 炼镁法的还原过程在标准大气压进行，排放废渣和取镁过程不需要切断真空环境，可实现连续性生产；工艺中的冷凝装置包括：熔炉、工业肘、电弧炉、第二冷凝室、搅拌器、过压保护装置和清理颗粒的活塞；混合原料在反应炉发生还原反应，反应生成的镁蒸气通过工业肘，冷凝成液态镁，液态镁富集在熔炉中，再通过熔炉上端装设的第二冷凝室再次冷凝富集，最终制得的金属镁成品可以通过熔炉下端开口定期提取。

3. 关键难题

尽管皮江法是目前世界上生产成本较低的工业应用炼镁工艺，但皮江法仍是资源和能源高耗的工艺过程。采用皮江法资源消耗量大致如下：每生产 1 t 金属镁，白云石约为 15 t、硅铁约为 1.3 t、萤石约为 0.21 t。燃料的消耗量与所采用还原炉的结构有关，如果采用蓄热还原炉对煤炭的消耗量大约为 4 t；如果采用旧式直接燃煤还原炉消耗就可增至 7 ～ 10 t。

目前皮江法生产的粗镁占原镁总产量的 80% 以上，我国皮江法冶炼粗镁占绝大多数（梁文玉等，2020）。以往的认识和要求使人认为，国内使用皮江法有如下优势：白云石产量大、皮江法机械化程度低、我国劳动力资源丰富且成本低廉、我国煤炭资源丰富、采用皮江法生产工艺的前期投入小等。显然，随着社会的发展，这些优势正在失去。在可持续、清洁生产和生态优先的发展战略下，要求生产注重节能减排、强调环境保护、安全生产等。皮江法工艺中，破碎与粉磨工段粉尘污染大；热能利用率低，尤其是还原工段；高温环境对工人健康损害大；工人劳动强度大。另外，在生产工艺技术方面还存在以下问题：还原炉的真空系统要求高；与火焰直接接触的还原罐寿命短，年产 1000 t 镁大约要消耗 200 支还原炉；还原炉渣较难利用。上述这些问题严重制约了皮江法炼镁的进一步发展。

目前正在开发的白云石炼镁技术主要有：① 微波法炼镁（梁莉，2008），主要是使用微波发生器加热冶炼炉，以解决耗能高、效率低和污染严重的问题；② 连续法炼镁（张廷安，2019），镁蒸气在还原炉中冷凝为液态镁，通过泵抽出，可以实现连续化操作；③ 内热法炼镁（易大伟等，2014），加热设备在还原炉内部，热能能够被高效利用；④ 太阳能碳热还原法炼镁（Hamed et al., 2020），利用太阳能将白云石焙烧成煅烧白云石，然后使用各种碳源作为还原剂还原白云石。

另外，还有采用含镁废渣为原料炼镁（Zulfiadi and Nurdedani, 2021）。，例如，以镍铁渣等含有镁的废渣作为原料炼镁。以煅烧白云石为原料，以铝电解过程中产生的铝铁合金为还原剂的真空热还原炼镁。譬如，有研究以铝铁合金为还原剂真空热还原炼镁，还原温度 1200 ℃，还原时间 2 h，还原剂添加量为理论计算值，并添加无氟盐，氧化镁的还原率可达 90% 以上；据称在还原剂条件相同的情况下，以铝铁合金为还原剂可获得比铝粉和硅铁还原剂更高的氧化镁还原率（尤晶等，2016）。这些改进的加热方式、原料和还原剂，尚未从根本上解决皮江法炼镁的问题。

综上所述，笔者认为白云石炼镁的关键难题是如何开发“0 到 1”的清洁低能耗白云石炼镁工艺与装备。其中要解答的问题和技术有：开发低能耗的还原新反应过程；创新设计连续化生产过程及“一锅化”的工艺技术和工程设备；副产 CO_2 清洁捕集和增值利用；尾渣的清洁增值利用；生产过程的全自动化和人工智能控制技术；生产过程和车间的清洁、安全技术。

4. 预期经济价值和产业作用

若能开发出“0 到 1”的清洁低能耗白云石炼镁工艺与装备，预期将更有效地利用白云石矿生产高附加值的镁，发展镁基产业链，有利于将传统的非金属矿白云石破碎和煅烧粗加工业延伸至镁和终端器件产业，形成节能、环保、高效的镁及镁合金新生产体系。

对于清洁低能耗白云石炼镁工艺与装备，在技术开发上预先考虑环保和生态的要求，并考虑减少产生的废气、废渣。新的工艺，也应事先考虑对白云石原料的宽容范围，从而高效利用不同品位的白云石矿产资源。

若能开发新的还原反应，包括新还原剂和新的催化式“镁”还原反应过程，还可影响带动其他利用矿物或资源来生产镁，甚至直接生产出合金。例如，以铝铁合金为还原剂真空热还原炼镁不仅有利于降低镁的生产成本，而且可实现铝电解部分废弃物的回收利用。

开发出“0 到 1”的清洁低能耗白云石炼镁工艺与装备还具有重大示范作用：2020 年 2 月 28 日，工业和信息化部制定的《镁行业规范条件》中明确指出“镁矿山、冶炼企业应靠近具有资源、能源优势地区，须符合国家及地方产业政策、矿产资源规划、环保及节能法律法规和政策、矿业法律法规和政策、安全生产法律法规和政策、行业发展规划等要求。”以推进镁行业供给侧结构性改革，促进行业技术进步，推动行业高质量发展。根据《工业绿色发展规划（2016—2020 年）》，其中主要任务包括“以钢铁、石化、建材、有色金属等行业为重点，积极运用环保、能耗、技术、工艺、质量、安全等标准，依法淘汰落后和化解过剩产能。”

总之，原始创新研究、发明和应用新的炼镁工业的技术，尤其对生产中的白云石煅烧分解和镁还原两个对能源需求高的工序做更加深入的研究，改变现有工艺技术，实现白云石炼镁工艺过程的低能降、低资源耗、清洁化、自动化，从而实现经济效益和环境效益相得益彰，促成白云石矿石开采→金属镁生产→镁合金加工→镁合金材料高新技术产业链和经济业态。

参考文献

陈淼，吴永贵 . 2014. 两种天然碳酸盐矿物对废水中 Cd^{2+} 的吸附及解吸试验［J］. 桂林理工大学学报，34(1): 94-98.

方莹 . 2004. 世界各国的白云石生产概况［J］. 国外耐火材料，(1): 57-58.

干方群，秦品珠，唐荣，杭小帅，周健民，马毅杰 . 2015. 白云石质凹凸棒石粘土的磷吸附特性及应用浅析［J］. 矿物岩石，35(2): 10-14.

冀娜，王蕊 . 2020. 浅谈镁铝锶合金的应用及发展方向［J］. 世界有色金属，(24): 161-162.

李东洋，韩志男，马铭，初喜章，单科，黄鹏飞 . 2015. 反渗透海水淡化水后处理技术［J］. 水处理技术，41(8): 67-71, 80.

梁莉 . 2008. 微波加热白云石与金属镁制备的实验研究［D］. 重庆：重庆大学 .

梁文玉，孙晓林，李凤善，黎敏，戴文彬 . 2020. 金属镁冶炼工艺研究进展［J］. 中国有色冶金，49(4): 36-44, 53.

林如海，孙前．2019. 走向新时代的中国镁工业［J］. 中国有色金属，(3): 38-41.

刘少敏，储磊，陈明强，杨忠连，张晔，葛建华．2013. 固定床中甘油催化重整制氢［J］. 石油化工，42(11): 1197-1201.

倪浩，李义连，崔瑞萍，逯雨，杨国栋．2016. 白云石矿物对水溶液中 Cu^{2+}、Pb^{2+} 吸附的动力学和热力学［J］. 环境工程学报，10(6): 3077-3083.

魏尊莉，姜义营，鲁安怀，李振营，颜云花，王长秋．2010. 轻烧白云石处理含硼废水的方法研究［J］. 矿物学报，30(3): 349-354.

许美丽，王绍庆，王丽红，易维明．2016. 碱性催化剂催化热解的生物油特性分析［J］. 山东理工大学学报（自然科学版），30(4): 15-19.

徐日瑶，诸天柏．1994. 结晶镁精炼熔剂的研究（I）——熔剂的种类与性质、熔剂除杂质机理的分析［J］. 轻金属，(6): 38-42.

徐祥斌，曹慧君．2016. 热还原炼镁过程中不同种类还原剂的性能综述［J］. 轻金属，(4): 49-51.

杨成博．2013. 真空碳热法炼镁过程中镁蒸气冷凝的实验研究［D］. 昆明：昆明理工大学．

易大伟，王晓刚，樊子民，牛立斌，师玉璞．2014. 新型半连续电内热法竖式炼镁炉的研制［J］. 中国有色冶金，43(5): 57-59, 82.

尤晶，王耀武，邓信忠，刘珂佳．2016. 以铝铁合金为还原剂的真空热还原炼镁实验研究［J］. 空科学与技术学报，36(4): 436-441.

张廷安．2019. 相对真空连续炼镁技术与装备研发［D］. 沈阳：东北大学．

张巍．2018. 白云石的应用进展［J］. 矿产保护与利用，(2): 130-144.

赵瑞，张子英，柴俊兰，石干．2019. 白云石矿产资源开发利用现状及前景［C］. 2019 年全国耐火原料学术交流会论文集：26-31.

周鹏，刘磊，袁彦婷，张承舟．2020. 推进我国金属镁冶炼行业绿色转型发展的对策建议［J］. 有色金属（冶炼部分），(6): 24-29.

Chen L, Zhou C H, Zhang H, Tong D S, Yu W H, Yang H M, Chu M Q. 2017. Capture and recycling of ammonium by dolomite-aided struvite precipitation and thermolysis［J］. Chemosphere, 187: 302-310.

Hamed A N, Nesrin O, Michael E, Richard D. 2020. Solar carbothermic reduction of dolomite: direct method for production of magnesium and calcium［J］. Industrial & Engineering Chemistry Research, 59: 14717-14728.

Humphries T D, Møller K, Rickard T, Sofianos W M, Liu V S, Buckley C E, Paskevicius M. 2019. Dolomite: a low cost thermochemical energy storage material［J］. Journal of Materials Chemistry A, 7(3): 1206-1215.

Mao N, Zhou C H, Keeling J, Fiore S, Zhang H, Chen L, Jin G C, Zhu T T, Tong D S, Yu W H. 2018.Tracked changes of dolomite into Ca-Mg-Al layered double hydroxide［J］. Applied Clay Science, 159: 25-36.

Soper R. 2002. Going forward with the dow magnesium technology [J]. Mineral Processing and Extractive Metallurgy, 111(2): C56-C61.

Zulfiadi Z, Nurdedani A. 2021. A novel utilization of ferronickel slag as a source of magnesium metal and ferroalloy production [J]. Journal of Cleaner Production, 292:125307.

（周春晖，浙江工业大学，青阳非金属矿研究院）

6.2 低品位黏土矿全组分重构材料

1. 问题背景

黏土矿物是我国的优势、特色非金属矿产资源，远景储量极为丰富，所蕴藏的潜在应用价值不可限量。但其中较大部分是典型的湖相或海相沉积型矿物，在成矿过程中会同时形成多种黏土矿物和石英、方解石等其他伴生矿物，因而矿物的组成复杂，纯度较低。此外，矿物中伴生的赤铁矿以及 Fe(Ⅲ) 等致色离子对矿物中 Mg(Ⅱ) 或 Al(Ⅲ) 的类质同晶取代现象使其表观呈现多种颜色（图 1）。由于此类黏土矿物的组成复杂、颜色较深、性能较差，利用现有技术方法很难开发出附加值较高的产品，导致资源的利用率和产品的市场竞争力较低，制约了我国黏土矿物产业的可持续发展。

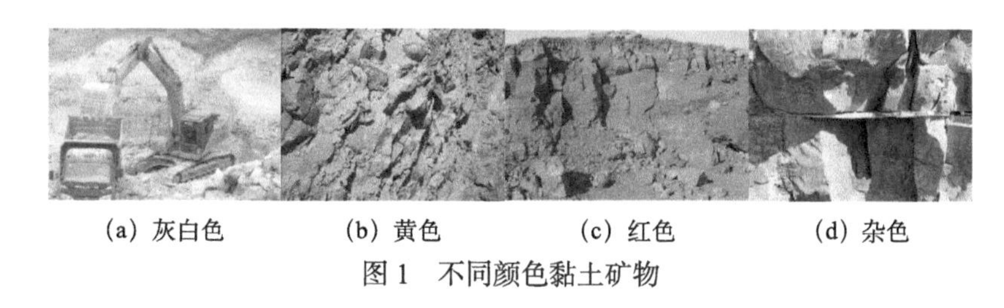

(a) 灰白色　(b) 黄色　(c) 红色　(d) 杂色

图 1　不同颜色黏土矿物

近年来，地学、矿物学与化学、材料学、环境科学等多个学科交叉融合有效地促进了黏土矿物及相关材料的研究和开发，黏土矿物的应用领域也从农用材料、抗盐黏土、填料、脱色剂等传统领域逐步拓展到高性能吸附材料（Han et al., 2019）、储能材料（Gil and Vicente, 2019）、生物医学材料（Mousa et al., 2018）、智能传感材料（Xu et al., 2018）、功能涂层（Wu et al., 2019）、防腐材料（Zhao et al., 2018）、屏蔽材料（Shikinaka et al., 2019）和催化材料（左士祥等，2020）等高端应用领域。基于大量的调研发现，目前国内外针对黏土矿物的研究仍然集中在纯度较高、矿物组成单一的高品质黏土矿物，关于组成复杂的混合黏土矿物的基础和应用研究尚处于起步阶段，仅有少数国内学者针对我国低品位黏土矿物开展了相关研究。研究内容涉及低品位黏土矿物的成因及地质演化（Xie et al., 2013）、矿物组成分析（任珺等，2013），以及这些黏土矿物在农业（Yuan et al., 2020）、环境修复（张秀丽等，2010）、催化（李靖等，2018）、合成分子筛（刘宇航等，2019）等方面的初步应用，也有通过改性处理提高混合黏土矿物吸附性能的研究（张磊等，2009）。然而，由于低品位矿物本身的性能较差，所以仅用常规的改性处理对性能的提升非常有限。

作者及其所在团队通过化学、材料学和矿物学方法的有效结合，利用化学还原－溶蚀方法有效地除去了黏土矿物中的致色离子，使红色黏土转变为白色纳米硅酸盐材料（Zhang et al., 2018），解决制约红色黏土在高分子材料中应用的难题（Ding et al., 2019）；还开展了以红色黏土矿物为基体制备铁红杂化颜料的研究，探索红色黏土矿物在颜料领域中应用的新途径（Lu et al., 2019)。这些探索性研究验证了通过调控矿物“基因”提升应用性能的可行性，为此我们提出了利用不同类型黏土矿物都含有硅氧四面体和金属氧八面体微观结构单元（称为矿物基因）的特性（Cheng et al., 2012; Monet et al., 2018），从调控矿物“基因”视角探索混合黏土矿物功能化应用的新途径（图2）。迫切需要深入开展系统性的研究和技术工艺开发，进而解决制约混合黏土矿物高值化利用的关键共性难题。

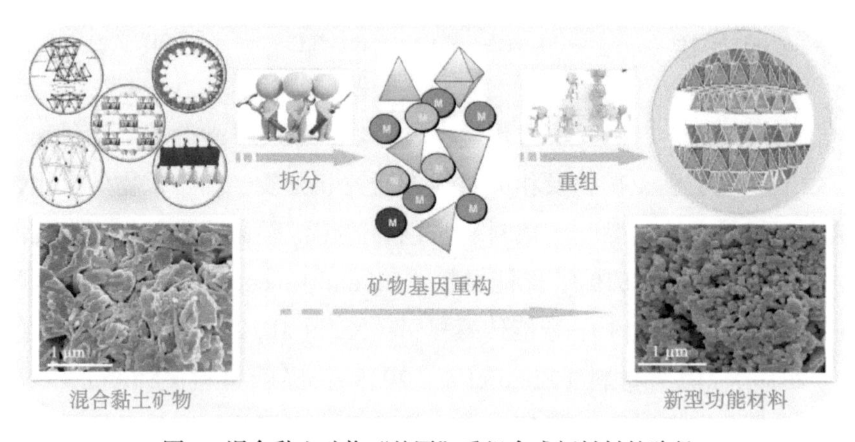

图2 混合黏土矿物“基因”重组合成新材料的路径

2. 重大需求

近年来，随着优质黏土矿物资源的过度开发和快速消耗，自然界中储量更大的低品位黏土矿物的高效、高值开发和利用引起高度关注。在国务院印发的《“十三五”国家战略性新兴产业发展规划》（国发〔2016〕67号）和《中共中央关于制定国民经济和社会发展第十四个五年规划和二〇三五年远景目标的建议》中，将“推进共伴生矿资源平衡利用”和“全面提高资源利用效率”列为重点方向。在国家和地方重大需求的牵引下，江苏盱眙，安徽明光、青阳，甘肃临泽，内蒙古兴和、赤峰、杭锦旗，辽宁葫芦岛等多地政府开始围绕地方特色资源布局产业，产业规模逐渐扩大，对矿物利用技术和新产品开发的需求更强劲。因此，通过科学和技术创新实现低品位黏土矿物资源“物尽其用”和“低质高用”，开发出高附加值产品，成为我国非金属矿产业未来发展的必然趋势。在这样的背景下，迫切需要面向“低质”黏土矿物“高值”应用需求开发产业化新技术。

3. 关键难题和技术指标

建议以解决制约我国储量巨大的低品位黏土矿物高效、高值利用的关键共性科学与技术问题为目标，拟通过化学、材料学和矿物学方法的交叉融合，发展一种能够将组分复杂的低品位黏土矿物中全部组分重组成为高性能、环境友好新材料的方法。迫切需要解决的关键难题和技术指标有：①提高多种矿物组分同步拆分－重组的效率，矿物的总转化率达到95%以上；②提高多种矿物组分同步拆分－重组的速率，在2 h内达到理想转化率，保证连续生产；③外场辅助降低转化阈值新技术，节约能耗，转化成本降低；④转化所得新材料的主要性能较原矿提高3倍以上。

4. 预期经济价值或产业作用

由于自然界中低品位黏土矿物居多，且黏土矿物开发利用过程中“采富弃贫”现象长期存在，所以低品位混合黏土矿物或尾矿的利用一直是产业可持续发展面临的共性难题。进入十四五以来，国家全面倡导“全面提高资源利用效率”，在国家需求导向下，传统的以优质矿源为主要原料的加工方法已经不能满足需求，所以全组分利用成为必然发展趋势。目前国内黏土矿物产业日益兴起，但制约产业可持续发展的关键壁垒就是中低品位黏土矿物资源的高效利用技术。目前，中低品位矿物资源主要用于制备垫料、填料等低附加值产品，每吨价格为 200 ～ 400 元，这种利用水平难以支撑产业的发展，所以聚焦低品位黏土矿物全组分利用开展系统研究，提高加工水平，开发附加值高的产品已经迫不及待。本建议所述关键共性技术突破，不仅有望将产品附加值提高 5 ～ 10 倍，还为我国黏土矿物产业发展解决关键共性难题。

参考文献

李靖，王奖，贾美林. 2018. Ni-Al 复合氧化物 / 介孔杭锦 2# 土负载 Au 催化剂制备及其 CO 氧化催化性能 [J]. 分子催化，32(6): 530-539.

刘宇航，孙仕勇，冉胤鸿，王可，董发勤，刘爱平，王哲. 2019. 甘肃临泽高铁凹凸棒土的活化及吸附特性研究 [J]. 非金属矿，42(6): 15-18.

任珺，刘丽莉，陶玲，付朝文. 2013. 甘肃地区凹凸棒石的矿物组成分析 [J]. 硅酸盐通报，32(11): 2362-2365.

张磊，王青宁，田静，张飞龙，李澜. 2009. 凹凸棒石黏土矿除铁增白在合成分子筛上的应用 [J]. 非金属矿，32(2): 25-29.

张秀丽，王明珊，廖立兵. 2010. 凹凸棒石吸附地下水中氨氮的实验研究 [J]. 非金属矿，33(6): 64-67.

左士祥，吴红叶，刘文杰，李霞章，徐荣，姚超，吴凤芹，钟璟. 2020. 凹凸棒石 /g-C_3N_4/$LaCoO_3$ 复合材料的制备及其光催化脱硫性能 [J]. 硅酸盐学报，48(5): 753-760.

Cheng H, Liu Q, Yang J, Mab S, Frost R L. 2012. The thermal behavior of kaolinite intercalation complexes: a review [J]. Thermochimica Acta, 545: 1-13

Ding J J, Huang D J, Wang W B, Wang Q, Wang A Q. 2019. Effect of removing coloring metal ions from the natural brick-red palygorskite on properties of alginate/palygorskite nanocomposite film [J]. International Journal of Biological Macromolecules, 122: 684-694.

Gil A, Vicente M A. 2019. Energy Storage Materials From Clay Minerals and Zeolite-Like Structures [M]. //Mercurio M, Sarkar B, Langella A. Modified Clay and Zeolite Nanocomposite Materials. Amsterdam: Elsevier: 275-288.

Han H, Rafiq M K, Zhou T, Xu R, Mašek O, Li X. 2019. A critical review of clay-based composites with enhanced adsorption performance for metal and organic pollutants [J].

Journal of Hazardous Materials, 369: 780-796.

Lu Y S, Dong W K, Wang W B, Wang Q, Hui A P, Wang A Q. 2019. A comparative study of different natural palygorskite clays for fabricating cost-efficient and eco-friendly iron red composite pigments［J］. Applied Clay Science, 167: 50-59.

Monet G, Amara M S, Rouzière S, Paineau E, Chai Z, Elliott J D, Poli E, Liu L M, Teobaldi G, Launois P. 2018. Structural resolution of inorganic nanotubes with complex stoichiometry［J］. Nature Communications, 9: 2033.

Mousa M, Evans N D, Oreffo R O, Dawson J I. 2018. Clay nanoparticles for regenerative medicine and biomaterial design: a review of clay bioactivity［J］. Biomaterials, 159: 204-214.

Shikinaka K, Nakamura M, Navarro R R, Otsuka Y. 2019. Non-flammable and moisture-permeable UV protection films only from plant polymers and clay minerals［J］. Green Chemistry, 21(3): 498-502.

Wu F, Pickett K, Panchal A, Liu M, Lvov Y. 2019. Superhydrophobic polyurethane foam coated with polysiloxane-modified clay nanotubes for efficient and recyclable oil absorption［J］. ACS Applied Materials & Interfaces, 11(28): 25445-25456.

Xie Q Q, Chen T H, Zhou H, Xu X C, Xu H F, Ji J F, Lu H Y, Balsam W. 2013. Mechanism of palygorskite formation in the Red Clay Formation on the Chinese Loess Plateau, northwest China［J］. Geoderma, 192: 39-49.

Xu J, Shen X, Jia L, Zhou T. 2018. A novel visual ratiometric fluorescent sensing platform for highly-sensitive visual detection of tetracyclines by a lanthanide-functionalized palygorskite nanomaterial［J］. Journal of Hazardous Materials, 342: 158-165.

Yuan J H, Sheng Zhe E, Che Z X, 2020. The ameliorative effects of low-grade palygorskite on acidic soil［J］. Soil Research, 58(4): 411-419.

Zhang Z F, Wang W B, Tian G Y, Wang Q, Wang A Q. 2018. Solvothermal evolution of red palygorskite in dimethyl sulfoxide/water［J］. Applied Clay Science, 159: 16-24.

Zhao Y, Zhao S, Guo H, You B. 2018. Facile synthesis of phytic acid@attapulgite nanospheres for enhanced anti-corrosion performances of coatings［J］. Progress in Organic Coatings, 117: 47-55.

（王文波，内蒙古大学）

6.3 工业石膏选纯与应用研究进展

1. 问题背景

石膏根据来源途径不同可分为天然石膏和工业石膏。天然石膏中主要成分为二水石膏和硬石膏，其中二水石膏应用范围更广，包括建材、医疗、食品、陶瓷等领域。我国石膏工业起步较晚、基础较差，虽然已探明石膏储量位居世界首位，但优质石膏矿占比较低。工业石膏主要包括脱硫石膏、磷石膏、钛石膏、氟石膏、发酵石膏、盐石膏等，其中电厂利用钙法脱硫副产的脱硫石膏和湿法生产磷酸副产的磷石膏年产量占工业石膏总量的 70%（姜春志和董风芝，2016）。磷石膏主要集中在我国西南地区，其次为华东和华南地区，而脱硫石膏主要集中在华东地区。根据我国的国情和能源情况，仍将燃煤作为基础能源，流化床燃煤固硫技术的大范围推广导致其副产的固硫灰渣排放量也逐年上升。固硫灰渣的主要成分为硬石膏（Ⅱ-$CaSO_4$），以及少量石英、赤铁矿和游离氧化钙等（宁美等，2019），因此也可作为一种工业固废石膏加以利用。优质天然石膏资源的过度开采以及工业石膏大量堆积带来的环境问题，迫使工业石膏逐渐替代天然石膏成为一种二次非金属矿产资源，但工业石膏存在杂质复杂、组分多样等劣势，导致其利用困难。因此，有必要对工业石膏进行选纯除杂以及应用的深入研究。

工业石膏也称化学石膏，主要成分为二水硫酸钙，杂质受到原矿以及生产工艺的影响，主要包括黏土矿物、重金属、有机物以及微纳米粒子等（Sabrina et al., 2020），长期堆存对周围水体、土壤和空气造成严重的污染。工业石膏的传统选纯主要采用物理法，包括水洗、筛分、煅烧等，可以去除含量较大的不可溶性杂质以及有机物，但提纯效率较低，能耗高。化学法主要是通过酸碱中和剂，如石灰、柠檬酸、氨水和氢氧化钠溶液等，与可溶性杂质发生反应（黄照东等，2020; 陈迁好和蒋正武，2020）。化学法工艺效果显著，但难以去除有机物的影响。根据矿物表面性质的差异，通过浮选工艺可以高效去除泥炭及含硅杂质（姜威等，2019），增加白度，石膏精矿纯度可达99%，浮选水溶液可循环使用（王进明等，2019）。下一步应该继续筛选高效、低成本的药剂，追加相关装备的研发。

目前，部分工业石膏已经可以替代天然石膏应用，但其附加值较低，缺乏高值化产品。例如，工业石膏可用于水泥行业作为缓凝剂和激发剂，也可作为钙源制备出超高强度的铝酸钙水泥（Wu et al., 2020）。工业石膏中的微量元素可以有效调节植物生长，也可以改善各种退化土壤，如盐碱地、酸化土壤和侵蚀土壤（王小彬，2019; 张立力等，2020; 徐智和王宇蕴，2020; Mamedov et al., 2009）等。然而，以工业石膏为原料，制备高附加值的下游产品是提升利用率的研究热点，如利用工业石膏制备硫酸钙晶须和α-半水石膏（刘金凤等，2018; 吴传龙等，2016）开展试验性生产。工业石膏在纳米材料领域也有突破，如制备纳米碳酸钙、纳米硫酸钙、纳米羟基磷灰石（陈洋等，2018; Gong et al., 2020; Aslan and Özçayan, 2019）等（图1）。这些材料在吸附、医疗和陶瓷等领域有巨大的应用价值。尽管工业石膏应用潜力巨大，但实际应用受到研发成本、环保政策、市场需求等多方面因素影响，亟待低成本开发和绿色高值化利用的转化。

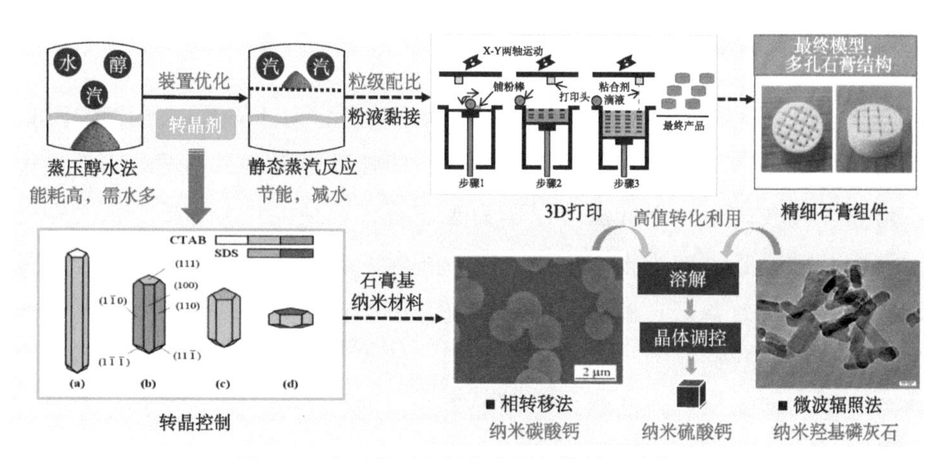

图1　工业石膏开发制备高附加值的下游产品

2. 关键问题

国内优质天然石膏矿匮乏，采用工业石膏是大势所趋。工业石膏相比于天然石膏分布集中，价格低廉。近年来我国工业石膏利用率虽逐年稳步提高，但工业石膏利用量与产排量差距较大，加之前期的大量堆存，工业石膏堆存量仍呈逐年增加的态势。石膏在建材行业应用量最大，但根据我国建材市场需求的变化，建筑房屋面积日趋饱和，受此影响石膏建材的需求量也逐渐下降。另外，我国的环境监管政策日益完善，固体废物的管理加强，增加了企业的固废处理成本。由此可见，工业石膏高效资源化利用已经刻不容缓。

工业石膏中复杂的杂质成分导致其难以被高值化利用，因此对工业石膏进行选纯处理是必需的。选纯工业石膏不仅可以减少杂质对产品性能的影响，还可以回收工业石膏中的有效成分，提高附加产值。目前，常规的提纯技术存在一定的局限性，不适合大规模推广应用。工业石膏在建材行业的综合利用已取得了较大发展，但集中在水泥缓凝剂、外售或外供和石膏板这三个方向。由于工业石膏中三氧化硫含量较高，所以利用工业石膏提取硫，生产硫酸、硫酸铵、硫酸钾等化工原料，也可制备硫酸钙晶须等高新技术材料，具有广泛的市场前景。石膏色白，具有中性和化学惰性的特点，也可制作油漆涂料、造纸添加剂、杀虫剂等。工业石膏大部分纯度都远高于天然石膏，加以合理利用，将会有巨大的应用前景。

3. 科学意义

工业石膏现有的选纯技术处于初级处理阶段，对于石膏的纯化效率低，部分预处理技术存在需要处理二次废物、能耗高等限制，不适合工业级推广应用。相较之下，浮选法可以作为工业石膏选纯的一种重要方法，但还需研发相关设备，减小投入成本。工业石膏的综合利用主要集中在建材领域，产品经济效益低，地区发展不平衡，市场竞争力弱。高附加值的磷石膏产品（如硫酸钙晶须、α-半水石膏粉、纳米羟基磷灰石等）的技术工艺尚未成熟，成本高、产品推广应用受限。目前，关于工业石膏的生产管理运营体系尚未完善，缺乏相应的国家标准。相关部门应该大力整合已有的技术，建立工业石膏组成成分与工艺条件的成套体系，形成一整套工业石膏高值资源转化方案。研发工业石膏前端到终端的自动化设备，提高产能，降低人工成本。

4. 衍生意义

随着工业化和城市化进程的加快，经济的不断增长，生产规模不断扩大，人们的生活需求也不断提高，固废产量不断增加，造成严重的环境污染和资源浪费。工业石膏凭借高效治理和高值资源化的优势已经逐渐发展成为一个潜力巨大的产业，合理利用工业石膏可以实现资源的循环利用，提高产业价值，有效保护生态环境。工业石膏的选纯和应用应该得到更多的关注，应进一步加快选纯技术的研发，优化附加产品制备工艺，提高技术转化率，促进工业石膏产学研体系的发展。已有堆存量的工业石膏应用于建筑领域是短期实现高值资源化的有效途径。根据国家统计局公布数据，2019 年我国房屋竣工总面积为 89.38 亿平方米，其中需要水泥量 12.51 亿吨，石膏砂浆 1.9 亿吨，石膏腻子 5810 万吨，如用选纯后的工业石膏代替天然石膏，工业石膏在建材领域年消耗量可近 5000 万吨，应用前景广阔。在国家政策引导、科技创新支持以及市场产品支撑下，工业石膏高值高效资源化利用困难势必被攻克，实现相关产业绿色健康发展，推动无废城市的建设，实现经济与生态文明共同进步。

参考文献

陈迁好，蒋正武. 2020. 化学预处理对磷石膏基复合胶凝材料性能的影响［J］. 建筑材料学报，23(1): 200-209.

陈洋，杨保俊，王超，王百年，尚松川，王艳成. 2018. 一步法由磷石膏制备纳米碳酸钙［J］. 合肥工业大学学报（自然科学版），41(4): 527-532.

黄照东，张德明，刘一锴，张钦礼，王浩. 2020. 柠檬酸浸法预处理对磷石膏充填体性能的影响［J］. 黄金科学技术，28(1): 97-104.

姜春志，董风芝. 2016. 工业副产石膏的综合利用及研究进展［J］. 山东化工，45(9): 42-44, 47.

姜威，龚丽，何宾宾，彭桦. 2019. 磷石膏脱硅试验探索［J］. 云南化工，46(12): 125-127.

刘金凤，董发勤，谭宏斌. 2018. 在 H_2SO_4-H_2O 体系中滤液循环使用对无水硫酸钙晶须形貌影响［J］. 中国陶瓷，54(1): 56-61.

宁美，王智，钱觉时，唐盛轩. 2019. 固硫灰渣的特性及其与现行标准的适应性［J］. 硅酸盐通报，38(3): 688-693, 701.

王进明，董发勤，王肇嘉，杨飞华，姚勇，傅开彬，王振. 2019. 磷石膏浮选增白净化新工艺研究［J］. 非金属矿，42(5): 1-5.

王小彬，闫湘，李秀英，冀宏杰. 2019. 磷石膏农用的环境安全风险［J］. 中国农业科学，52(2): 293-311.

吴传龙，董发勤，陈德玉，何平，徐中慧. 2016. 常压醇水法制备α-高强石膏的工艺条件研究［J］. 西南科技大学学报，31(4): 33-37.

徐智，王宇蕴. 2020. 磷石膏酸性红壤改良剂开发的可行性分析［J］. 磷肥与复肥，35(3): 30-32.

张立力，华苏东，诸华军，顾增欢，谷重，赵益河. 2020. 高镁镍渣－磷石膏基胶凝材料固化和改良盐渍土的性能［J］. 材料导报，34(9): 9034-9040.

Aslan N, Özçayan G. 2019. Adsorptive removal of lead-210 using hydroxyapatite nanopowders prepared from phosphogypsum waste［J］. Journal of Radioanalytical & Nuclear Chemistry, 319(3): 1023-1028.

Gong S, Li X L, Song F X, Lu D H, Chen Q L. 2020. Preparation and application in HDPE of nano-$CaSO_4$ from phosphogypsum［J］. ACS Sustainable Chemistry & Engineering, 8: 4511-4520.

Mamedov A I, Shainberg I, Wagner L E, Warrington D N, Levy G J. 2009. Infiltration and erosion in soils treated with dry PAM of two molecular weights and phosphogypsum［J］. Australian Journal of Soil Research, 47: 788-795.

Sabrina F L, Marcos L S O, Luis F O S, Tito R S C, Guilherme L D. 2020. Nanominerals assemblages and hazardous elements assessment in phosphogypsum from an abandoned phosphate fertilizer industry［J］. Chemosphere, 256: 127138.

Wu S, Yao X L, Ren C Z, Yao Y G, Wang W L. 2020. Recycling phosphogypsum as a sole calcium oxide source in calcium sulfoaluminate cement and its environmental effects［J］. Journal of Environmental Management, 271: 110986.

（董发勤，西南科技大学）

6.4 烧绿石型材料的结构与性能

1. 问题背景

矿物学上的烧绿石型矿物是一类化学通式为 $A_2B_2O_6Y$ 的氧化物超族矿物，式中 A 元素主要为：Na、Ca、TR、Ba、Sr、Mn、U、Pb 等，为立方体八配位；B 元素主要为：Nb、Ta、Ti、Sb、W、V、Sn、Zr、Hf、Fe 等，为八面体六配位；Y 一般为 O，部分也可少量被 H_2O、OH^- 和 F^- 代替。A、B、Y 组离子中广泛的类质同象而使该超族矿物的成分变得非常复杂，根据 A、B、Y 离子的不同，该超族矿物有较多的矿物种 (李国武等 , 2014)。

材料学上，以烧绿石矿物晶体结构作为基本结构，人工合成的一系列材料有重要的用途，是一类具有催化性、热障性、铁电性、离子导电性的新型无机非金属材料，在电子、航空航天、化学工业、放射性废物固化处置等领域有潜在的应用前景。人工合成烧绿石结构材料的化学式通式为 $A_2B_2O_7$，其中 A 和 B 位元素多变，有二十多种元素可占据 A 位，如 Ba、Ca、K、Sr、Pb、Sc 以及从 La 到 Lu 的镧系稀土元素等；而 B 位的元素则可多达 50 余种，对 A 位和 B 位掺杂更使得具有这类结构的材料有数以百计的类型。深入了解这类材料的结构特征以及掺杂和取代对材料性能的影响及其规律，对材料设计及应用具有重要作用。

化学式为 $A_2B_2O_7$ 的复合氧化物的晶体结构除烧绿石型结构 (P 结构) 外，还有萤石型结构 (F 结构) 以及类钙钛矿型结构。图 1 为烧绿石型晶体结构图，烧绿石型结构可以认为是一种有序的缺陷型萤石结构，其分子式 $A_2B_2O_7$ 可表示为 $A_2B_2O_6O'$，结构中原子分别分布于四个晶体化学位置，半径较大的 A 阳离子通常占据晶体结构位置 16d；半径较小的 B 阳离子位于 16c 位置，与六个氧构成八面体，并共顶角连接成环状构架。氧离子有三种不同的晶格位置：8b、48f 和 8a，其中 O′位于 8b 位置，O 处于 48f 位置，而氧空位位于 8*a* 位置。与之对比的萤石型结构中阳离子和氧离子都分别只有一种晶体学位置，可以用通式 AO_2 表示。研究显示 $A_2B_2O_7$ 晶体结构为烧绿石型结构还是萤石型结构与 *A* 和 *B* 的阳离子半径有关。当阳离子半径比在 $1.46 \leqslant r_A^{3+}/r_B^{4+} \leqslant 1.78$ 时，形成稳定烧绿石型结构；当阳离子半径比小于 1.46 时，形成无序缺陷萤石型结构；当阳离子半径比大于 1.78 时，则形成单斜相结构（Sohn et al., 2001）。烧绿石型结构中 *A*、*B* 离子半径、元素种类及掺杂是影响材料功能的主要因素。

（1）光催化性能：*A*、*B* 离子半径比（r_A/r_B）能显著影响 $A_2B_2O_7$ 复合氧化物的晶相结构及其晶格无序，从而影响催化剂的反应性能。特别是低价离子取代高价离子，使得晶体结构轻微改变，可增加结构中的氧空位，从而导致电荷传输和光物理性质的变化，其催化活性显著提高（唐新德等, 2009）。

（2）热障性能：烧绿石型结构为有序的缺陷萤石型结构，伴随着温度升高，烧绿石型结构的无序程度增加，在达到一定的转变温度后，晶体结构开始发生有序到无序的转变，最终形成无序的缺陷萤石型结构，二者的相变温度高达 1530℃，从而表现出优异的隔热性能及高温稳定性（魏绍斌等, 2013; 撒世勇和王大伟, 2014）。

（3）离子导体性能：烧绿石晶格中的本征弗仑克乐无序 (intricsic Frenkel disorder) 使一些氧离子可以离开它们的晶格位置，占据阴离子空位，并以之为媒介，沿着［100］［110］方向，从一个 48*f* 位置，借助 8*b* 空位跳到另一个空的 48*f* 位置，在晶格中进行迁移，从而使烧绿石型结构具有离子导电特性（谢亚红等, 2005）。

（4）铁磁性能：烧绿石铱基氧化物材料 $Bi_2Ir_2O_7$ 中，*A* 离子与 *B* 离子排布在各自多面体顶角的位置，如果其中一种或两种离子为磁性离子，磁性相互作用导致的几何阻挫使得系统在低温下形成一个高度简并的无序基态，并具有强烈的自旋涨落，显示出丰富和奇异的磁性基态和量子相变行为（Rahman et al., 2020）。

（5）放射性废物固化：在烧绿石型结构中，*B* 位离子 BO_6 八面体共棱连接成环状，并沿［110］方向呈链状延伸，从［110］方向看，该结构为一维孔道结构，*A* 位离子分布于孔道中［图 1(b)］。这样的孔道结构有利于放射性核素的占位，并且不易交换溶出，对于放射性废物的固化，有长期的稳定性(李国武等, 2016)。在核废料人造岩石固化过程中，当高放射性金属离子对结构中*A*位取代超过一定固溶度时，即形成了含放射性金属离子的烧绿石型矿相，从而达到固化高放元素的目的。

(a)烧绿石型结构，可以看作由两种不同半径的阳离子(*A*、*B*)和1/8阴离子空位组成的缺陷萤石型结构

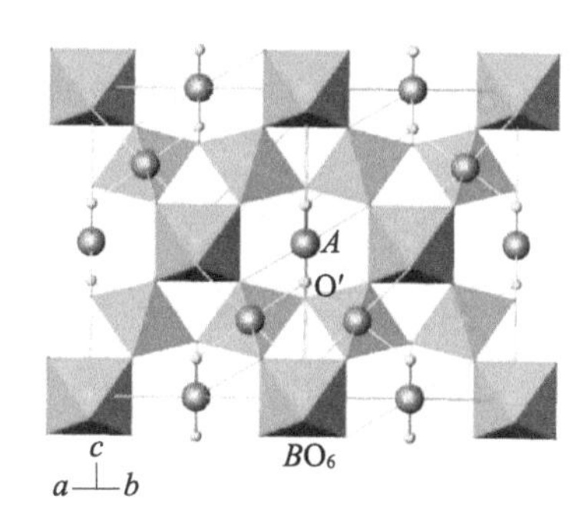

(b)*B*离子形成BO_6八面体，共棱连接成环状，沿[110]方向呈链状延伸，*A*离子为八配位，分布于BO_6八面体环的中心空穴中

图1 烧绿石型晶体结构

2. 关键问题

1)烧绿石型催化和电催化剂

(1)高比表面积$A_2B_2O_7$催化材料的制备。传统的共沉淀和溶胶-凝胶法等，需要高温烧结，从而导致所得催化材料的比表面积较小，不利于表面活性位点暴露，导致其反应活性偏低。因此研发新方法，采用低温合成大比表面积、多孔的$A_2B_2O_7$复合氧化物是制备该类催化材料方法的关键问题。

(2)$A_2B_2O_7$复合氧化物的酸、碱性质是影响其催化反应性能的关键因素。研究*A*、*B*离子性质及其晶相结构如何影响$A_2B_2O_7$复合氧化物的酸、碱性质是提高催化性能的关键。

(3)$A_2B_2O_7$复合氧化物中的氧空位如何有效传递到其表面，并与气相O_2分子相互作用形成表面活性的机制仍不明确，有待于系统深入地阐明(赵智等, 2009)。

2）烧绿石型热障材料

烧绿石型结构多元稀土氧化物陶瓷材料是高温热障涂层的候选材料之一。目前的关键问题是在成分配方和涂层结构设计上，需要进一步探索研究提高材料的相结构稳定性、降低材料的导热系数、提高热膨胀系数、提高断裂韧性和抗烧结性的途径，探索延长烧绿石型结构热障涂层高温热循环寿命的新方法（吴琼等，2014）。

3）烧绿石型材料的磁性和离子导体性能

在烧绿石型结构氧化物磁性和电性能方面的研究还比较粗浅，对离子传导种类、离子迁移数及不同条件下离子传导的条件控制和细节把握还需要大量的数据来充实；对于铁磁性的元素及机制还有待深入研究。另外，目前大部分的烧绿石型结构复合氧化物的合成方法采用的是高温固相法，耗时长，温度高，且易引入杂质，方法上尚需改进（谢亚红等，2005）。

4）放射性废物固化处置

烧绿石型结构氧化物在固化核废物应用方面已有较长的研究历史，其中烧绿石型结构复合氧化物的长期稳定性、合成中对高放元素的固化率、放射性元素导致的烧绿石型晶相的非晶化效应以及放射性废物固化后的辐射损伤、烧绿石型结构稳定性及其自修复功能等都是影响应用的关键问题（王烈林等，2015；李国武等，2016）。

3. 科学意义

烧绿石型结构是一种开放式结构，只要满足离子半径和电中性的条件，就可在 *A* 位、*B* 位和 O 位进行广泛的化学替代。因此，能形成众多形式的氧化物，也是最重要的一类金属复合氧化物，它具有离子导电性、铁电铁磁性、催化性等多种物理化学性能，已成为固态物理、材料化学和催化化学、放射性固废处置等领域的研究热点，进一步从应用基础研究角度深入研究其结构与性能的关系，可为设计制备具有工业应用前景的功能材料提供科学理论依据和指导。

4. 衍生意义

烧绿石型结构氧化物因在放射性废物处置，新型光催化剂在降解有机物分子和分解水制取氢能源等方面的潜在性能，有可能作为具有应用前景的清洁能源转化和环境保护材料（Anjana and Hari, 2021），对于未来能源及环境保护等功能材料的研发开辟了新的途径。

参考文献

李国武，邢晓琳，徐凯. 2016. 烧绿石及碱硬锰矿型矿物晶体化学及其核废料固化基材研究进展［J］. 中国材料进展，35(7): 489-495.

李国武，杨光明，熊明. 2014. 烧绿石超族矿物分类新方案及烧绿石超族矿物［J］. 矿物学报，34(2):153-158.

撒世勇，王大伟. 2014. 热障涂层材料与技术的研究进展［J］. 腐蚀科学与防护技术，26(9): 479-482.

唐新德，叶红齐，马晨霞，刘辉. 2009. 烧绿石型复合氧化物的结构、制备及其光催化性能［J］. 化学进展，21(10): 2100-2113.

王烈林，谢华，陈青云，王茜，龙勇，邓超，张可心. 2015. 锆基烧绿石 $Nd_2Zr_2O_7$ 固化锕系核素钍［J］. 无机材料学报，30(1): 81-86.

魏绍斌，陆峰，何利民，许振华. 2013. 热障涂层制备技术及陶瓷层材料的研究进展［J］. 热喷涂技术，5(1): 31-37.

吴琼，张鑫，彭浩然，冀晓鹍，章德铭，任先京. 2014. 烧绿石结构 $A_2B_2O_7$ 热障涂层材料热物理性能综述［J］. 热喷涂技术，6(1): 1-9.

谢亚红，刘瑞泉，王吉德，李志杰，鹿毅. 2005. 烧绿石型复合氧化物结构及离子导电性［J］. 化学进展，17 (4): 632-677.

赵智，叶红齐，唐新德，马晨霞. 2009. 可见光响应催化剂 Nd_2InNbO_7 的制备、表征及光催化性能研究［J］. 应用化工，38(11):1613-1616.

Anjana P A, Hari P D. 2021. Potential of pyrochlore structure materials in solid oxide fuel cell applications［J］. Ceramics International, 47(4): 4368-4388.

Rahman R A U, Ruth D E J, Ramaswamy M. 2020. Emerging scenario on displacive cubic bismuth pyrochlores (Bi,M)$MNO_{7-\delta}$ (M = transition metal, N = Nb, Ta, Sb) in context of their fascinatings tructural, dielectric and magnetic properties［J］. Ceramics International, 46(10): 14346-14360.

Sohn Y H，Lee E Y，Nagaraj B A，Biedermand R R, Sisson R D Jr. 2001. Microstructural characterization of thermal barrier coatings on high pressure turbine blades［J］. Surface and Coatings Technology, 147: 132-139.

［李国武，中国地质大学（北京）］

第 7 章

新型材料

7.1 硅酸盐矿物储热特征强化

1. 问题背景

随着化石能源的过度消耗，世界能源危机愈发严重，环境污染问题日益突出，开发可再生能源、提高能源利用率成为各国共同提倡的发展策略。先进的储能技术与高效的储能材料能够解决能源供需在时空分布不均的矛盾，促进能源结构优化，提高能源效率，储能技术的创新突破将成为带动全球能源格局革命性、颠覆性调整的重要引领技术。2021 年 7 月 15 日《国家发展改革委 国家能源局关于加快推动新型储能发展的指导意见》（发改能源规〔2021〕1051 号）明确提出：以需求为导向，探索开展储氢、储热及其他创新储能技术的研究和示范应用。

储热技术的核心是储热材料，开展储热新材料开发与应用是推动储热技术快速发展的关键。大部分非金属矿具有良好的热稳定性、丰富的微结构和良好的化学兼容性，并且具备资源丰富、成本低的特点，具有极高的商业应用价值，被研究者广泛用于复合相变储热材料的制备。其中，硅酸盐矿物具有多孔结构，是一类理想的支撑基体材料。利用硅酸盐矿物的储热特征装载相变功能体制备定形复合相变材料是获得优良储热性能、低制备成本复合储热材料的途径之一（谢宝珊等，2019）。硅酸盐矿物具有一定的储热特征，但部分硅酸盐矿物基体储热特征不够明显，如膨胀珍珠岩强度高、孔径分布均匀但导热系数较低。研究者利用硅酸盐层间多孔道的表面张力、毛细管作用对相变储热材料进行固定以提高负载量（Yu et al., 2020），或利用高导热矿物介质骨架增强导热能力，改善性能缺陷（Liu et al., 2020）。与传统方法比较，使用硅酸盐矿物基体不仅可以简化制备方法，强化相变储热材料导热性能，还能降低制备成本。目前，研究者已对凹凸棒石、硅藻土、埃洛石、高岭石、蒙脱石等硅酸盐矿物基复合相变储热材料开展了大量研究

（Shi and Li, 2020; Zhang et al., 2021; Yi et al., 2020）。

导热系数是决定储热材料储放热速率的重要因素（图 1），大部分硅酸盐矿物的导热系数在 1.0 W/(m · K) 左右（Shi and Li, 2020; Jia et al., 2020）。硅酸盐矿物依靠声子进行热量传递，其导热系数与声子平均自由程呈正比关系，而常温下晶粒的尺寸、结晶程度正比于声子平均自由程。因此，储热材料导热性能不仅与组分自身导热能力有关，而且与材料晶型结构等有关。一方面，直接利用矿物骨架热传导能力增强相变储热材料导热性能，如膨润土的导热系数［1.161 W/(m · K)］大于脂肪酸的导热系数［0.115 W/(m · K)］，以膨润土为支撑基体装载脂肪酸相变功能体制备的脂肪酸/膨润土复合相变材料，热传导过程中储放热速率明显提升（Liu et al., 2020）。另一方面，部分低导热硅酸盐矿物基体通过结构改性可提高其导热系数，Li 等（2020）选用硅藻土稳定月桂酸－硬脂酸，并通过添加 2.5 wt% 的膨胀石墨，使硅藻土基复合相变储热材料的导热系数从 0.27 W/(m · K) 提高至 0.51 W/(m · K)，同时硅藻土基复合相变储热材料的储热容量达到 117.30 J/g。

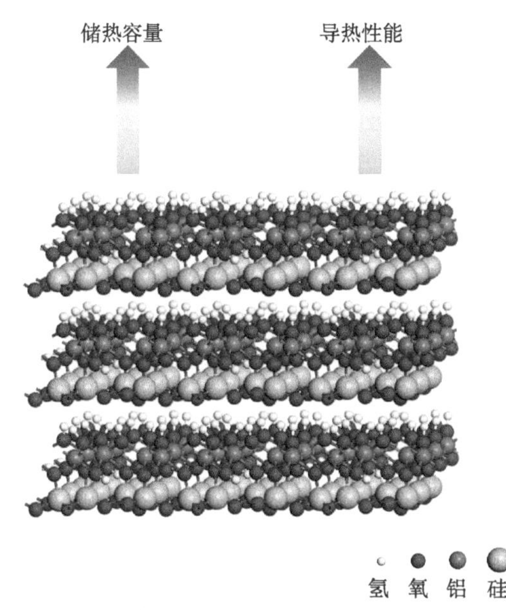

图 1　硅酸盐矿物基复合相变储热材料储热容量和导热性能的同时提升

储热容量表征复合相变材料单位质量(或体积)可存储热量的多少，硅酸盐矿物储存相变功能体的空间越大，其装载能力就越强，复合相变材料的储热容量就越高(图1)。硅酸盐矿物的微孔结构、比表面积、表面性能等决定了其储存空间，进而影响了相变功能体的装载量及相变特性。因此，建立硅酸盐矿物微结构与储热特征之间的联系，可实现对复合相变材料储热性能的调控。硅酸盐矿物的孔结构特性在孔径分布、孔形貌、孔间连接方式上存在差异性，适合不同相变储热材料的装载(表1)。此外，具有较大比表面积、毛细管作用力、多孔道表面张力使相变储热材料与支撑基体之间形成更为牢固的结合网络，增加吸附量防止相变泄漏；再者，通过物理、化学手段[如酸浸(Li et al., 2021)、焙烧(Shih et al., 2020)、插层(Nagahashi et al., 2021)等]扩宽矿物基体层间距、提高孔隙率或扩大孔径以扩展基体装载空间，可获得高储热容量的复合相变材料。研究发现，埃洛石表面多羟基分布特性有助于与石蜡等有机相变材料形成稳定的结合网络，其高比表面积和石蜡插层效率促进了声子在埃洛石/石蜡结合网络中的热量传递，提高了材料的热传导性能(Zuo et al., 2020)。

表1 常见硅酸盐矿物孔结构特征

硅酸盐	形态	比表面积 /(m^2/g)	孔径 /nm	孔隙体积 /(cm^3/g)
凹凸棒石/坡缕石	纤维	100～150	＜2(微观)，2～50(中观)	0.11～0.63
硅藻土	盘状/圆柱状	4～18	100～300(盘状)，700～1000(圆柱状)	0.02～0.36
埃洛石	空心纳米管	＜156	100～300(内径)，10～20(壁厚)	
高岭石	杆状/薄片	约18	1×10^5～3×10^5	
蒙脱石/膨润土	薄片/板条	9～840	约20	0.05
珍珠岩	蜂巢状	1～20	5～1000(中观)，5×10^6～15×10^6(宏观)	0.01
蛭石	薄片	4～16	＜160	3.00～3.50

开展硅酸盐矿物储热特征强化的研究，建立储热材料微结构与储热性能之间的关系，深入探究硅酸盐矿物基复合相变材料性能调控的关键技术，

阐明协同提高储热容量与导热系数的机制，为制备高性能硅酸盐矿物基复合相变材料提供理论基础，对推动硅酸盐矿物基功能材料的应用基础研究具有重要的现实意义和科学意义。

2. 关键问题

（1）部分硅酸盐矿物具有一定的储热特征，但储热特征不够明显，如膨胀珍珠岩强度高、孔径分布均匀，但是导热系数较低。

（2）硅酸盐矿物基复合相变储热材料制备方法不够成熟，热稳定性、储热容量、耐久性能等重要储热性能及参数难以同时提升优化。

（3）无机相变材料导热系数高、相变潜热值大、成本合理，但以硅酸盐矿物为支撑基体负载无机类相变材料制备硅酸盐矿物基复合相变储热材料的研究较少。

（4）硅酸盐矿物基复合相变储热材料与传统建筑材料结合使用存在机械强度较弱、性能评价标准不统一等问题，制约硅酸盐矿物基复合相变储热材料在建筑节能领域的广泛应用。

3. 科学意义

（1）硅酸盐矿物具有独特的结构和丰富的形貌，大部分硅酸盐矿物的导热系数在 1.0 W/(m · K) 左右，是理想的支撑基体材料。通过发掘硅酸盐矿物的储热特征，发挥硅酸盐矿物的独特优势，提升硅酸盐矿物的附加值，是开发高性能硅酸盐矿物基复合相变储热材料的新技术和新方向。

（2）基于硅酸盐矿物的储热特征，深入探究硅酸盐矿物的形貌结构对相变材料相变行为的影响，明确构性关系，揭示协同强化硅酸盐矿物基复合相变储热材料的储热容量和导热系数的机制，以期为大储热容量、高储能密度、高导热、高经济性的硅酸盐矿物基复合相变储热材料的制备提供理论依据。

（3）明确硅酸盐矿物基复合相变储热材料与建筑材料结合后，混合材料的兼容性、机械强度、储放热特性、传热特性等性能，对开发适合不同气候环境和经济性的高性能硅酸盐矿物基复合相变储热材料的制备和应用具有重要的指导作用。

4. 衍生意义

通过明确和改善硅酸盐矿物的储热特征，深入研究硅酸盐矿物基体的形貌结构对相变材料储热行为的影响，揭示协同提高硅酸盐矿物基复合相变材料的储热容量与导热性能的机制，确立大幅度同时提高储热容量和导热系数的优化结构，为开发制备储热容量大、储能密度高、性能稳定、耐久性强、经济性高的高性能硅酸盐矿物基复合相变储热材料提供理论依据。发掘硅酸盐矿物的储热特征，发挥硅酸盐矿物在储热领域中的应用潜能，构建硅酸盐矿物与储热性能之间的联系，实现储热材料的性能强化，为高性能储热材料的制备提供理论和技术指导，拓展硅酸盐矿物基复合相变储热材料在建筑节能及其他领域的应用。

参考文献

谢宝珊，李传常，张波，赵新波，陈荐，陈中胜. 2019. 硅酸盐矿物储热特征及其复合相变材料［J］. 硅酸盐学报，47(1): 143-152.

Jia W B, Wang C M, Wang T J, Cai Z Y, Chen K. 2020. Preparation and performances of palmitic acid/diatomite form-stable composite phase change materials［J］. International Journal of Energy Research, 44(6): 4298-4308.

Li C C, Wang M F, Chen Z S, Chen J. 2021. Enhanced thermal conductivity and photo-to-thermal performance of diatomite-based composite phase change materials for thermal energy storage［J］. Journal of Energy Storage, 34: 102171.

Li C C, Wang M F, Xie B S, Ma H, Chen J. 2020. Enhanced properties of diatomite-based composite phase change materials for thermal energy storage［J］. Renewable Energy, 147: 265-274.

Liu S Y, Han J, Wang L N, Gao Y, Sun H, Li W L. 2020. A lauric acid-hybridized bentonite composite phase-changing material for thermal energy storage［J］. RSC Advances, 10(43): 25864-25873.

Nagahashi E, Ogata F, Saenjum C, Nakamura T, Kawasaki N. 2021. Preparation and characterization of acid-activated bentonite with binary acid solution and its use in decreasing electrical conductivity of tap water［J］. Minerals, 11(8): 815.

Shi J B, Li M. 2020. Synthesis and characterization of polyethylene glycol/modified attapulgite form-stable composite phase change material for thermal energy storage［J］.

Solar Energy, 205: 62-73.

Shih Y F, Wang C H, Tsai M L, Jehng J M. 2020. Shape-stabilized phase change material/nylon composite based on recycled diatomite [J] . Materials Chemistry and Physics, 242: 122498.

Yi H, Ai Z, Zhao Y L, Zhang X, Song S X. 2020. Design of 3D-network montmorillonite nanosheet/stearic acid shape-stabilized phase change materials for solar energy storage [J] . Solar Energy Materials and Solar Cells, 204: 110233.

Yu H, Li C E, Zhang K G, Tang Y, Song Y, Wang M. 2020. Preparation and thermophysical performance of diatomite-based composite PCM wallboard for thermal energy storage in buildings [J] . Journal of Building Engineering, 32: 101753.

Zhang M, Cheng H F, Wang C Y, Zhou Y. 2021. Kaolinite nanotube-stearic acid composite as a form-stable phase change material for thermal energy storage [J] . Applied Clay Science, 201: 105930.

Zuo X C, Li J W, Zhao X G, Yang H M, Chen D L. 2020. Emerging paraffin/carbon-coated nanoscroll composite phase change material for thermal energy storage [J] . Renewable Energy, 152: 579-589.

（李传常，长沙理工大学）

7.2 高岭土陶瓷基板与微纳材料制备

1. 问题背景

作为当代社会发展的三大支柱产业之一，材料工业的不断革新推动着社会发展的不断变革。纵观人类社会的发展历史，每一次生产力水平的大幅提升无不是建立在新材料的突破与不断发展的基础之上。进入 21 世纪的当下，新材料技术已成为衡量一个国家科技和工业水平的重要标志。近年来，微纳科技的发展使得在更小尺度上研究与利用各种材料的性质成为可能。当材料的物理尺寸减小到一定程度时，常常会表现出许多传统材料不具备的独特物理化学性质，这使得微纳材料成为新材料研发与应用中的一个重要课题，同时也成为高新技术产业发展的一个重要驱动力（Gleiter, 2000）。

微纳材料的独特性质主要依赖于其物理尺寸和微观结构，因此微纳材料的可控合成和制备是实现其各场景应用的一个重要前提。在采用蒸发法、溅射法、溶胶-凝胶法等方法制备微纳材料的过程中，基板的材质和表面结构对最终获得材料的微观结构和相关性能具有重要影响（Zhong et al., 2019a; Zhao et al., 2018; Shen et al., 2019; Kong et al., 1998）。目前常用的基板主要有硅片、石英片、玻璃片和多孔阳极氧化铝（AAO）等，但这些基板存在表面光滑或价格昂贵等局限（Wei et al., 2013; Musselman et al., 2008; Yao et al., 2015）。AAO 基板具有精确、不变形的蜂窝状孔道结构，同时孔径分布均匀、孔道深度可调，能够有效调控最终材料的微观结构和形貌，进而调控材料的宏观性能，是一种极为优异的基板材料（Jeong et al., 2002; Altuntasa and Buyukserin, 2014; 李国栋等 , 2018）。考虑到 AAO 基板价格高和多孔优势，若能开发出一种价格低、孔隙丰富的多孔材料基板，不仅可以解决基板材质相对单一和价格高等问题，还可通过调整多孔基板的孔隙特征以精确调控获得材料的物化性质。

高岭土是一种层状硅酸盐黏土矿物，由长石或其他铝硅酸盐矿物化学风化形成。高岭土的成分主要为高岭石，其晶体化学式为 $2SiO_2 \cdot Al_2O_3 \cdot 2H_2O$，由硅氧四面体和铝氧八面体交错堆叠而成，属三斜晶系（Bhattacharyya and Gupta, 2008; Zhong et al., 2019b）。由于较强的可塑性和黏结性以及较高的铝含量，高岭土是一种十分理想的陶瓷制备原料（杨海燕, 2020）。我国是世界上最早发现和利用高岭土的国家，同时也拥有十分丰富的高岭土资源，目前我国已探明的储量约为35亿吨，位居世界前列（尤振根, 2005）。这使得采用高岭土制备多孔陶瓷以代替现有的基板来制备微纳材料具有较高的可行性和重要的现实意义（图1）。

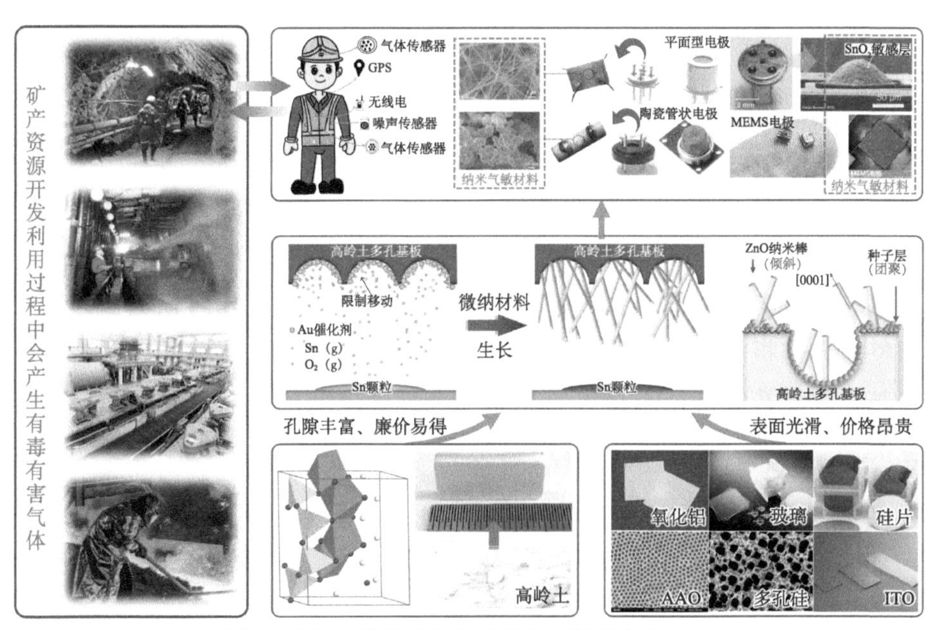

图1 高岭土陶瓷基板在微纳材料制备中的应用

2. 关键问题

得益于微纳材料合成技术的发展，目前在各类不同材质基板上制备微纳材料的方法有许多，如水热法、溶剂热法、溅射法、溶胶－凝胶法等。不论使用哪种制备方法，都需要基板具有一定的强度，使其在材料的制备过程中能够保持结构稳定以更好地承载材料（Qin et al., 2020; Dong et al.,

2020）。对于某些微纳材料的制备工艺，为了获得特定的材料结构或实现特殊的性能，材料制备过程中可能会涉及高温、强酸、强碱等极端条件，也对基板的耐高温和耐腐蚀性能提出较高要求，这就需要对基板烧制的工艺流程进一步地探索与优化。此外，鉴于AAO基板在微纳材料制备中取得的巨大成功，基板表面的空隙和孔道结构对于微纳材料的生成过程以及最终结构和性能有着重要影响。因此，如何利用高岭土原料制备出具有特定空隙和孔道结构的基板对于微纳材料的可控制备具有重要意义。另外，目前也尚缺乏基板表面结构与最终材料结构和性能之间关系的相关试验数据和理论模型。由于高岭土矿物自身成分较为复杂，因此在微纳材料的制备过程中如何有效避免基板中的杂质元素进入到基板表面的材料中以获得纯度较高的微纳材料，目前也缺乏相关有效的方法。

3. 科学意义

以价格相对低的高岭土为原料，探索适宜的烧结方法制备用于微纳材料生长的陶瓷基板，有望克服目前制备微纳材料的基板材质相对单一以及价格高等问题。上述相关关键问题的解决将为微纳材料的制备提供一种具有强度高、孔隙率高、孔道尺寸均一的多孔陶瓷基板，通过调整多孔基板的孔隙特征可以实现不同微纳材料的优化和可控制备，建立基板表面孔隙特征与最终材料结构和性能之间的关联，为微纳材料在各类高新与前沿科技中的应用奠定理论及实验基础，具有重要的科学意义。

4. 衍生意义

除高岭土矿物外，在解决上述关键问题的基础上，也可以以其他非金属矿为原料，采用相似的工艺流程制备多孔陶瓷基板，从而进一步扩展微纳材料制备时基板的选择范围。一些多孔非金属矿，如硅藻土、沸石、膨胀珍珠岩等，在人为调控基板孔隙结构的同时，也可以充分利用矿物材料自身丰富及不同特征的孔道结构。此外，具有较高强度、较好抗腐蚀性能、丰富且可调孔隙结构的多孔矿物材料陶瓷在过滤、催化、吸附等方面具有较好的应用前景，这也将有助于拓展非金属矿的应用范围。

参考文献

李国栋，殷尧禹，卢瑞，韩聪，魏德洲，沈岩柏. 2018. 高岭土提纯工艺及其应用进展［J］. 矿产保护与利用，4: 142-450.

杨海燕. 2020. 高岭土在纤维素催化水解制还原糖中的性能研究［D］. 杭州：浙江工业大学.

尤振根. 2005. 国内外高岭土资源和市场现状展望［J］. 非金属矿，28: 1-8.

Altuntasa S, Buyukserin F. 2014. Fabrication and characterization of conductive anodic aluminum oxide substrates［J］. Applied Surface Science, 318: 290-296.

Bhattacharyya K, Gupta S. 2008. Adsorption of a few heavy metals on natural and modified kaolinite and montmorillonite: a review［J］. Advances in Colloid and Interface Science, 140(2): 114-131.

Dong J C, Zhang L N, Dai X Y, Ding F. 2020. The epitaxy of 2D materials growth［J］. Nature Communication, 11: 5862.

Gleiter H. 2000. Nanostructured materials: basic concepts and microstructure［J］. Acta Materialia, 48(1): 1-29.

Jeong S, Lee O, Lee K, Oh S, Park C. 2002. Preparation of aligned carbon nanotubes with prescribed dimensions: template synthesis and sonication cutting approach［J］. Chemistry of Materials, 12(4): 1859-1862.

Kong J, Soh H, Cassell A, Quate C, Dai H J. 1998. Synthesis of individual single-walled carbon nanotubes on patterned silicon wafers［J］. Nature, 385: 878-881.

Musselman P, Mulholland G, Robinson A, Schmidt-Mende L, MacManus-Driscoll J. 2008. Low-temperature synthesis of large-area, free-standing nanorod arrays on ITO/glass and other conducting substrates［J］. Advanced Materials, 20(23): 4470-4475.

Qin B, Ma H F, Hossain M, Zhong M Z, Xia Q L, Li B, Duan X D. 2020. Substrates in the synthesis of two-dimensional materials via chemical vapor deposition［J］. Chemistry of Materials, 32(24): 10321-10347.

Shen Y B, Zhong X X, Zhang J, Li T T, Zhao S K, Cui B Y, Wei D Z, Zhang Y H, Wei K F. 2019. *In-situ* growth of mesoporous In_2O_3 nanorod arrays on a porous ceramic substrate for ppb-level NO_2 detection at room temperature［J］. Applied Surface Science, 498: 143873.

Wei D P, Mitchell J, Tansarawiput C, Nam W, Qi M H, Ye P, Xu X F. 2013. Laser direct synthesis of graphene on quartz［J］. Carbon, 53: 374-379.

Yao Z, Wang C, Li Y, Kim N. 2015. AAO-assisted synthesis of highly ordered, large-scale TiO_2 nanowire arrays via sputtering and atomic layer deposition［J］. Nanoscale Research Letters, 10(1): 1-7.

Zhao S K, Shen Y B, Zhou P F, Zhang J, Zhang W, Cheng X X, Wei D Z, Fang P, Shen Y S. 2018. Highly selective NO_2 sensor based on p-type nanocrystalline NiO thin films prepared by solgel dip coating [J]. Ceramics International, 44(1): 753-759.

Zhong X X, Shen Y B, Zhao S K, Cheng X X, Han C, Wei D Z, Fang P, Meng D. 2019a. SO_2 sensing properties of SnO_2 nanowires grown on a novel diatomite-based porous substrate [J]. Ceramics International, 45(2): 2556-2565.

Zhong X X, Shen Y B, Zhao S K, Li T T, Lu R, Yin Y Y, Han C, Wei D Z, Zhang Y H, Wei K F. 2019b. Effect of pore structure of the metakaolin-based porous substrate on the growth of SnO_2 nanowires and their H_2S sensing properties [J]. Vacuum, 167: 118-128.

（沈岩柏，东北大学）

7.3 石灰石－黏土胶凝材料

1. 问题背景

石灰石和黏土矿是地球圈的主要矿物组成部分，其形成、演变和转化深刻影响地球生态圈。石灰石和黏土矿在冶金、化工、医药、建材、新材料等领域的作用不可替代，在低碳化发展的现实环境下其重要性更加凸显（Berriel et al., 2016）。

传统建筑胶凝材料（指具有将颗粒状物料胶结成块状物料的材料，如石灰、硅酸盐水泥）占人类非金属矿消耗量的绝大部分。以硅酸盐水泥为例，2020年，全球硅酸盐水泥产量超过40亿吨，其中消耗石灰石量超过40亿吨，消耗黏土量超过10亿吨。与此同时，每年因石灰石分解烧制胶凝材料而排放的CO_2排放量超过20亿吨，占人类活动碳排放总量的5%～8%。在CO_2减排成为国内外公共政策的关键主导因素背景下，减少传统基础材料行业碳排放刻不容缓。

传统硅酸盐水泥体系以Ca-Si-Al-Fe为核心组成，钙质组分（以CaO计）含量高达60%以上。石灰石、黏土矿由室温加热至1450℃形成硅酸盐水泥胶凝矿相（$3CaO \cdot SiO_2$, $2CaO \cdot SiO_2$, $3CaO \cdot Al_2O_3$, $4CaO \cdot Al_2O_3 \cdot Fe_2O_3$），该过程能耗高、$CO_2$排放密度高是引起其高环境负荷的本质原因。以减少水泥用量来降低行业碳排放潜能有限。从根本上改变胶凝材料矿相组成，设计原材料来源广、烧成温度低、CO_2排放密度低，且具有全球推广潜能的新型胶凝材料，不仅有望满足全球基础设施建设需求，也为非金属矿的高效利用开拓新途径。近年来，以石灰石－烧黏土矿为主要组成的新型胶凝材料为水泥低碳化发展带来新契机（Scrivener et al., 2018）。该新型胶凝材料以15%石灰石、30%烧黏土（含一定高岭土矿黏土经约900℃煅烧）替代硅酸盐水泥（图1），显著降低水泥碳排放30%以上。同时，$CaCO_3$与活性铝相水化形成以单碳/半碳水化铝酸钙有效稳定硅酸盐水泥体系水化产物钙矾石，形成耐久性更突出的胶凝材料新体系。

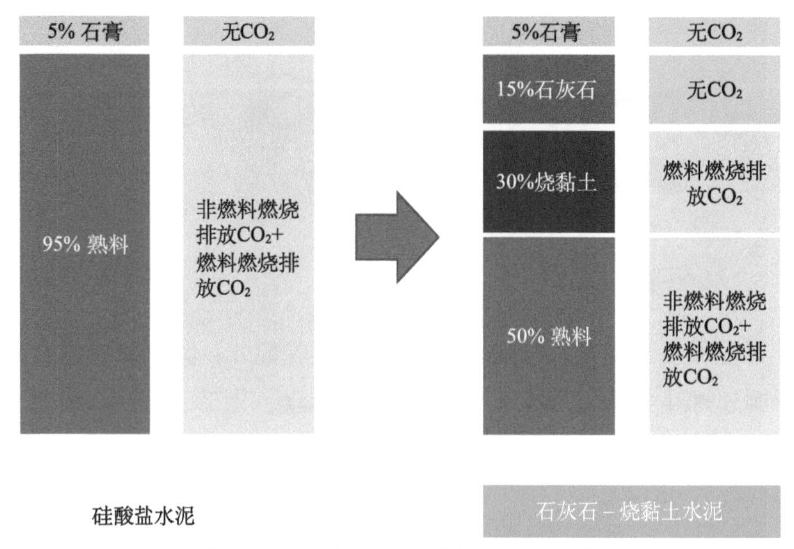

图 1　硅酸盐水泥和石灰石－烧黏土水泥

石灰石－烧黏土水泥的发展不仅为拓展胶凝材料品种、开发低碳胶凝材料提供了新方案，也为低品位石灰石、黏土非金属矿的资源化利用提供新途径（Dieu et al., 2018）。研究表明，不同品位含高岭土矿黏土经合理设计，可获得性能优异的胶凝材料，为新水泥成本控制和规模化推广奠定基础；同时为进一步提高黏土矿原料适应性（Avet and Scrivener, 2018），特别是量大面广的工业废弃物资源化利用提供了新契机，也为胶凝材料低碳化提供新机遇。

2. 关键问题

利用石灰石和黏土矿制备新型低碳胶凝材料，需要解决材料制备工艺、设计及性能调控关键问题。

（1）明确原材料组成结构对胶凝材料性能的影响。非金属矿物相组成及结构对胶凝材料性能形成过程的影响是明确非金属矿制备胶凝材料价值的前提，特别是揭示杂质组分对非金属矿活性的影响是拓展黏土矿来源的关键，也是建立非金属矿原材料质量控制的基础。

（2）揭示新型胶凝材料水化热 / 动力学特征。明确在不同服役环境条件下新型胶凝材料组成、结构演变规律是获得可预期性能的胶凝材料的根本。

（3）拓展新型胶凝材料性能优化新手段。针对新型低碳胶凝材料组成及水化反应学特征，开发流变学、反应动力学控制新手段是拓宽胶凝材料体系的关键途径。

3. 科学意义

传统硅酸盐水泥作为胶凝材料用于基础设施建设已发展近200年，为近现代人类文明发展提供了关键物质基础。新形势下，基于硅酸盐水泥水化体系反应、结构及其演变特征，发展以石灰石、烧黏土矿为关键组成的低碳胶凝材料新体系，不仅丰富无机胶凝材料水化硬化理论体系基础，也为指导开发低碳、具有全球规模化生产和应用的基础材料提供理论支撑。

4. 衍生意义

近年来，各行各业低碳化发展需求倒逼水泥等非金属矿利用行业转型升级。原料供应限制、碳汇市场化运作对传统硅酸盐水泥造成了巨大压力，发展新型低碳高性能胶凝材料是时代发展的需要。

以石灰石－黏土矿为关键组成的新型胶凝材料不仅有望克服传统硅酸盐水泥的诸多环境弊端，也为以该非金属矿为主要组成的低品位原材料（如化工、冶金、采矿等行业副产物 / 废弃物）的无害化处理、资源化利用提供重要契机。

新型胶凝材料性能特征，特别是恶劣环境下高耐久性，为基础设施长期安全服役提供进一步保障，为水泥行业低碳化发展提供新路径。

参考文献

Avet F, Scrivener K. 2018. Investigation of the calcined kaolinite content on the hydration of Limestone Calcined Clay Cement (LC^3)［J］. Cement and Concrete Research, 107: 124-135.

Berriel S S, Favier A, Domínguez E R, Sánchez Machado I R, Heierlic U, Scrivener K, Martirena Hernández F, Habert G. 2016. Assessing the environmental and economic potential of limestone calcined clay cement in cuba［J］. Journal of Cleaner Production,

124: 361-369.
Dieu N Q, Hossain K, Arnaud C. 2018. Engineering properties of limestone calcined clay concrete [J] . Journal of Advanced Concrete Technology, 16(8): 343-357.
Scrivener K, Martirena F, Bishnoi S, Maity S. 2018. Calcined clay limestone cements (LC^3) [J] . Cement and Concrete Research, 114: 49-56.

（侯鹏坤，济南大学）

7.4 电气石的场效应及应用机制

1. 问题背景

电气石为典型的非金属矿功能材料，主要分布在新疆、广西、河北、内蒙古、河南等25个地区。电气石主要由Si、Al、Mg、Fe、B等元素构成，除具有宝石特质外，还具有天然的压电性能、热释电性能、自发极化性能和远红外辐射性能。电气石微粒材料在环保、节能与健康领域具有广阔应用前景（Li et al., 2020; Chen et al., 2020; Wang et al., 2020; Liang et al., 2019; Vatansever et al., 2020）。广大科技工作者对电气石矿物学进行了深入研究（Wang et al., 2019a; Khant et al., 2020），但对矿物精细结构与性能之间的关系以及功能性应用开发方面的研究较少，导致我国电气石矿多以原料的形式应用或出口到国外，造成优质矿物资源浪费。

电气石是电气石矿物族的总称（Bosi, 2018），它的结构通式为$XY_3Z_6(T_6O_{18})(BO_3)_3V_3W$，通常的占位方式为：$X=Ca^{2+}$，$Na^+$，$K^+$和空位；$Y=Li^+$，$Mg^{2+}$，$Fe^{2+}$，$Mn^{2+}$，$Al^{3+}$，$Cr^{3+}$，$Fe^{3+}$；$Z=Al^{3+}$，$Mg^{2+}$，$Fe^{3+}$，$V^{3+}$，$Cr^{3+}$；$T=Si^{4+}$，$Al^{3+}$；$B=B^{3+}$；$V=OH^-$，$O^{2-}$；$W=OH^-$，$F^-$，$O^{2-}$。X、Y、Z位置可以发生离子互换，所以电气石种类具有多样性（Andreozzi et al., 2020; Dannenberg et al., 2019; Borisov et al., 2018）。另外，电气石晶体结构中有非中心对称单向极轴，在晶体内部存在未成键的孤对电子，正负极在空间上不重合，这种特殊的晶体结构使其具有自发极化性能和远红外辐射性能（Borisov et al., 2019），颗粒周围存在电场、磁场和红外场。利用这种微场作用，在电气石颗粒表面可以构筑纳米晶、纳米点等功能粒子，开发高性能生态环境功能材料和有益健康功能材料（Luo et al., 2020; Helian et al., 2020; Wang et al., 2019b）。

作为天然矿物晶体材料，电气石一般由多个晶粒通过晶界结合而成，颗粒内部取向复杂，一般无固定取向，影响其自发极化等性能，因此将电气石矿物加工成微米甚至纳米粒径的颗粒可以充分发挥其性能。目前已经实现了电气石矿物材料的微米和纳米尺寸可控制备。研究发现，随着颗粒尺寸的减小，电气石的自发极化和远红外辐射等性能增强，稀土元素掺杂可以强化电气石的性能（Zhu et al., 2008; Guo, 2019; Meng et al., 2020）。电气石的热释电性能主要受晶体中的硅氧四面体和硼氧三角形结构影响，也与 Fe 和 Mg 的含量相关（Zhou et al., 2018; Zhao et al., 2014）。

由于电气石复杂的化学组成和独特结构，人工合成晶体尚存在生长速率慢、成本高等诸多问题（Vereshchagin et al., 2020; Setkova et al., 2019），实际应用的电气石粉体主要由天然矿物精细加工制造。事实上，在电气石颗粒细化、纳米化等精细加工过程中将发生料球、颗粒－颗粒间剧烈撞击和摩擦，产生压应力和温升，导致电气石颗粒周围的微场发生变化，带电荷数量增多，在加工、存放和使用过程中团聚倾向显著增加，影响了加工生产效率和实际使用效果。因此，开展电气石矿物优选及先进加工过程中微场效应研究，揭示电气石矿物精细结构与性能之间的构效关系以及超细加工与应用过程中微粒团聚机制和物理本质具有重要的科学价值和实际应用价值。

图 1 为气流磨法和高能球磨法制备的电气石微粒的微观结构，可以清楚看到不同力场作用下电气石微粒的形貌特征和团聚现象。

图 1　不同方法制备电气石微粒的微观结构

（a）气流磨法；（b）高能球磨法

笔者团队近期研究还发现，当电气石被细化到纳米尺度时，有的颗粒只带正电荷，有的只带负电荷，还有的一端带正电荷、一端带负电荷。现有的晶体理论无法解释电气石的这种带电行为，这也阻碍了电气石高附加值高效利用。

2. 关键问题

在力、热、电、磁、稀土掺杂等多种物理化学因素作用下，电气石颗粒细化、纳米化等精细化机制以及电气石晶体的断裂行为及其对电气石颗粒周围微场结构与所带电荷属性的关系尚未明确；在气、液、固环境条件下，带不同种类电荷电气石微粒的运动与迁移行为以及精准分离方法缺乏；在电气石微粒的微场作用下，气液环境中分子、离子运动迁移和转化行为及其对合成材料结构和性能的影响机制、理论体系尚未建立。图 2 为本团队制备的晶体结构完整、尺寸均匀的电气石超细颗粒的高分辨透射电子显微结构，从图中直接观察到电气石的原子结构，进而阐明了电气石矿物内部活性位点的形成机制，实验分析结果与理论模型晶体结构具有很好的一致性（Hao et al., 2021）。电气石微结构原子分辨成像研究为电气石矿物的远红外辐射、自发极化等性能的原子结构微观解析奠定了良好的基础。

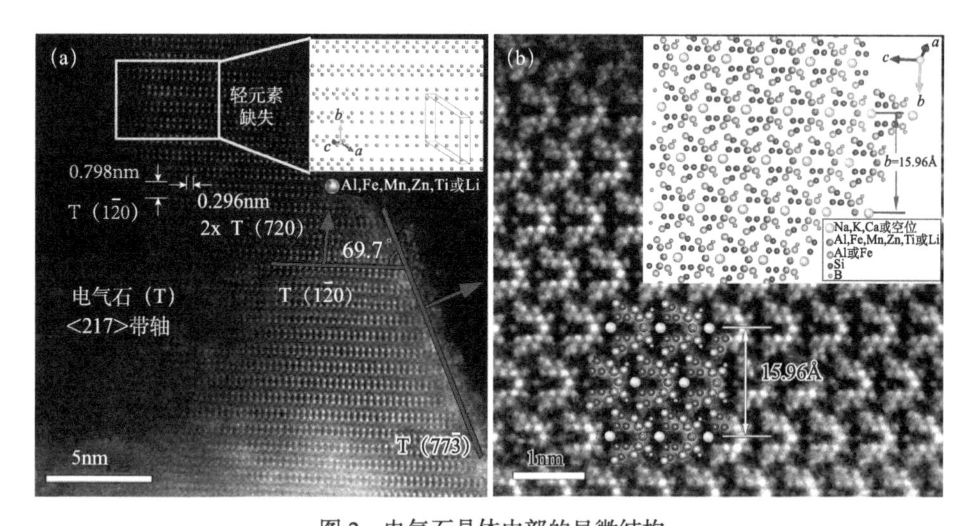

图 2 电气石晶体内部的显微结构

（a）电气石〈217〉带轴晶体结构及表面暴露状态；（b）高分辨透射电子显微镜下直接观察到电气石的原子结构（Hao et al., 2021）

3. 科学意义

以下科学问题的解决，可以为电气石矿物材料的精细化深加工新型功能材料的开发奠定理论基础。

（1）厘清力、热、电、磁、稀土掺杂等多种物理化学因素作用下，电气石颗粒细化、纳米化等精细化机制以及电气石晶体的断裂行为及其对电气石颗粒周围微场结构与所带电荷属性能之间的关系。

（2）建立气、液、固环境条件下，带不同种类电荷电气石微粒的运动与迁移行为以及精准分离方法。

（3）阐明电气石微粒的微场作用下，气液环境中分子、离子运动迁移和转化行为及其对合成材料结构和性能的影响机制和理论方法。

4. 衍生意义

电气石微粒的场效应及应用机制的深入研究，可为电气石粉体深加工及应用过程中团聚问题的解决提供理论指导，提高加工效率，使电气石功能属性得到充分发挥；为电气石粉体在力、热等多场条件下发电等新能源材料技术领域应用奠定理论基础，并为特殊环境条件下电能自给技术突破提供新思路；借鉴电气石成分、结构、性能之间的关系，合成特殊功能晶体材料。总之，通过电气石微粒的场效应及应用机制的深入研究可为典型非金属矿材料高附加值、功能化开发奠定理论基础，提升我国非金属矿物材料产品的国际竞争力。

参考文献

Andreozzi G B, Bosi F, Celata B, Capizzi L S, Stagno V, Beckett-Brown C E. 2020. Crystal-chemical behavior of Fe^{2+} in tourmaline dictated by structural stability: insights from a schorl with formula $Na^{Y}(Fe^{2+}_{2}Al)^{Z}(Al_5Fe^{2+})$ (Si_6O_{18}) $(BO_3)_3(OH)_3(OH,F)$ from *Seagull batholith* (Yukon Territory, Canada)［J］. Physics and Chemistry of Minerals, 47(6): 1-9.

Borisov S V, Magarill S A, Pervukhina N V. 2019. Crystallographic analysis of symmetry-stability relations in atomic structures［J］. Journal of Structural Chemistry, 60(8): 1191-1281.

Borisov S V, Pervukhina N V, Magarill S A. 2018. Crystallographic basis for the stability of abundant (popular) structure types［J］. Journal of Structural Chemistry, 59(1): 114-119.

Bosi F. 2018. Tourmaline crystal chemistry［J］. American Mineralogist, 103(2): 298-306.

Chen Y N, Wang S, Li Y P, Liu Y H, Chen Y R, Wu Y X, Zhang J C, Li H, Peng Z, Xu R, Zeng Z P. 2020. Adsorption of Pb(Ⅱ) by tourmaline-montmorillonite composite in aqueous phase [J]. Journal of Colloid and Interface Science, 575: 367-376.

Dannenberg S G, DiPaolo D, Ehlers A M, McCarthy K P, Mancini M T, Reuter M B, Seth D M, Song Z H, Valladares M I, Zhu X F, Hughes J M, Lupulescu M V. 2019. The atomic arrangement of Cr-rich tourmaline from the #1 mine, Balmat, St. Lawrence County, New York, USA [J]. Minerals, 9(7): 398.

Guo B. 2019. Effect of oxygen storage/transport capacity of nano-$Ce_{1-x}Zr_xO_2$ on far-infrared emission property of natural tourmaline [J]. Journal of Alloys & Compounds, 785: 1121-1125.

Hao M, Li H, Cui L, Liu W, Fang B Z, Liang J S, Xie X L, Wang D X, Wang F. 2021. Higher photocatalytic removal of organic pollutants using pangolin-like composites made of 3-4 atomic layers of MoS_2 nanosheets deposited on tourmaline [J]. Environmental Chemistry Letters, 19(5): 3573-3582.

Helian Y Z, Cui S P, Ma X Y. 2020. The effect of tourmaline on SCR denitrification activity of MnO_x/TiO_2 at low temperature [J]. Catalysts, 10(9): 1020.

Khant N A, Piestrzynski A, Lim C. 2020. Geology, geochemistry, mineralogy of Phayaung Taung, Patheingyi Township, Mandalay Division, Myanmar [J]. Geosciences Journal, 25(2): 145-156.

Li W, Zhu J G, Lou Y, Fang A R, Zhou H H, Liu B F, Xie G J, Xing D F. 2020. MnO_2/tourmaline composites as efficient cathodic catalysts enhance bioelectroremediation of contaminated river sediment and shape biofilm microbiomes in sediment microbial fuel cells [J]. Applied Catalysis B: Environmental, 278: 119331.

Liang J S, Hui N, Zhao T Y, Zhang H. 2019. The mineralization of polymer electrospun fibrous modified with tourmaline nanoparticles [J]. Journal of Materials Research, 34(11): 1900-1910.

Luo G M, Chen A B, Zhu M H, Zhao K, Zhang X S, Hu S Z. 2020. Improving the electrocatalytic performance of Pd for formic acid electrooxidation by introducing tourmaline [J]. Electrochimica Acta, 360: 137023.

Meng J P, Guo T, Srinivasakannan C, Duan X H, Liang J S. 2020. High temperature phase transition behavior of schorl particles modified with rare earth [J]. Ceramics International, 46(7): 8910-8917.

Setkova T V, Balitsky V S, Shapovalov Y B. 2019. Experimental study of the stability and synthesis of the tourmaline supergroup minerals [J]. Geochemistry International, 57(10): 1082-1094.

Vatansever Bayramol D, Agirgan A O, Yildiz A. 2020. Tourmaline nanoparticles doped polyvinylidene fluoride (PVDF) nanofibers [J]. Materials Science-Medziagotyra, 26(3): 255-259.

Vereshchagin O S, Wunder B, Britvin S N, Frank-Kamenetskaya O V, Wilke F D H, Vlasenko N S, Shilovskikh V V. 2020. Synthesis and crystal structure of Pb-dominant tourmaline [J]. American Mineralogist, 105(10): 1589-1592.

Wang C H, Chen Q, Guo T T, Li Q. 2020. Environmental effects and enhancement mechanism of graphene/tourmaline composites [J]. Journal of Cleaner Production, 262: 131313.

Wang F, Meng J P, Liang J S, Fang B Z, Zhang H C. 2019a. Insight into the thermal behavior of tourmaline mineral [J]. JOM: the Journal of the Minerals, Metals & Materials Society, 71(8): 2468-2474.

Wang F, Xie Z B, Liang J S, Fang B Z, Piao Y A, Hao M, Wang Z S. 2019b. Tourmaline-modified $FeMnTiO_x$ catalysts for improved low-temperature NH_3-SCR performance [J]. Environmental Science and Technology, 53(12): 6989-6996.

Zhao C C, Liao L B, Xing J. 2014. Correlation between intrinsic dipole moment and pyroelectric coefficient of Fe-Mg tourmaline [J]. International Journal of Minerals Metallurgy and Materials, 21(2): 105-112.

Zhou G J, Liu H, Chen K R, Gai X H, Zhao C C, Liao L B, Shen K, Fan Z J, Shan Y. 2018. The origin of pyroelectricity in tourmaline at varying temperature [J]. Journal of Alloys & Compounds, 744: 328-336.

Zhu D B, Liang J S, Ding Y, Xue G, Liu L H. 2008. Effect of heat treatment on far infrared emission properties of tourmaline powders modified with a rare earth [J]. Journal of the American Ceramic Society, 91(8): 2588-2592.

（梁金生，河北工业大学，生态环境与信息特种功能材料教育部重点实验室）

7.5 石墨热电性能及应用

1. 问题背景

目前地壳中已发现矿物达5500余种，但是自然元素类矿物占比较低，仅约占矿物总数的1%，占地壳的质量百分比不足0.01%。其中，石墨是自然元素矿物中含量相对较高的矿物之一。由于石墨晶体中含有自由电子，因此具有优良的导电性，属于典型的非金属半导体矿物。此外，石墨还具有导热性良好，以及耐高温、耐氧化、耐酸碱腐蚀、硬度低、润滑性好、可塑性好等多种优良属性（张苏江等，2021），因此具有广泛的工业用途。例如，目前被广泛用作优质高温冶金耐材、电气工业导电材料、耐磨润滑材料等。

非常值得关注的是，石墨是制备新型优质材料——石墨烯的原材料，因此石墨已被列为世界各国关键战略资源（王登红，2019）。

一些研究结果还表明，地壳深部乃至岩石圈地幔等高温压环境具备石墨形成的良好地质条件，而且在找矿实践中不断发现诸多区域的变质基底地层中存在广泛石墨化现象（胡晗和张立飞，2021）。这些研究成果说明未来的石墨资源前景可观，同时也暗示石墨显著的电学物理特性可能对区域地球物理性质具有显著影响。

近年的研究结果还发现，石墨具有显著的热电性。也就是说，在温差作用下，石墨可以把大量热能转化为电能，这一现象具有极重要的科学意义和实际应用价值。

根据最新的测试结果，粒径为20～60目（相当于0.4～0.9mm）的石墨晶体，温差由10℃升高到90℃，其热电势的绝对值可由0.1mV提高到2.3 mV左右（图1），而且热电势绝对值与活化温度呈现良好的线性关系，即随着温差（活化温度）的升高，石墨的热电势绝对值明显增大

(Wang et al., 2022)。同时，石墨的热导电类型属于空穴型导电 (即 p 型导电)，表明影响导电能力的主要载流子是空穴。也就是说，由温差热激发产生的非平衡载流子在梯度温度场作用下发生明显分异并分别富集于冷端和热端，冷热两端分别积累了相反的电荷，形成电池效应，因而表现为热电性。

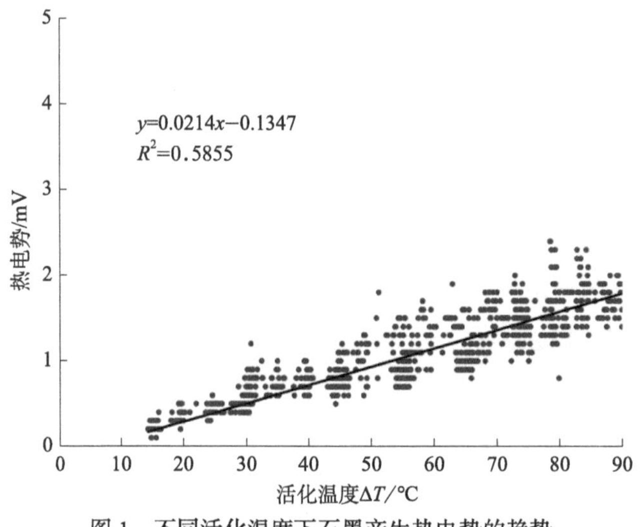

图 1　不同活化温度下石墨产生热电势的趋势

此外，大量的测试结果还表明：①不同地区和不同成因的石墨，在活化温度低于 90℃的情况下，热电势与活化温度的变化趋势相同，仅热电势随着活化温度升高的幅度略有差别；②石墨晶粒的温差热电势与石墨晶体的结晶学方向无关，任意结晶学方向的热电势在相同的活化温度下均近似相同；③大量数据统计结果显示，在低于 90℃活化温度下，随着活化温度不断升高，其热电系数逐渐趋于近似定值，该值为 0.015 ～ 0.020 mV/℃；④对同一石墨样品进行多次重复测量，其热电系数值近似相同 (Wang et al., 2022)。

采用有限元法进行的模拟实验还证实，石墨形成的热电场具有叠加效应 (Wang et al., 2022)。特别是石墨矿物粒径大小、活化温度、岩石块体体积以及其中的石墨矿物含量，均可对热电场叠加效应产生显著影响。其中：①含有石墨的岩石块体的热电势绝对值，与活化温度、石墨矿物粒径、岩石块体体积以及石墨矿物含量成正比；②含有石墨的岩石块体的热电势与其和地表的距离成反比；③当含有石墨的岩石块体中存在导电类型相反的半导体矿物时，其彼此产生的热电势会相互抵消。

鉴于以上研究成果推测，赋存石墨的深部地壳或岩石圈地幔，由于地壳梯度热场或热扰动极易产生热电势场圈层。即地壳深部存在热电势场可能是个客观事实。而且，热电势场还具有显著的叠加增强效应和叠加抵消效应，因此地壳深部的热电势场是客观存在而且非常复杂的，目前尚缺乏足够的深入研究。

2. 关键问题

（1）石墨热电效应产生的确切机制还不是很清楚。例如，石墨晶体在温差作用下为什么总是表现为空穴型导电？石墨晶体层状结构的层间为弱键连接，是出现潜在自由电子的最佳区域，极易在热作用下形成自由电子移动，但是为什么没有形成电子型导电而是表现为空穴型导电？在温差作用下，石墨晶体中的载流子到底是如何运移的？

（2）石墨的热电性与化学组成之间存在什么关系？其中微量组分对其热电性有何影响？石墨晶体的热电性与石墨的其他诸多物理特性有何关系？

（3）目前仅仅是模拟计算认为石墨的热电效应具有叠加效应，还没有一个物理测试装置能够直接测定含有石墨的岩石块体的热电性效应，所以还不能准确评估含有石墨的岩石块体热电性的叠加效应，因此建立含有石墨的岩石块体的热电性叠加效应的物理模型非常重要。

（4）基于目前的研究结果，石墨显著的热电性是客观存在的，而且具有显著不均匀叠加放大效应，所以该属性一定对地球物理场信息源存在影响。但是已经进行的诸多地球物理探测基本没有考虑这样一个信息的影响，其对地壳或岩石圈地幔等地球圈层的诸多物理属性的影响还缺乏足够了解。因此，作为解译地球物理信息源的影响之一，有待于尽快开展其对地球物理场的影响的研究。

（5）石墨热电性作为显著物性之一有可能成为寻找石墨资源的依据，但是其时空差异性或时空变化规律尚不明确，因此该属性能否用来作为寻找石墨资源的依据值得研究。

3. 科学意义

（1）目前的研究结果认为，变质石墨的形成温度和压力一般分别为600～800℃和400～600 MPa。这个温压条件属于中、下地壳的构造圈层，主要岩性应为中高级变质岩和基性－超基性岩浆岩，也属于地震震源密集区。如果在这个深度确实广泛存在石墨（化），那么它的热电势及其叠加效应对于综合物理场（尤其是地球的电磁信息源）会产生显著影响，对于探讨地震机制及其地震预测前兆机制具有重要意义。模拟计算结果显示含有石墨的岩石块体在热扰动条件下具有显著热电势，并且具有叠加放大效应，这可能为地震前兆之地电异常的热电效应模式提供理论依据（申俊峰等，2009）。

（2）现有的测试结果显示，石墨的热电性主要表现为空穴型导电，那么石墨晶体中连接碳原子之间的化学键，特别是层状结构的层间域的电子是如何运动的，在温差热作用下其运动轨迹有何改变？回答这些问题将对深刻理解石墨的晶体化学特点及其对物理性质的约束具有重要意义，而且基于此开展对于石墨的应用研究也具有实际意义。

（3）从已有的研究结果看，石墨的热电属性和磁铁矿的热电属性具有类似的特点，因此可以参考磁铁矿的研究内容，深入挖掘石墨热电性的地质意义。例如，不同成因条件下的磁铁矿热电系数差别较小，但是在一些特殊地质条件下，由于这些矿物微量元素组合及其丰度的细微变化，其热电系数仍然会显示出规律性变化，那么磁铁矿的这些规律可以暗示成矿环境的微细变化，为找矿提供了依据（张聚全等，2013）。石墨是否具有这样的特征值得深入研究。

4. 衍生意义

（1）石墨烯是由石墨超级剥片形成的，那么石墨的属性可能在石墨烯产品中会有继承性，抑或石墨烯等热电性更加显著，目前尚没有开展类似的研究，因此石墨烯是否具有显著热电性，该属性是否影响石墨烯在电学方面的属性及其应用，非常值得研究。

（2）石墨的氧化产物也是地表矿物－生物－水－大气复杂作用环境的

重要组元，其对地球关键带的表生环境影响尚缺乏研究，特别是对于目前热点问题“碳循环”“碳中和”等有重要研究意义。

参考文献

胡晗，张立飞. 2021. 俯冲带中石墨质碳的研究进展［J］. 岩石矿物学杂志，40（4）：764-777.

申俊峰，申旭辉，刘倩. 2009. 几种天然半导体矿物热电性特征对地震电场影响的启示意义［J］. 地学前缘，116（4）：313-319.

王登红. 2019. 关键矿产的研究意义、矿种厘定、资源属性、找矿进展、存在问题及主攻方向［J］. 地质学报，93（6）：1189-1209.

张聚全，李胜荣，王吉中，白明，卢静，魏宏飞，聂潇，刘海明. 2013. 冀南邯邢地区白涧和西石门夕卡岩型铁矿磁铁矿成因矿物学研究［J］. 地学前缘，20（3）：76-87.

张苏江，王楠，崔立伟，季根源，邓文兵，张彦文. 2021. 国内外石墨资源供需形势分析［J］. 无机盐工业，53（7）：1-11.

Wang S H, Shen J F, Santosh M, Li Y Y, Yang C X, Ma L K. 2022. Thermoelectric characteristics of semiconductor minerals in earth's deep crust and their seismogenic significance［J］. Geoscience Frontiers, 13(2): 101337.

［申俊峰，中国地质大学（北京）］

第 8 章

催化和能源

8.1 蒙脱石层间域纳米反应器

1. 问题背景

蒙脱石具有特殊的二维纳米层状结构，单片层由两个硅氧四面体中间夹一个铝（镁）氧（氢氧）八面体组成，厚度约为 0.96 nm。由于同晶替代作用，蒙脱石片层易发生不等价阳离子置换而产生永久性负电荷。蒙脱石片层之间为其纳米层间域，含有无机阳离子，以补偿蒙脱石片层的负电荷。这些阳离子很容易被其他阳离子交换，因而可以很方便对蒙脱石结构进行调控和改造。此外，由于蒙脱石片层之间主要为范德瓦耳斯力和静电作用力，因此其层间域具有膨胀性（Zhu et al., 2016; Brigatti et al., 2013）。蒙脱石的上述结构特征决定了其纳米层间域空间是天然的纳米反应器，对地球科学、材料科学等相关领域均具有重要意义（Theng, 2018; Bergaya and Lagaly, 2013）。

关于蒙脱石层间域反应性，早期主要关注其阳离子交换功能。由于蒙脱石层间域阳离子是通过静电吸引力与片层作用，因而很容易被其他阳离子交换（Zhu et al., 2016; Brigatti et al., 2013）。因此，蒙脱石被用作离子交换型吸附剂，对重金属阳离子、阳离子染料等表现出良好吸附活性，而其廉价易得、环境友好等特点也是其实际应用的优势（Zhu et al., 2016）。通过阳离子交换作用将功能试剂插层进入蒙脱石层间域可改变其结构和反应活性，进而增强其吸附、催化等功能属性，这是利用其层间域反应性的另一方式（Biswas et al., 2019）（图 1）。一些典型例子包括通过插层有机阳离子（如阳离子表面活性剂）可以增强层间域对疏水性有机分子的吸附活性（Dai et al., 2020）；插层无机阳离子（如聚合羟基金属离子）可增强层间域对重金属、含氧酸根离子的吸附性能，以及增强催化反应活性（Yang et al., 2021b; Xu et al., 2016）；通过多种功能试剂的同时插层，还可以赋予层间域多功能反应活性（Zhu et al., 2009）；插层的有机离子 / 分子还可以在层间域发生聚合反应，形成具有特定功能的纳米复合物（Han et al., 2017）。

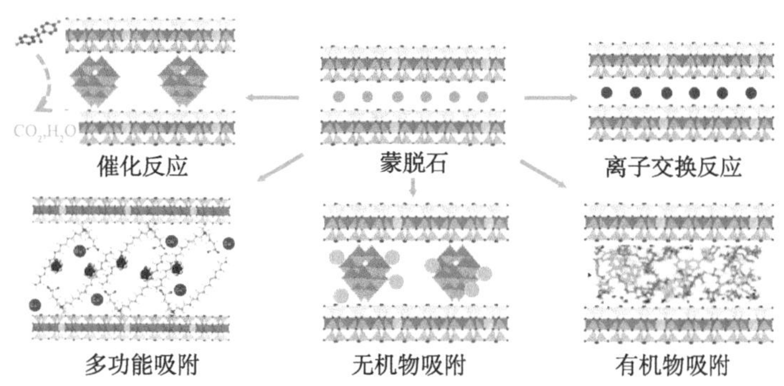

图 1　蒙脱石层间域纳米反应器重要功能

近期，一些研究工作综合利用了蒙脱石纳米片层的模板功能和层间域的纳米反应器特征，获得了制备掺杂石墨烯的新方法。首先，通过离子交换、分子熔融插层等作用，将有机物引入层间域，然后在氮气保护下碳化处理，利用蒙脱石片层的模板作用将层间域有机物转化成碳单片层（即石墨烯）（Darder et al., 2018; Chen et al., 2014）。其次，通过调节有机物的原子组分，可以很方便地实现对石墨烯进行杂原子（如 N、S、P 等）掺杂（Chen et al., 2016; Zhu et al., 2015）。此外，利用蒙脱石层间域的限域反应特征，还可将金属以单原子、（亚）纳米颗粒等形式分散到层间域内，制得高活性功能材料（Qin et al., 2018）。

蒙脱石层间域反应特性还体现在对层间域有机物的保护功能。蒙脱石的硅铝酸盐纳米片层有化学相对惰性，且层间域具有纳米限域效应，这有利于保护层间有机分子不受外界物理、化学、生物等攻击，从而极大增强其稳定性（Chen et al., 2017; Kennedy and Wagner, 2011）。例如，研究表明，层间域有机分子的热分解温度会显著提高，且在光照、强氧化剂、生物酶等作用下层间域有机分子结构也能较好地保存（Yang et al., 2021a; Churchman et al., 2020; McMahon et al., 2016）。蒙脱石层间域对有机分子的保护功能在全球碳循环、生命起源等地球重要反应过程及重大事件中起到关键作用（Kleber et al., 2021; Aldersley et al., 2011）。

综上所述，蒙脱石层间域是具有特殊结构和反应性的纳米反应器；阐明其微观结构－反应特性－功能属性关系及机制，一方面有助于厘清蒙脱石如何参与重要的地质地化反应过程，另一方面有利于实现蒙脱石纳米矿物的资源高值利用。

2. 关键问题

有关蒙脱石层间域纳米反应器研究工作尽管已取得了大量进展，但一些关键问题有待研究解决：①需要建立适用于蒙脱石纳米层间域微观结构和反应过程研究的技术手段。当前，有关矿物结构及反应过程的一些微观研究手段（如电镜）都难以直接用于纳米层间域，尤其是在水环境下蒙脱石层间域结构会进一步改变。为此，需要建立耦合原位实验研究和分子模拟技术的研究方法，从不同角度研究蒙脱石层间域纳米反应器。②需要进一步揭示蒙脱石层间域纳米反应器的特征及重要功能属性。蒙脱石层间域纳米反应器是地表环境中非常特殊的反应介质，参与系列重要的地质地化反应过程。蒙脱石纳米反应器在其资源高值利用中也扮演重要角色。因此，系统阐明层间域纳米反应器的特征及功能性是揭示蒙脱石资源环境属性的关键。

3. 科学意义

蒙脱石作为一类典型层状纳米矿物，在地表环境中储量大、分布广，是高反应活性的天然纳米物质。蒙脱石的高反应活性及特殊资源环境属性主要源于其层间域纳米反应器。因此，系统阐明蒙脱石层间域纳米反应器的结构－活性－功能属性关系及机制，不仅有利于掌握蒙脱石如何参与地球重要反应过程和重大事件，还能为蒙脱石资源的高值利用提供理论依据，具有重要科学意义。

4. 衍生意义

黏土矿物种类丰富，且在地表环境中大量存在和广泛分布。与蒙脱石相似，其他一些类型的黏土矿物（如蛭石、皂石、绿脱石）也存在层间域纳米反应器，因此，层间域纳米反应器在自然环境中普遍存在，具有重要环境影响和利用价值。进一步，该研究工作所得结果也有望为掌握矿物纳微米孔道在环境中的重要功能属性提供研究手段和理论支持。

参考文献

Aldersley M F, Joshi P C, Price J D, Ferris J P. 2011. The role of montmorillonite in its catalysis of RNA synthesis [J]. Applied Clay Science, 54(1): 1-14.

Bergaya F, Lagaly G. 2013. Chapter 1—General introduction: clays, clay minerals, and clay science [M] //Bergaya F, Lagaly G. Handbook of Clay Science. 2nd ed. Developments in Clay Science. Amsterdam: Elsevier: 1-19.

Biswas B, Warr L N, Hilder E F, Goswami N, Rahman M M, Churchman J G, Vasilev K, Pan G, Naidu R. 2019. Biocompatible functionalisation of nanoclays for improved environmental remediation [J]. Chemical Society Reviews, 48(14): 3740-3770.

Brigatti M F, Galán E, Theng B K G. 2013. Chapter 2—Structure and mineralogy of clay minerals [M] //Bergaya F, Lagaly G. Handbook of Clay Science. 2nd ed. Developments in Clay Science. Amsterdam: Elsevier: 21-81.

Chen Q Z, Liu H M, Zhu R L, Wang X, Wang S Y, Zhu J X, He H P. 2016. Facile synthesis of nitrogen and sulfur co-doped graphene-like carbon materials using methyl blue/montmorillonite composites [J]. Microporous and Mesoporous Materials, 225: 137-143.

Chen Q Z, Zhu R L, Deng W X, Xu Y, Zhu J X, Tao Q, He H P. 2014. From used montmorillonite to carbon monolayer-montmorillonite nanocomposites [J]. Applied Clay Science, 100: 112-117.

Chen Q Z, Zhu R L, Ma L Y, Zhou Q, Zhu J X, He H P. 2017. Influence of interlayer species on the thermal characteristics of montmorillonite [J]. Applied Clay Science, 135: 129-135.

Churchman G J, Singh M, Schapel A, Sarkar B, Bolan N. 2020. Clay minerals as the key to the sequestration of carbon in soils [J]. Clays and Clay Minerals, 68(2): 135-143.

Dai W J, Wu P, Liu D, Hu J, Cao Y, Liu T Z, Okoli C P, Wang B, Li L. 2020. Adsorption of polycyclic aromatic hydrocarbons from aqueous solution by organic montmorillonite sodium alginate nanocomposites [J]. Chemosphere, 251: 126074.

Darder M, Aranda P, Ruiz-García C, Fernandes F M, Ruiz-Hitzky E. 2018. The meeting point of carbonaceous materials and clays: toward a new generation of functional composites [J]. Advanced Functional Materials, 28(27): 1704323.

Han L, Lu X, Liu K Z, Wang K F, Fang L M, Weng L T, Zhang H P, Tang Y H, Ren F Z, Zhao C C, Sun G X, Liang R, Li Z J. 2017. Mussel-inspired adhesive and tough hydrogel based on nanoclay confined dopamine polymerization [J]. ACS Nano, 11(3): 2561-2574.

Kennedy M J, Wagner T. 2011. Clay mineral continental amplifier for marine carbon sequestration in a greenhouse ocean [J] . Proceedings of the National Academy of Sciences of the United States of America, 108(24): 9776-9781.

Kleber M, Bourg I C, Coward E K, Hansel C M, Myneni S C B, Nunan N. 2021. Dynamic interactions at the mineral-organic matter interface [J] . Nature Reviews Earth & Environment, 2(6): 402-421.

McMahon S, Anderson R P, Saupe E E, Briggs D E G. 2016. Experimental evidence that clay inhibits bacterial decomposers: implications for preservation of organic fossils [J] . Geology, 44(10): 867-870.

Qin C, Chen C, Shang C, Xia K. 2018. Fe^{3+}-saturated montmorillonite effectively deactivates bacteria in wastewater [J] . Science of the Total Environment, 622-623: 88-95.

Theng B K G. 2018. Clay Mineral Catalysis of Organic Reactions [M] . Boca Raton: CRC Press.

Xu T Y, Zhu R L, Zhu J X, Liang X L, Liu Y, Xu Y, He H P. 2016. Ag_3PO_4 immobilized on hydroxy-metal pillared montmorillonite for the visible light driven degradation of acid red 18 [J] . Catalysis Science & Technology, 6(12): 4116-4123.

Yang J Q, Zhang X, Bourg I C, Stone H A. 2021a. 4D imaging reveals mechanisms of clay-carbon protection and release [J] . Nature Communications, 12(1): 622.

Yang Y X, Zhu R L, Chen Q Z, Xing J Q, Ma L Y, He Q Z, Fan J, Xi Y F, Zhu J X, He H P. 2021b. Development of novel multifunctional adsorbent by effectively hosting both zwitterionic surfactant and hydrated ferric oxides in montmorillonite [J] . Science of the Total Environment, 774: 144974.

Zhu R L, Chen Q Z, Wang X, Wang S Y, Zhu J X, He H P. 2015. Templated synthesis of nitrogen-doped graphene-like carbon materials using spent montmorillonite [J] . RSC Advances, 5(10): 7522-7528.

Zhu R L, Chen Q Z, Zhou Q, Xi Y F, Zhu J X, He H P. 2016. Adsorbents based on montmorillonite for contaminant removal from water: a review [J] . Applied Clay Science, 123: 239-258.

Zhu R L, Zhu L Z, Zhu J X, Ge F, Wang T. 2009. Sorption of naphthalene and phosphate to the CTMAB-Al_{13} intercalated bentonites [J] . Journal of Hazardous Materials, 168(2): 1590-1594.

（朱润良，中国科学院广州地球化学研究所）

8.2 从蒙脱石到硅基负极材料

1. 应用背景

锂离子电池是电动汽车、移动电子设备、无人机、智能电网等众多行业产品/设备的重要部件。研制高性能锂离子电池对推动这些行业的发展至关重要，其关键是研发高性能电极材料（Pomerantseva et al., 2019; Choi and Aurbach, 2016）。单质硅被认为是最具应用前景的下一代锂离子电池负极材料，其理论比容量（4200 mA · h/g）远优于商业石墨负极材料（372 mA · h/g），且放电电位接近金属锂（约 0.2 V）（Li et al., 2021; Chen et al., 2019b）。但单质硅在充放电循环过程中会产生严重体积变化、结构开裂和粉化等问题，导致电池容量快速衰减和电接触变差（Li et al., 2021; Chen et al., 2019b）。研究表明，通过构建硅纳米结构（如纳米颗粒、纳米线、纳米片）、引入导电保护层（如石墨、金属）等方法能显著提升硅负极的储锂性能（Jia et al., 2020; Qi et al., 2017; Xu et al., 2017），但高昂的制备成本严重制约了硅基纳米材料的实际应用。因此，研发低成本规模生产高性能硅基纳米材料的新技术，对推动锂离子电池产业的发展具有重要意义。

黏土矿物是一类具有天然纳米结构的硅酸盐非金属矿，其储量丰富、廉价易得、形貌多样、结构/组分易调控（Bergaya and Lagaly, 2013; He et al., 2013）。一些典型黏土矿物（如蒙脱石、高岭石）的全球储量达数十亿吨，每吨价格仅需数百元。我国黏土矿物储量居世界前列，实现黏土矿物资源高效高值利用是我国经济发展的重大需求，已明确写入我国《战略性新兴产业分类（2018）》（国家统计局令第 23 号）。开发各种基于黏土矿物的纳米功能材料是黏土矿物资源高效高值利用的重要途径，相关材料在化工、医药、环保等领域已有大量研究和应用（Murugesan and Scheibel, 2020; Biswas et al., 2019; Zhou et al., 2019; Theng, 2018）。近年来，少量研究显示，黏土矿物可作为制备硅基纳米材料的前驱体（Chen et al., 2019a; Ryu et al., 2016），这为黏土矿物在新能源领域的应用开辟了一条全新途径。如能实现从黏土矿物到硅基纳米材料的低成本规模制备技术攻关，为高性能锂离子电池提供新材料和新技术，势必将产生巨大的经济效益。

蒙脱石作为黏土矿物的典型代表，利用蒙脱石制备硅基纳米材料理论上具有独特的优势（图 1）。首先，蒙脱石具有天然的二维纳米结构和较高的硅元素含量（可达 30%）（Zhu et al., 2016; Brigatti et al., 2013），综合利用其纳米结构和硅元素，有望直接以蒙脱石为前驱体制备硅纳米材料。其次，蒙脱石还具有表面反应活性强、结构和性质易调控等特点，通过酸/碱活化、有机/无机改性、与其他纳米物质复合等手段很容易引入各种目标活性物质（如含碳物质、金属离子），并实现它们在分子 / 原子尺度上的均匀复合（Chen et al., 2017; Zhu et al., 2016）。以该复合物为前驱体，有望制备不同结构和组分的硅基纳米复合材料，在此基础上，可望为锂离子电池提供丰富的硅基纳米负极材料。更为重要的是，我国蒙脱石（膨润土）的储量居世界首位，以其为原料制备硅基纳米材料，有望能大幅度降低硅基纳米材料的生产成本，这对硅基纳米负极材料实际生产以及在锂离子电池中规模应用具有重要意义。

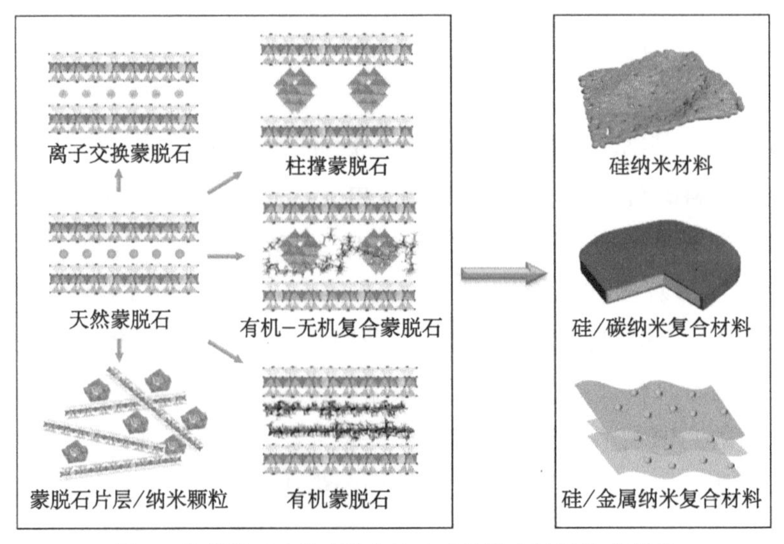

图 1　从蒙脱石及其改性产物到硅基纳米材料的示意图

2. 重大需求

我国目前在锂离子电池行业处于世界领跑地位，但同时也面临欧盟、美国、日本、韩国等的强力竞争，技术领先优势并不突出（Bresser et al., 2018）。因此，高性能锂离子电池研发对保持我国在锂离子电池行业的国际领先地位、助力我国汽车行业的“弯道超车”具有重要意义。硅基纳米材料被认为是下一代锂离子电池负极材料的最佳选择，但其大规模产业化应用还需解决一系列关键技术难题。首要解决的问题就是降低硅基纳米材料的成本并提升其储锂性能（Ge et al., 2021; Chen et al., 2018）。建立从以蒙脱石为代表的黏土矿物到硅基纳米材料的新技术，可望实现低成本规模制备各种硅基纳米材料，同时为开发高性能硅基负极材料提供大量供试纳米材料，进而研制出更高容量和更稳定的硅基负极材料，助力我国电池及相关产业的发展。

另外，黏土矿物是我国重要的矿产资源，也是储量丰富、廉价易得的天然纳米材料。我国多种黏土矿物（如蒙脱石、高岭石）储量居世界前列，以数十亿吨规模计，但黏土矿物资源利用水平相对较低，产品附加值不高，急需实现黏土矿物高值利用基础理论与关键技术的突破。综合利用以蒙脱石为代表的黏土矿物的纳米结构和硅元素载体特性，制备硅基纳米材料，突破了黏土矿物资源利用的传统方式。将研制的各种硅基纳米材料用作锂离子电池负极材料，拓展黏土矿物资源的利用领域，对提升黏土矿物的资源利用水平和利用价值具有重要意义。

3. 关键难题和技术指标

目前，硅纳米材料常以人工合成的含硅材料为前驱体，制备工艺复杂，导致其价格高昂（Zhang et al., 2016）。利用廉价的蒙脱石制备硅纳米材料是降低其成本的有效方法，但相关研究工作仅有少量报道（Chen et al., 2019a; Ryu et al., 2016）。这些研究虽然证实了以蒙脱石为代表的黏土矿物可用于制备硅纳米材料，但总体还处于起步阶段，大量关键科学问题和技术难点有待研究解决。例如，从蒙脱石到硅纳米材料的反应过程及机制不够明确；蒙脱石结构掺杂离子对硅纳米材料的结构和性能的影响仍不清楚；

尚未开展以各种改性蒙脱石复合物为前驱体制备不同结构 / 化学组成硅基纳米材料的工作；缺少精确调控及优化硅基纳米材料结构 / 组成的理论依据；不同硅基负极材料的储锂机制、容量衰减与结构劣化的关系等科学问题还有待研究探明；基于蒙脱石的高性能硅基负极材料的低成本规模生产技术还有待突破。

4. 预期经济价值或产业作用

锂离子电池广泛应用于电动汽车、消费类电子产品、工业 / 电网储能、国防军工等领域，有巨大市场价值。例如，2021 年我国锂离子电池产量达到了 324GW · h（据中国工业和信息化部《2021 年锂离子电池行业运行情况》）；全球动力锂电池市场近年将以每年约 14.3% 的速率增长，预期在 2025 年达到千亿美元；而负极材料约占锂离子电池成本的 20%（Schmuch et al., 2018）。因此，基于以蒙脱石为代表的黏土矿物制备的硅基负极材料一旦成功用于锂离子电池，预期能使硅基负极材料的成本显著下降，使其在市场竞争中占据优势。此外，研发高能量密度的锂离子电池也是我国战略需求，对我国汽车工业的“弯道超车”起决定性作用，并能带动一大批相关产业发展，社会经济效益显著。同时，将储量丰富、价格低廉的黏土矿物转变为高附加值的硅基纳米材料，极大地提升了黏土矿物的资源利用水平和价值，具备良好的产业化前景。

参考文献

Bergaya F, Lagaly G. 2013. Chapter 1—General introduction: clays, clay minerals, and clay science［M］//Bergaya F, Lagaly G. Handbook of Clay Science. 2nd ed. Developments in Clay Science Vol 5B. Amsterdam: Elsevier: 1-19.

Biswas B, Warr L N, Hilder E F, Goswami N, Rahman M M, Churchman J G, Vasilev K, Pan G, Naidu R. 2019. Biocompatible functionalisation of nanoclays for improved environmental remediation［J］. Chemical Society Reviews, 48(14): 3740-3770.

Bresser D, Hosoi K, Howell D, Li H, Zeisel H, Amine K, Passerini S. 2018. Perspectives of automotive battery R&D in China, Germany, Japan, and the USA［J］. Journal of Power

Sources, 382: 176-178.

Brigatti M F, Galán E, Theng B K G. 2013. Chapter 2—Structure and mineralogy of clay minerals [M] //Bergaya F, Lagaly G. Handbook of Clay Science. 2nd ed. Developments in Clay Science Vol 5B. Amsterdam: Elsevier: 21-81.

Chen Q Z, Zhu R L, He Q Z, Liu S H, Wu D C, Fu H Y, Du J, Zhu J X, He H P. 2019a. *In situ* synthesis of a silicon flake/nitrogen-doped graphene-like carbon composite from organoclay for high-performance lithium-ion battery anodes [J] . Chemical Communications, 55(18): 2644-2647.

Chen Q Z, Zhu R L, Liu S H, Wu D C, Fu H Y, Zhu J X, He H P. 2018. Self-templating synthesis of silicon nanorods from natural sepiolite for high-performance lithium-ion battery anodes [J] . Journal of Materials Chemistry A, 6(15): 6356-6362.

Chen Q Z, Zhu R L, Ma L Y, Zhou Q, Zhu J X, He H P. 2017. Influence of interlayer species on the thermal characteristics of montmorillonite [J] . Applied Clay Science, 135: 129-135.

Chen X, Li H X, Yan Z H, Cheng F Y, Chen J. 2019b. Structure design and mechanism analysis of silicon anode for lithium-ion batteries [J] . Science China Materials, 62(11): 1515-1536.

Choi J W, Aurbach D. 2016. Promise and reality of post-lithium-ion batteries with high energy densities [J] . Nature Reviews Materials, 1(4): 16013.

Ge M Z, Cao C Y, Biesold G M, Sewell C D, Hao S M, Huang J Y, Zhang W, Lai Y K, Lin Z Q. 2021. Recent advances in silicon-based electrodes: from fundamental research toward practical applications [J] . Advanced Materials, 33(16): 2004577.

He H P, Tao Q, Zhu J X, Yuan P, Shen W, Yang S Q. 2013. Silylation of clay mineral surfaces [J] . Applied Clay Science, 71: 15-20.

Jia H P, Li X L, Song J H, Zhang X, Luo L L, He Y, Li B S, Cai Y, Hu S Y, Xiao X C, Wang C M, Rosso K M, Yi R, Patel R, Zhang J G. 2020. Hierarchical porous silicon structures with extraordinary mechanical strength as high-performance lithium-ion battery anodes [J] . Nature Communications, 11(1): 1474.

Li P, Kim H, Myung S T, Sun Y K. 2021. Diverting exploration of silicon anode into practical way: a review focused on silicon-graphite composite for lithium ion batteries [J] . Energy Storage Materials, 35: 550-576.

Murugesan S, Scheibel T. 2020. Copolymer/clay nanocomposites for biomedical applications [J] . Advanced Functional Materials, 30(17): 1908101.

Pomerantseva E, Bonaccorso F, Feng X L, Cui Y, Gogotsi Y. 2019. Energy storage: the future enabled by nanomaterials [J] . Science, 366(6468): eaan8285.

Qi W, Shapter J G, Wu Q, Yin T, Gao G, Cui D X. 2017. Nanostructured anode materials for lithium-ion batteries: principle, recent progress and future perspectives [J] . Journal of Materials Chemistry A, 5(37): 19521-19540.

Ryu J, Hong D, Choi S, Park S. 2016. Synthesis of ultrathin Si nanosheets from natural clays for lithium-ion battery anodes [J] . ACS Nano, 10(2): 2843-2851.

Schmuch R, Wagner R, Hörpel G, Placke T, Winter M. 2018. Performance and cost of materials for lithium-based rechargeable automotive batteries [J] . Nature Energy, 3(4): 267-278.

Theng B K G. 2018. Clay Mineral Catalysis of Organic Reactions [M] . Boca Raton: CRC Press.

Xu Z L, Liu X M, Luo Y S, Zhou L M, Kim J K. 2017. Nanosilicon anodes for high performance rechargeable batteries [J] . Progress in Materials Science, 90: 1-44.

Zhang L, Liu X X, Zhao Q J, Dou S X, Liu H K, Huang Y H, Hu X L. 2016. Si-containing precursors for si-based anode materials of Li-ion batteries: a review [J] . Energy Storage Materials, 4: 92-102.

Zhou C H, Zhou Q, Wu Q Q, Petit S, Jiang X C, Xia S T, Li C S, Yu W H. 2019. Modification, hybridization and applications of saponite: an overview [J] . Applied Clay Science, 168: 136-154.

Zhu R L, Chen Q Z, Zhou Q, Xi Y F, Zhu J X, He H P. 2016. Adsorbents based on montmorillonite for contaminant removal from water: a review [J] . Applied Clay Science, 123: 239-258.

（陈情泽，中国科学院广州地球化学研究所）

8.3 高岭石基 FCC 催化剂载体

1. 问题背景

我国的石油开采消费每年都呈增长的趋势，炼油工业是我国国民经济的重要支柱产业。但是，我国中高硫、重质等劣质原油占比逐渐提高，冶炼技术难度大、出油率低，在客观上导致了我国油品质量差、汽车尾气排放污染物超标等问题。流体催化裂化（fluid catalytic cracking, FCC）技术作为现代化炼油企业加工重油的重要手段和核心技术，发展异常迅速。提升 FCC 催化剂性能仍然是目前石化行业发展过程中一个亟待解决的问题。FCC 催化剂主要由分子筛、载体和黏结剂构成，其中分子筛为主要的催化裂化活性中心。由于重质油分子较大，难以接近分子筛的内孔进行催化裂化。优良的 FCC 催化剂载体，能使重质油在其大孔内进行预裂化，从而提高催化剂的整体活性，提高重油转化率。

高岭石因具有高稳定性、高黏结力等优点，是最重要 FCC 催化剂载体。FCC 催化剂的催化性能与高岭石载体直接相关。对高岭石进行提纯、改性等处理可不同程度提升其纯度、孔容、孔径、表面酸性、比表面积等性能，进而提高 FCC 催化剂的催化活性（Theocharis et al., 1988）。前人已针对这些问题进行了一系列的研究（饶文秀等, 2019）。胡继春等（2012）采用湿法选矿对晋城高岭石进行提纯，使石英、锐钛矿和金红石等杂质矿物的含量显著降低。He 等（2002）探究了 FCC 催化剂表面酸性强度与其催化活性的关系，研究表明调节催化剂表面酸位数和酸性强度可提高柴油和汽油的产量。李爱英（2006）采用酸改性高岭石制备了不同 Si/Al 比的 FCC 催化剂，发现高 Si/Al 比的催化剂催化裂化性能更强。郑淑琴等（2017）用苏州高岭石制备了FCC催化剂，发现其具有良好的耐磨性和优异的催化性能。王栋等（2014）采用热改性高岭石制备了具有优异重油转化性能和抗重金属污染能力的 FCC 催化剂。苏毅等（2008）采用羟甲基磺酸钠或三聚磷酸钠等改性剂有机改性高岭石，其耐磨性显著提高。此外，陈忠恒等（2011）也发现球磨可提高催化剂的耐磨性，耐磨性是高岭石作为 FCC 催化剂载体的重要指标，会显著影响催化剂的使用寿命。

2. 关键问题

我国不同产地高岭石的性能有较大差异（李小红等，2011），存在杂质矿物与元素含量高、结晶度差、耐磨性低、比表面积和孔体积小、酸性强度与催化活性弱等问题，导致其难以用于制备 FCC 催化剂。对高岭石进行选矿提纯与改性可解决上述问题。例如，采用湿法和磁法选矿可去除高岭石中的杂质；酸、碱改性可提高高岭石的比表面积，在其表面形成孔道和酸性中心；热改性有助于高岭石表面形成酸性中心。近期研究发现，高岭石作为催化剂载体的性能与其矿物学特征直接相关，但目前尚缺少相关研究报道。因此，可选取不同产地的高岭石作为研究对象，进行充分的矿物学研究，特别是研究高岭石层堆垛的有序－无序对其结晶度、催化活性等的影响规律。在此基础上，针对性提出改性方法，提高其纯度、比表面积、孔体积、表面酸性和催化活性等关键性能指标，获得适用于不同目标产品的 FCC 催化剂用高性能载体材料。

3. 科学意义

近年来，全球石油消费量稳步提升，我国对优质油品的需求也日益增加，特别是对轻质油品的需求增长迅速。优良的 FCC 催化剂是满足这些需求的关键之一，市场需求巨大。自 20 世纪 80 年代至今，以苏州高岭石为主要原料之一制备的FCC催化剂在我国石化市场始终居于主导地位。然而，经过几十年的开采，苏州高岭石资源已快耗尽。目前，主要依赖进口美国的高岭石来满足高端 FCC 催化剂载体的需求，是一个典型的卡脖子问题。如果这一卡脖子问题得不到解决，对于国民经济命脉的石化行业将是一个巨大冲击。因此，寻找苏州高岭石的可替代资源迫在眉睫。虽然我国其他产地高岭石储量丰富，但品质参差不齐，存在结晶度差、杂质含量高和伴生矿物难提纯等问题（图 1），其表面酸位、比表面积、孔体积和催化活性等性能也难以与苏州高岭石相比。因此，系统研究和评价国内不同产地高岭石，提升其理化性能，进而制备具有优异重油催化裂化性能的高岭石基FCC催化剂，是我国石化行业发展面临的重要课题。

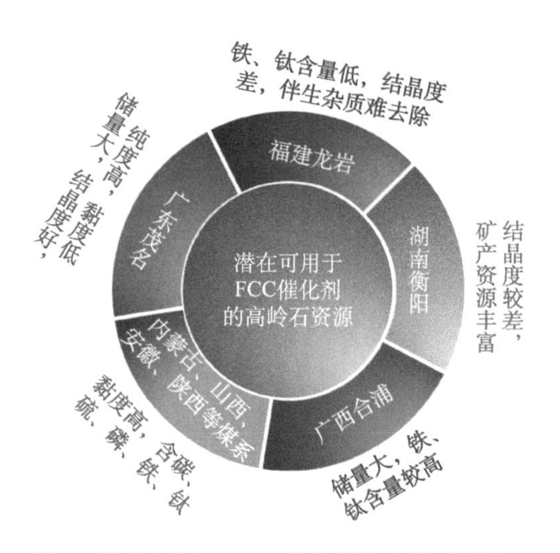

图1 潜在可用于FCC催化剂的高岭石资源

4. 衍生意义

随着原油的重质化和劣质化等问题的日益突出，提高汽油的产品质量和重油转化能力是目前石油化工厂增加经济效益的有效手段。我国原油年加工能力居世界第三位，85%以上的汽油、40%的柴油、90%以上的石油液化气都依赖于FCC技术。提升催化剂载体性能是提高重油转化能力和产品质量的重要途径。通过对国内不同产地的高岭石的研究，提出针对性的改性策略，可望解决高端FCC催化剂载体主要依赖美国进口这一卡脖子问题，满足国家的重大战略需求，具有重要的经济和社会效益。

参考文献

陈忠恒，张永明，潘莉莎，吴景春. 2011. 茂名高岭土制备裂化催化剂的特性［J］. 广东化工，38(6): 270-272.

胡继春，潘业才，赵宇龙. 2012. 晋城软质高岭土湿法选矿提纯试验研究［J］. 能源技术与管理，(3): 131-133.

李爱英 . 2006. 内蒙煤系硬质高岭土的改性及其在 FCC 催化剂中应用研究［D］. 天津：天津大学 .

李小红，江向平，陈超，涂娜 . 2011. 几种不同产地高岭土的漫反射傅里叶红外光谱分析［J］. 光谱学与光谱分析，31(1): 114-118.

饶文秀，吕国诚，廖立兵 . 2019. 高岭石改性及其对流化催化裂化催化剂性能的影响［J］. 硅酸盐学报，47(6): 848-854.

苏毅，邱中红，田辉平 . 2008. 改性剂对 FCC 催化剂性能的影响［J］. 石油炼制与化工，(5): 12-15.

王栋，唐玉龙，刘涛，翟佳宁，孙树明，陆通 . 2014. 改性高岭土性能的研究［J］. 工业催化，22(2): 128-131.

郑淑琴，何理均，姚华，任劭，张建策 . 2017. 采用原位技术以滤渣与高岭土制备 FCC 催化剂［J］. 中国炼油与石油化工，19(1): 19-25.

He M Y. 2002. The development of catalytic cracking catalysts: acidic property related catalytic performance［J］. Catalysis Today, 73(1-2): 49-55.

Theocharis C R, Jacob K J S, Gray A C. 1988. Enhancement of Lewis acidity in layer aluminosilicates. treatment with acetic acid［J］. Physical Chemistry Chemical Physics, 84(5): 1509-1515.

［吕国诚，中国地质大学（北京）］

第9章

动物养殖

9.1 非金属矿动物健康产品

1. 问题背景

肠道是动物最大的营养物质消化吸收器官，也是最大的免疫器官，是机体防止病原体侵袭的第一道防线。肠道健康与功能完整是动物健康和正常生长发育及生产的保证。动物肠道健康目前尚无严格的定义（Kogut and Arsenault，2016），主要指：肠道微生物区系平衡，无肠道功能障碍影响动物福利和生产性能（Celi et al., 2017）。肠道健康主要由完整的肠道屏障结构和功能、正常稳定的微生物区系、高效的消化吸收和免疫功能等构成（Celi et al., 2017）。然而，动物肠道是一个开放系统，在摄入营养物质的同时，病原微生物及其他有毒有害物质可通过饮水和饲料进入肠道，损伤肠道，破坏肠道完整性和微生物平衡，引起炎症反应，影响肠道健康，并可能导致病因子移位至其他组织器官，引起全身病变。

沸石、凹凸棒石、蒙脱石等矿物具有巨大的比表面积、特殊的孔道结构、良好的分散性和较强的吸附性（Papaioannou et al., 2005；Slamova et al., 2011），可有效吸附霉菌毒素、病原菌及其内毒素等有毒有害物质（Papaioannou et al., 2005; Lavie and Stotzky，1986; Kubota et al., 2008; Ramu et al., 1997; Zhao et al., 2012），并具有广谱抗菌作用（Haydel et al., 2008），有益于健康（Carretero，2002）。如图 1 所示，矿物随饲料进入动物肠道后，能够覆盖在肠道黏膜表面，具有保护肠道黏膜作用（Reichardt et al., 2009），并能够提高胃肠道黏蛋白含量，缓解促炎细胞因子和细菌内毒素对肠道屏障的损伤，提高肠道完整性，改善肠道形态结构，降低动物腹泻等肠道疾病发生率（Mahraoui et al., 1997; More et al., 1992; Wu et al., 2013; Zhang et al., 2013; 陈跃平，2017）。矿物能通过降低促炎细胞因子含量发挥抗炎作用，减少炎症反应引起的肠道损伤（Wu et al., 2013; 陈跃平，

2017; Juárez et al., 2016; López-Pacheco et al., 2017）；可提高肠道紧密连接蛋白基因表达，构建结构及功能完整的健康肠道（Wu et al., 2013; 陈跃平，2017）。饲料中添加适量矿物可降低动物肠道中的大肠杆菌和沙门氏菌数量，维持肠道微生物结构平衡（Zhang et al., 2013; 陈跃平，2017）；矿物能与糖蛋白交联形成保护层，将肠道中的霉菌毒素及其他抗原等有害物质吸附在矿物颗粒表面，减少其通过黏液层的概率及与肠道上皮细胞的接触，保持肠道内环境稳态，缓解肠道黏膜上皮细胞损伤（Zhang et al., 2013; 陈跃平，2017）。矿物具有抗氧化作用（Cervini-Silva et al., 2015），能改善动物肠道氧化还原状态，增强抗氧化能力，减少氧化产物产生（陈跃平，2017; Su et al., 2018）。综上所述，矿物主要从在肠道内形成保护层、吸附病原菌和毒素、调节肠道微生态平衡、减少氧化应激及控制炎症反应等方面发挥肠道健康功能。

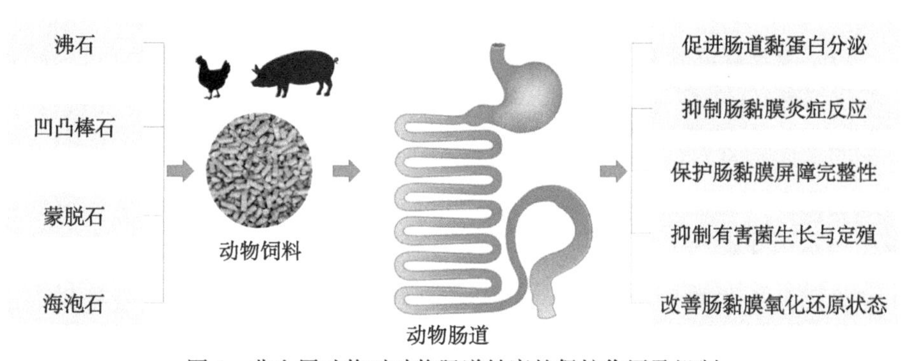

图 1 非金属矿物对动物肠道健康的保护作用及机制

2. 需求分析

我国是养殖大国，生产效率与动物肠道健康密切相关，与国际先进水平相比存在一定差距。肠道健康是动物高效利用饲料和充分发挥生产潜力的基础，也是动物机体健康的保障。肠道是动物最大的免疫器官，有 70% 的免疫细胞分布在肠道，99% 的毒素和 84% 的病毒由肠道进入，95% 以上的感染性疾病与消化道有关，对动物健康和生产至关重要，肠道健康已成为养殖业和饲料科学关注的重点和研究的焦点。在动物生产过程中，由于环境、饲料和饲养管理过程中的有毒有害物质会进入动物肠道，引起肠道损伤，影响动物健康、生产性能，并影响动物产品安全性，从而影响健康养殖。特别是从 2020 年 7 月开始，我国已禁止在饲料中添加抗生素类促生长剂，饲料中禁抗、养殖中减抗是未来的必然趋势，我国养殖业在向健康养殖发展。目前，为保障动物肠道健康，在饲料中应用较广泛的是酸化剂、益生菌、益生元、植物精油和抗菌肽等产品，以控制病原菌为主要目的，而对肠道保护相对有限。非金属矿控制腹泻等人类肠道疾病已十分普及，且效果显著。目前，我国虽已有非金属矿在饲料中应用，但研究尚不够深入系统，且缺乏对所用矿物结构和特性的深入了解，与人用非金属矿抗腹泻产品相比，应用效果差距明显，迫切需要基于非金属矿的结构特性和动物肠道黏膜屏障结构特点，针对动物肠道保护的需要进行深入研究，创制高效动物肠道健康产品。

3. 关键难题和技术指标

病原菌及其毒素是影响肠道健康最为主要的因素，细菌内毒素可引起肠道免疫和氧化应激，破坏肠道紧密连接，损伤肠道屏障（陈跃平，2017），饲料中的霉菌毒素对肠道也有极大损伤（高亚男等，2016）。因此，控制病原菌及其毒素和霉菌毒素是保障肠道健康的关键，特别是消除细菌内毒素影响的非金属矿研发是今后的重点。非金属矿在肠道中与黏膜、黏蛋白等的相互作用及保护机制等均需予以阐明，从而为肠道保护产品研发提供理论依据，由此明确产品技术指标。创制选择性吸附病毒的高效吸附剂对健康养殖具有战略意义，研究非金属矿的免疫增效作用也具有重大意义。非金属矿添加量过高会增加动物肠道中的有害菌数量，并对屏障功能造成负面效应（张磊，2016），探明具有肠道保护功能的非金属矿种类、微观结构、特性和合理添加量尤为关键。阐明非金属矿与饲料中广泛应用的肠道健康产品之间的协同作用有助于进一步改善动物肠道健康状况。

4. 作用和意义

非金属矿动物肠道健康功能的挖掘，可促进矿物学、材料科学和生命科学之间的学科交叉研究以及非金属矿基础研究的发展，推动材料基因组与生命基因组的融合，形成非金属矿在生命科学领域应用的基础理论，同时为以人类健康为核心的大健康产业提供参考。我国动物养殖产量巨大，且非金属矿资源丰富，动物肠道健康产品是其高附加值产品开发应用的一大领域，市场潜力大。与现行动物肠道健康相关产品比较，非金属矿动物肠道健康产品成本较低，且功能多，应用价值较高，竞争优势明显。非金属矿安全、稳定，属于环境材料，因此，用作动物肠道健康产品，无副作用和生态风险，且加工方便，可为我国动物健康养殖提供技术支撑。

参考文献

陈跃平. 2017. 凹凸棒石和L-苏氨酸对肉鸡肠道的保护作用研究［D］. 南京：南京农业大学.

高亚男，王加启，李松励，张养东，郑楠. 2016. 霉菌毒素影响肠道黏膜屏障功能［J］. 动物营养学报，28(3): 674-679.

张磊. 2016. 凹凸棒石对肉鸡饲料制粒质量与肠道功能的影响及其相关机制研究［D］. 南京：南京农业大学.

Carretero M I. 2002. Clay minerals and their beneficial effects upon human health: a review［J］. Applied Clay Science, 21(3-4): 155-163.

Celi P, Cowieson A J, Fru-Nji F, Steinert R E, Kluenter A M, Verlhac V. 2017. Gastrointestinal functionality in animal nutrition and health: new opportunities for sustainable animal production［J］. Animal Feed Science and Technology, 234: 88-100.

Cervini-Silva J, Nieto-Camacho A, Gómez-Vidales V. 2015. Oxidative stress inhibition and oxidant activity by fibrous clays［J］. Colloids and Surfaces B: Biointerfaces, 133: 32-35.

Haydel S E, Remenih C M, Williams L B. 2008. Broad-spectrum *in vitro* antibacterial activities of clay minerals against antibiotic-susceptible and antibiotic-resistant bacterial pathogens［J］. Journal of Antimicrobial Chemotherapy, 61(2): 353-361.

Juárez E, de Jesús E R, Nieto-Camacho A, Kaufhold S, García-Romero E, Suárez M, Cervini-Silva J. 2016. The role of sepiolite and palygorskite on the migration of leukocyte cells to an inflammation site［J］. Applied Clay Science, 123: 315-319.

Kogut M H, Arsenault R J. 2016. Editorial: gut health: the new paradigm in food animal production［J］. Frontiers in Veterinary Science, 3: 71.

Kubota M, Nakabayashi T, Matsumoto Y, Shiomi T, Yamada Y, Ino K, Yamanokuchi H, Matsui M, Tsunoda T, Mizukami F, Sakaguchi K. 2008. Selective adsorption of bacterial cells onto zeolites［J］. Colloids and Surfaces B: Biointerfaces, 64(1): 88-97.

Lavie S, Stotzky G. 1986. Adhesion of the clay minerals montmorillonite, kaolinite, and attapulgite reduces respiration of Histoplasma capsulatum [J]. Applied and Environmental Microbiology, 51(1): 65-73.

López-Pacheco C P, Nieto-Camacho A, Zarate-Reyes L, García-Romero E, Suárez M, Kaufhold S, Zepeda E G, Cervini-Silva J. 2017. Sepiolite and palygorskite-underpinned regulation of mRNA expression of pro-inflammatory cytokines as determined by a murine inflammation model [J]. Applied Clay Science, 137(1): 43-49.

Mahraoui L, Heyman M, Plique O, Droy-Lefaix M T, Desjeux J F. 1997. Apical effect of diosmectite on damage to the intestinal barrier induced by basal tumour necrosis factor-alpha [J]. Gut, 40(3): 339-343.

More J, Fioramonti J, Bueno L. 1992. Changes in gastrointestinal mucins caused by attapulgite. Experimental study in rats [J]. Gastroentérologie Clinique et Biologique, 16(12): 988-993.

Papaioannou D, Katsoulos P D, Panousis N, Karatzias H. 2005. The role of natural and synthetic zeolites as feed additives on the prevention and/or the treatment of certain farm animal diseases: a review [J]. Microporous and Mesoporous Materials, 84(1): 161-170.

Ramu J, Clark K, Woode G N, Sarr A B, Phillips T D. 1997. Adsorption of cholera and heat-labile *Escherichia coli* enterotoxins by various adsorbents: an *in vitro* study [J]. Journal of Food Protection, 60(4): 358-362.

Reichardt F, Habold C, Chaumande B, Ackermann A, Ehret-Sabatier L, Le Maho Y, Angel F, Liewig N, Lignot J H. 2009. Interactions between ingested kaolinite and the intestinal mucosa in rat: proteomic and cellular evidences [J]. Fundamental & Clinical Pharmacology, 23(1): 69-79.

Slamova R, Trckova M, Vondruskova H, Zraly Z, Pavlik I. 2011. Clay minerals in animal nutrition [J]. Applied Clay Science, 51(4): 395-398.

Su Y, Chen Y, Chen L, Xu Q, Kang Y, Wang W, Wang A, Wen C, Zhou Y. 2018. Effects of different levels of modified palygorskite supplementation on the growth performance, immunity, oxidative status and intestinal integrity and barrier function of broilers [J]. Journal of Animal Physiology and Animal Nutrition, 102(6): 1574-1584.

Wu Q J, Zhou Y M, Wu Y N, Zhang L L, Wang T. 2013. The effects of natural and modified clinoptilolite on intestinal barrier function and immune response to LPS in broiler chickens [J]. Veterinary Immunology and Immunopathology, 153(1-2): 70-76.

Zhang J, Lv Y, Tang C, Wang X. 2013. Effects of dietary supplementation with palygorskite on intestinal integrity in weaned piglets [J]. Applied Clay Science, 86: 185-189.

Zhao W, Liu X, Huang Q, Wallker S L, Cai P. 2012. Interactions of pathogens *Escherichia coli* and *Streptococcus suis* with clay minerals [J]. Applied Clay Science, 69: 37-42.

（周岩民，南京农业大学）

9.2 凹凸棒石基抗菌促生长替抗产品

1. 应用背景

自 20 世纪中叶发现抗生素对动物的促生长作用以来（Tang et al., 2017），抗生素广泛应用于动物生产，保障了动物健康，提高了饲料利用率（Brown et al., 2017; Brüssow, 2015）。然而，随着畜牧养殖业的发展和养殖集约化程度的提高，病害发生率越来越高，出现了世界范围内的抗生素滥用现象（Klein et al., 2018; Van et al., 2020）。长期和过度使用抗生素，不仅造成动物肠道菌群失调，而且导致细菌耐药性的产生，引发严重的食品安全问题（Koch et al., 2017; Ronquillo et al., 2017）。目前，抗生素在动物养殖中的滥用和抗药性已经成为世界范围内公共卫生领域的重大问题之一，在我国已形成了“饲用抗生素使用→动物耐药菌产生→食物链转移→人类耐药病原菌感染”链条，对我国食品安全和人体健康已构成直接威胁。

早在 2001 年，世界卫生组织（WHO）就发布了《WHO 遏制抗生素耐药的全球策略》，为应对抗生素耐药提出了全球行动建议。2006 年，欧盟成员国全面停止使用抗生素生长促进剂。2017 年 1 月，美国食品药品监督管理局（FDA）宣布，彻底禁止使用任何被认为是“医用”的抗生素来帮助动物增重。作为世界养殖大国，我国自 2020 年 7 月 1 日起，饲料生产企业停止生产含有促生长类药物饲料添加剂（中药类除外）的饲料。为了应对全面“饲料禁抗”，保障动物安全养殖，发展多功能、无毒、无残留的绿色替抗饲料添加剂成为现代健康养殖和社会发展的必然需求。

2. 重大需求

民以食为天，食以安为先。食品安全是关乎人民健康的重大基本民生问题。因此，保障畜禽产品的质量安全是维护公众健康、促进畜牧业健康发展的基本要求。随着国内饲料禁抗政策实施，为了保障动物健康和养殖业生产水平，国内畜牧养殖业急需抗生素替代品。我国既是世界第一饲料生产大国，也是世界第一养殖大国，研发具有自主知识产权的替抗产品，从源头改善国内畜牧养殖业的质量，促进畜牧产业的持续健康发展，有利于提高国内肉食品的卫生安全质量。

目前，国内外研究较多的抗生素替代品有中草药及植物提取物（Gong et al., 2014; Lillehoj et al., 2018）、益生元及微生态制剂（Wang et al., 2018b; Grant et al., 2018）、酸化剂（Pearlin et al., 2020）、酶制剂（Oliveira et al., 2018）、壳寡糖（Chen et al., 2021）和抗菌肽（Wang et al., 2018a）等（图 1）。这些替抗产品虽然能一定程度上解决动物腹泻的问题，具有促生长作用，但存在功能单一（如寡糖、酸化剂）、抑菌或杀菌作用不强（如酶制剂、黏土矿物）、工艺复杂成本高（如抗菌肽）、稳定性差（如植物精油）和储存难（如益生菌）等问题（Cheng et al., 2014; Allen et al., 2013），使用效果不能完全替代抗生素，满足不了动物安全养殖的要求。铜、锌在促进动物生长和防治腹泻方面也具有较好的作用，曾被广泛应用于各种畜禽饲料（López-Gálvez et al., 2020）。但由于高铜、高锌会引起动物毒性反应和环境重金属污染问题（Kumar et al., 2013; Shi et al., 2011），因而我国已对铜、锌在饲料中的添加量做了严格限制。此外，目前市场上普遍将多种添加剂进行复配，有些复配方案虽然行之有效，但仍不能从本质上解决问题。因此，针对市场强劲需求，从替抗成本与应用效果方面综合考量，以新视角研发新型替抗产品迫在眉睫。

3. 关键难题和技术指标

健康养殖背景下的新型抗生素替代品既要满足安全性、适口性和功效性等品质要求，还要兼顾绿色化生产和低成本。凹凸棒石是一种具有规整孔道（0.37 nm × 0.64 nm）和一维棒晶（长 1 ～ 5μm，直径 20 ～ 70 nm）形貌的含水富镁铝硅酸盐黏土矿物，由于储量丰富，安全无毒，已进入饲料添加剂目录（王文波等，2018），并在替抗产品开发方面取得了长足进展（Yang and Wang, 2022）。凹凸棒石既可以通过棒晶表面构筑纳米复合材料（Cai et al., 2013），也可以通过孔道构筑杂化功能材料（Zhong et al.,

2020），但以凹凸棒石为载体，如何通过组装设计开发具有肠道响应释放的新型多功能替抗产品是要解决的关键技术难题。为此，首先要解决不同功能抗菌因子以特定方式在凹凸棒石孔道和表面的有效组装；其次要通过材料电荷调控和表面交联，实现肠道定向释放，同时要发展绿色生产工艺；最后，通过动物养殖对比试验，验证抗腹泻和促生长功能。产品理化性能及安全性能达到饲料行业使用标准，通过关键技术突破，获得具有自主知识产权的凹凸棒石基抗菌促生长产品。

图 1　抗生素耐药性的危害及国内外研究主要抗生素替代品

4. 预期经济价值或产业作用

我国畜禽养殖业已经进入了稳步发展阶段，规模化、集约化和标准化的程度越来越高，未来也必然要坚定不移地朝着兼顾生态效益、经济效益和社会效益协调的可持续发展方向迈进。因此，以我国特色资源高值化利用为背景，以动物健康养殖为目标，自主创新开发安全养殖用凹凸棒石功能替抗产品，既为我国“无抗养殖”提供产品解决方案，又实现凹凸棒石从“资源优势”向“经济优势”转变。我国饲料年产量在 2 亿吨以上，约占全球总产量的 1/5，在世界饲料工业中发挥着重要作用。按替抗产品 1.5 kg/t 添加量计算，其市场容量可达 30 万吨，产值将达到 90 亿～ 150 亿元。

参考文献

王文波，牟斌，张俊平，王爱勤. 2018. 凹凸棒石：从矿物材料到功能材料. 中国科学：化学，48: 1432-1451.

Allen H K, Levine U Y, Looft T, Bandrick M, Casey T A. 2013. Treatment, promotion, commotion: antibiotic alternatives in food-producing animals [J]. Trends in Microbiology, 21(3): 114-119.

Brown K, Uwiera R R E, Kalmokoff M L, Brooks S P J, Inglis G D. 2017. Antimicrobial growth promoter use in livestock: a requirement to understand their modes of action to develop effective alternatives [J]. International Journal of Antimicrobial Agents, 49(1): 12-24.

Brüssow H. 2015. Growth promotion and gut microbiota: insights from antibiotic use [J]. Environmental Microbiology, 17(7): 2216-2227.

Cai X, Zhang J L, Ouyang Y, Ma D, Tan S Z, Peng Y L. 2013. Bacteria-adsorbed palygorskite stabilizes the quaternary phosphonium salt with specific-targeting capability, long-term antibacterial activity, and lower cytotoxicity [J]. Langmuir, 29(17): 5279-5285.

Chen Y X, Xie Y N, Zhong R Q, Liu L, Lin C G, Xiao L, Chen L, Zhang H F, Beckers Y, Everaert N. 2021. Effects of xylo-oligosaccharides on growth and gut microbiota as potential replacements for antibiotic in weaning piglets [J]. Frontiers in Microbiology, 12: 641172.

Cheng G Y, Hao, H H, Xie S Y, Wang X, Dai M H, Huang L L, Yuan Z H. 2014. Antibiotic alternatives: the substitution of antibiotics in animal husbandry [J] Frontiers in Microbiology, 5: 217-231.

Gong J, Yin F, Hou Y, Yin Y. 2014. Review: Chinese herbs as alternatives to antibiotics in feed for swine and poultry production: potential and challenges in application [J]. Canadian Journal of Animal Science, 94(2): 223-241.

Grant A, Gay C G, Lillehoj H S. 2018. *Bacillus* spp. as direct-fed microbial antibiotic alternatives to enhance growth, immunity, and gut health in poultry [J]. Avian Pathology, 47(4): 339-351.

Klein E Y, van Boeckel T P, Martinez E M, Pant S, Gandra S, Levin S A, Goossens H, Laxminarayan R. 2018. Global increase and geographic convergence in antibiotic consumption between 2000 and 2015 [J]. Proceedings of the National Academy of Sciences of the United States of America, 115(15): 3463-3470.

Koch B J, Hungate B A, Price L B. 2017. Food-animal production and the spread of antibiotic resistance: the role of ecology [J]. Frontiers in Ecology and the Environment, 15(6): 309-318.

Kumar R R, ParkB J, Cho J Y. 2013. Application and environmental risks of livestock manure

[J]. Journal of the Koreansociety for Applied Biological Chemistry, 56(5): 497-503.

Lillehoj H, Liu Y, Calsamiglia S, Fernandez-Miyakawa M E, Chi F, Cravens R L, Oh S, Gay C G. 2018. Phytochemicals as antibiotic alternatives to promote growth and enhance host health [J]. Veterinary Research, 49(1): 76-93.

López-Gálvez G, López-Alonso M, Pechova A, Mayo B, Dierick N, Gropp J. 2020. Alternatives to antibiotics and trace elements (copper and zinc) to improve gut health and zootechnical parameters in piglets: a review [J]. Animal Feed Science and Technology, 271: 114727.

Oliveira H, São-José C, Azeredo J. 2018. Phage-derived peptidoglycan degrading enzymes: challenges and future prospects for *in vivo* therapy [J]. Viruses, 10(6): 292-309.

Pearlin B V, Muthuvel S, Govidasamy P, Villavan M, Alagawany M, Ragab Farag M, Dhama K, Gopi M. 2020. Role of acidifiers in livestock nutrition and health: a review [J]. Journal of Animal Physiology and Animal Nutrition, 104(2): 558-569.

Ronquillo M G, Angeles Hernandez J C. 2017. Antibiotic and synthetic growth promoters in animal diets: review of impact and analytical methods [J]. Food Control, 72: 255-267.

Shi J C, Yu X L, Zhang M K, Lu S G, Wu W H, Wu J J, Xu J M. 2011. Potential risks of copper, zinc, and cadmium pollution due to pig manure application in a soil-rice system under intensive farming: a case study of Nanhu, China [J]. Journal of Environmental Quality, 40(6): 1695-1704.

Tang K L, Caffrey N P, Nóbrega D B, Cork S C, Ronksley P E, Barkema H W, Polachek A J, Ganshorn H, Sharma N, Kellner J D, Ghali W A. 2017. Restricting the use of antibiotics in food-producing animals and its associations with antibiotic resistance in food-producing animals and human beings: a systematic review and meta-analysis [J]. Lancet Planetary Health, 1(8): 316-327.

Van T T H, Yidana Z, Smooker P M, Coloe P J. 2020. Antibiotic use in food animals worldwide, with a focus on Africa: pluses and minuses [J]. Journal of Global Antimicrobial Resistance, 20: 170-177.

Wang J J, Dou X J, Song J, Lyu Y F, Zhu X, Xu L, Li W Z, Shan A. 2018a. Antimicrobial peptides: promising alternatives in the post feeding antibiotic era [J]. Medicinal Research Review, 39(3): 831-859.

Wang Y W, Dong Z L, Song D, Zhou H, Wang W W, Miao H J, Wang L, Li A. 2018b. Effects of microencapsulated probiotics and prebiotics on growth performance, antioxidative abilities, immune functions, and caecal microflora in broiler chickens [J]. Food and Agricultural Immunology, 29(1): 1-11.

Yang F F, Wang A Q. 2022. Recent researches on antimicrobial nanocomposite and hybrid materials based on sepiolite and palygorskite [J]. Applied Clay Science, 219: 106454.

Zhong H Q, Mu B, Zhang M M, Hui A P, Kang Y R, Wang A Q. 2020. Preparation of effective carvacrol/attapulgite hybrid antibacterial materials by mechanical milling [J]. Journal of Porous Material, 27: 843-853.

（王爱勤，中国科学院兰州化学物理研究所，甘肃省黏土矿物应用研究重点实验室）

9.3 非金属矿与饲料

1. 问题背景

沸石、凹凸棒石、蒙脱石等非金属矿具有良好的吸附性、离子交换性、黏结性、承载性、悬浮性和稳定性等多种特性（Mumpton and Fishman, 1977; Papaioannou et al., 2005; Slamova et al., 2011），可作为饲料原料或饲料添加剂应用于饲料中（Mumpton and Fishman, 1977; Papaioannou et al., 2005; Slamova et al., 2011）。

非金属矿在饲料中的应用，主要是利用其吸附性、黏结性和承载性等特性，用作预混合饲料载体、颗粒饲料黏结剂和毒素吸附剂，以提高饲料颗粒质量，改善动物健康状况，促进动物新陈代谢，提高动物生产性能和饲料转化率，降低饲料生产成本（Mumpton and Fishman, 1977; Papaioannou et al., 2005; Slamova et al., 2011; 张磊, 2016）。非金属矿应用于饲料中在动物机体内发挥作用的机制是选择性地吸附和固定动物消化道中的各种有毒有害物质，包括饲料和饮水中的重金属、霉菌毒素、氨或胺等有害代谢产物、细菌及其内毒素等，消除或缓解有毒有害物对动物的损伤作用和负面效应，防止病原菌与寄生虫感染，减少动物疾病发生率，改善动物消化道内环境和健康状况，促进消化液分泌，提高消化酶活性，延长饲料在消化道中的滞留时间，维持消化道较低的pH，改善养殖环境（Mumpton and Fishman, 1977; Papaioannou et al., 2005; Slamova et al., 2011; 张磊, 2016）。

具有黏性的黏土类非金属矿可提高饲料制粒质量，饲料中添加1.0%的凹凸棒石改善了肉鸡饲料的颗粒硬度（张磊, 2016; Pappas et al., 2010），并提高饲料中淀粉糊化程度和食糜在肉鸡消化道中的残余量（张磊，2016）。饲料中添加非金属矿可改善动物健康状况（Papaioannou et al., 2005;

Slamova et al., 2011; Chen et al., 2020; Liu et al., 2021），提高饲料利用率和动物生产性能，并可降低动物产品中的重金属、霉菌毒素残留，提高动物产品安全性（Mumpton and Fishman, 1977; Papaioannou et al., 2005; Slamova et al., 2011; Liu et al., 2021）。霉菌毒素污染严重影响饲料安全和动物健康。霉菌毒素种类较多，性质各异，以非金属矿为原料针对不同特性的霉菌毒素创制高效吸附剂的研究成为热点，且霉菌毒素吸附剂在饲料中的应用越来越普及。饲料中添加适量沸石等非金属矿及其改性产品，能缓解各种霉菌毒素对动物的毒性作用（Papaioannou et al., 2005; Liu et al., 2021; 周岩民和王恬，2008; 徐子伟和万晶，2019），有机改性的非金属矿可提高对弱极性霉菌毒素的吸附率（Daković et al., 2005）。非金属矿能降低畜禽舍内有害气体浓度和有机污染物排放（Papaioannou et al., 2005; Leung et al., 2007），减少细菌耐药基因的传播、扩散（Peng et al., 2018; Zhang et al., 2018），改善养殖环境，降低环境污染。非金属矿对病原菌具有较强的抑制作用（Papaioannou et al., 2005; Haydel et al., 2008; Grce and Pavelić, 2005）。非金属矿负载金属离子可提高其抑菌及杀菌功能，在饲料中的应用效果较佳（Xia et al., 2005），并具有与抗生素类似的抗细菌感染效果（Wang et al., 2012），其所负载的营养性微量元素生物学价值高于现行普遍使用的产品（Yan et al., 2015）。基于健康养殖的需要，非金属矿及其深加工产品在饲料中的应用日趋广泛。

2. 重大需求

养殖业是我国农业的主要组成部分，是促进乡村振兴和农民增收的重要途径，为我国居民生活质量提高和健康提供优质食品和蛋白质资源。我国是养殖大国，随着养殖业的发展，饲料需求量增加，我国饲料产量已连续十年位居世界第一，2020 年饲料总产量达到 2.52 亿吨。然而，养殖业存在饲料资源匮乏、重大疫病时有发生和环境污染严重等问题，制约了养殖业健康发展，亟待采取有效措施予以解决。

在饲料中添加非金属矿，在不影响动物生产性能前提下，如按 1% 或 2% 的添加量应用于饲料中，按现行替代玉米等谷物的使用方法，则可节约玉米 250 万～ 500 万吨；如采用额外添加方式，则可节约饲料 250 万～ 500

万吨；如考虑到提高动物生产性能等综合效应，则节约的饲料资源量将更大。饲料中应用非金属矿可同时改善动物健康状况和提高食品安全性，可为我国健康养殖提供技术支撑。动物在摄入含有非金属矿的饲料后，可吸附固定氮、磷等元素，所产生的粪便可生产有机缓释肥，减少养殖过程中的有害气体产生，降低环境污染，同时可能具有修复污染土壤的作用；并可降低抗生素环境污染，减少新型环境污染物细菌耐药基因在环境中的产生、传播和扩散。

3. 关键难题和技术指标

目前，我国批准在饲料中应用的非金属矿有沸石、凹凸棒石、蒙脱石、膨润土、海泡石、高岭石、麦饭石和蛭石共八种，应用较多的是沸石、凹凸棒石、蒙脱石、膨润土。由于非金属矿种类、同种矿物结构与含量差异及在饲料中的添加量不同，应用效果差异较大，因此探明饲料中应用的非金属矿结构、含量及添加量十分关键。霉菌毒素污染是影响动物健康和生长的重要因素，饲料中往往同时存在多种霉菌毒素，不同霉菌毒素分子结构和性质差异极大，需用不同的吸附剂进行吸附处理，必须开发高效、广谱霉菌毒素吸附剂（Liu et al., 2021; 徐子伟和万晶 , 2019）。饲料中已禁止使用抗生素，迫切需要创制高效抗菌剂并兼具微量元素补充作用的多功能产品，探究可控制耐药细菌和病毒非金属矿产品尤为重要（Zarate-Reyes et al., 2018）。养殖业是有机物、抗生素和耐药基因污染的源头之一（周启星等 , 2007），探明非金属矿饲料应用的环境污染物控制效应及土壤修复作用具有战略意义（张旭等 , 2020）。

4. 预期经济价值或产业作用

非金属矿作为原料按 1% 或 2% 的添加量应用于饲料中，则需非金属矿类饲料原料 250 万～ 500 万吨；而霉菌毒素吸附剂和抗菌剂等产品的年需求量为 5 万～ 20 万吨；应用于饲料产业的各种非金属矿产品总产值将可达数十亿元，经济价值较大。与此同时，为提高非金属矿产品在饲料中的应用效果，必须对非金属矿结构、特性和改性方法进行深入研究，产业产品提档升级，推动非金属矿资源的高效利用。对养殖业而言，非金属矿在饲料中应用可提高动物健康状况和生产性能，节约饲料资源，减少环境污染，保障动物产品安全，对健康养殖作用巨大，社会、经济和生态意义重大。

参考文献

徐子伟，万晶. 2019. 饲料霉菌毒素吸附剂研究进展［J］. 动物营养学报，31(12): 5391-5398.

张磊. 2016. 凹凸棒石对肉鸡饲料制粒质量与肠道功能的影响及其相关机制研究［D］. 南京：南京农业大学.

张旭，章国，杨炳飞. 2020. 天然多孔矿物材料在土壤改良和土壤环境修复中的应用及研究进展［J］. 中国土壤与肥料，(4): 223-230.

周启星，罗义，王美娥. 2007. 抗生素的环境残留、生态毒性及抗性基因污染［J］. 生态毒理学报，2(3): 243-251.

周岩民，王恬. 2008. 天然沸石及其改性产品控制霉菌毒素毒性的研究进展［J］. 硅酸盐学报，36(3): 417-424.

Chen Y, Cheng Y, Wang W, Wang A, Zhou Y. 2020. Protective effects of dietary supplementation with a silicate clay mineral (palygorskite) in lipopolysaccharide-challenged broiler chickens at an early age［J］. Animal Feed Science and Technology, 263: 114459.

Daković A, Tomasević-Canović M, Dondur V, Rottinghaus G E, Medaković V, Zarić S. 2005. Adsorption of mycotoxins by organozeolites［J］. Colloids and Surfaces B: Biointerfaces, 46(1): 20-25.

Grce M, Pavelić K. 2005. Antiviral properties of clinoptilolite［J］. Microporous and Mesoporous Materials, 79(1-3): 165-169.

Haydel S E, Remenih C M, Williams L B. 2008. Broad-spectrum *in vitro* antibacterial activities of clay minerals against antibiotic-susceptible and antibiotic-resistant bacterial pathogens［J］. Journal of Antimicrobial Chemotherapy, 61(2): 353-361.

Leung S, Barrington S, Wan Y, Zhao X, El-Husseini B. 2007. Zeolite (clinoptilolite) as feed additive to reduce manure mineral content［J］. Bioresource Technology, 98(17): 3309-3316.

Liu H J, Cai W K, Khatoon N, Yu W H, Zhou C H. 2021. On how montmorillonite as an ingredient in animal feed functions［J］. Applied Clay Science, 202: 105963.

Mumpton F A, Fishman P H. 1977. The application of natural zeolites in animal science and aquaculture［J］. Journal of Animal Science, 45(5): 1188-1203.

Papaioannou D, Katsoulos P D, Panousis N, Karatzias H. 2005. The role of natural and synthetic zeolites as feed additives on the prevention and/or the treatment of certain farm animal diseases: a review［J］. Microporous and Mesoporous Materials, 84(1-3): 161-170.

Pappas A C, Zoidis E, Theophilou N, Zervasa G, Fegerosa K. 2010. Effects of palygorskite on broiler performance, feed technological characteristics and litter quality [J]. Applied Clay Science, 49(3): 276-280.

Peng S, Li H, Song D, Lin X, Wang Y. 2018. Influence of zeolite and superphosphate as additives on antibiotic resistance genes and bacterial communities during factory-scale chicken manure composting [J]. Bioresource Technology, 263: 393-401.

Slamova R, Trckova M, Vondruskova H, Zraly Z, Pavlik I. 2011. Clay minerals in animal nutrition [J]. Applied Clay Science, 51(4): 395-398.

Wang L C, Zhang T T, Wen C, Jiang Z Y, Wang T, Zhou Y M. 2012. Protective effects of zinc-bearing clinoptilolite on broilers challenged with *Salmonella pullorum* [J]. Poultry Science, 91(8): 1838-1845.

Xia M S, Hu C H, Xu Z R. 2005. Effects of copper bearing montmorillonite on the growth performance, intestinal microflora and morphology of weanling pigs [J]. Animal Feed Science and Technology, 118(3-4): 307-317.

Yan R, Zhang L, Yang X, Wen C, Zhou Y M. 2015. Bioavailability evaluation of zinc-bearing palygorskite as a zinc source for broiler chickens [J]. Applied Clay Science, 119(Part 1): 155-160.

Zarate-Reyes L, Lopez-Pacheco C, Nieto-Camacho A, Palacios E, Gómez-Vidales V, Kaufhold S, Ufer K, García Zepeda E, Cervini-Silva J. 2018. Antibacterial clay against gram-negative antibiotic resistant bacteria [J]. Journal of Hazardous Materials, 342: 625-632.

Zhang J, Sui Q, Zhong H, Meng X, Wang Z, Wang Y, Wei Y. 2018. Impacts of zero valent iron, natural zeolite and Dnase on the fate of antibiotic resistance genes during thermophilic and mesophilic anaerobic digestion of swine manure [J]. Bioresource Technology, 258: 135-141.

（周岩民，南京农业大学）

第三篇

面向生命健康

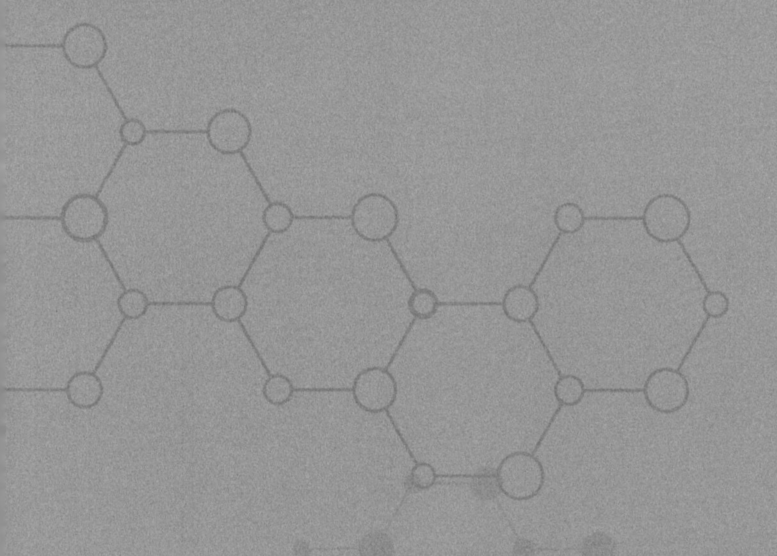

第10章

安全和毒性

10.1 蛇纹石石棉安全评估与资源化

1. 问题背景

蛇纹石石棉矿产，是目前唯一大规模成矿和开采利用的肉眼可见其长度的纳米管材料，因性能优异、储量丰富、价格低廉，被广泛应用于纺织、建材、化工、机械和国防等众多领域，是我国 34 种重要的矿产资源之一。据 2019 年报道我国已探明的蛇纹石储量超 5 亿吨（彭祥玉等，2019），然而八大石棉矿区中仅有茫崖和小八宝矿产资源正在开采中，其余均已废弃，自 1949 年产生的尾矿近 10 亿吨，且以露天堆积为主。

石棉采选和加工过程、尾矿的环境暴露、含石棉材料的使用、废弃或拆除过程均可能释放石棉纤维，使其成为一种很难彻底清除的材料，长时间分散于空气、水体等环境中（Krówczyńska and Wilk, 2019），并表现出极高的环境蓄积性（付有福和侯祺棕，1996）。因石棉职业和非职业环境暴露的致病性，世界卫生组织将包括蛇纹石石棉在内的所有类型的石棉列为 I 类致癌物。据世界卫生组织 2014 年数据，全球有约 1.25 亿人正和石棉接触，而每年因石棉暴露引起肺癌、石棉肺等各种疾病致死的人数已经达到了约 9 万人①。美国疾控中心最新数据显示每年约新增 3000 人被诊断患有与石棉暴露相关的间皮瘤，而间皮瘤症状可能需要 10 ～ 50 年才会出现，估算潜在间皮瘤患者约为 2000 万人②，并且随着累积暴露时间的增加，形成癌症的风险升高（Martínez et al., 2004）。

根据世界石棉产量及消费的数据、石棉类疾病的超长潜伏期及非环境暴露造成的石棉健康风险等推算，近几十年仍旧是石棉及相关疾病的高发

① Elimination of asbestos-related diseases. https://www.who.int/publications/i/item/WHO-FWC- PHE-EPE-14.01. [2014-08-27]

② Mestothelioma Cancer. https://www.mesothelioma.com/mesothelioma/. [2022-06-22]

期，石棉的安全性仍旧是困扰人类健康的重大问题（董发勤，2018; Chen et al., 2019），尤其在中国、印度、巴西等石棉使用国家。因此，开展石棉及其尾矿的环境安全性评估、对存在争议的蛇纹石石棉及其产品的长期暴露风险进行界定、深化体内残留石棉的健康影响及致病机制的探索、开发石棉及石棉尾矿的资源的安全高值化利用途径方法，充分发挥石棉资源优势、实现资源绿色健康高效利用，对石棉非职业暴露源头控制和环境保护治理均具有深远的意义（图 1）。

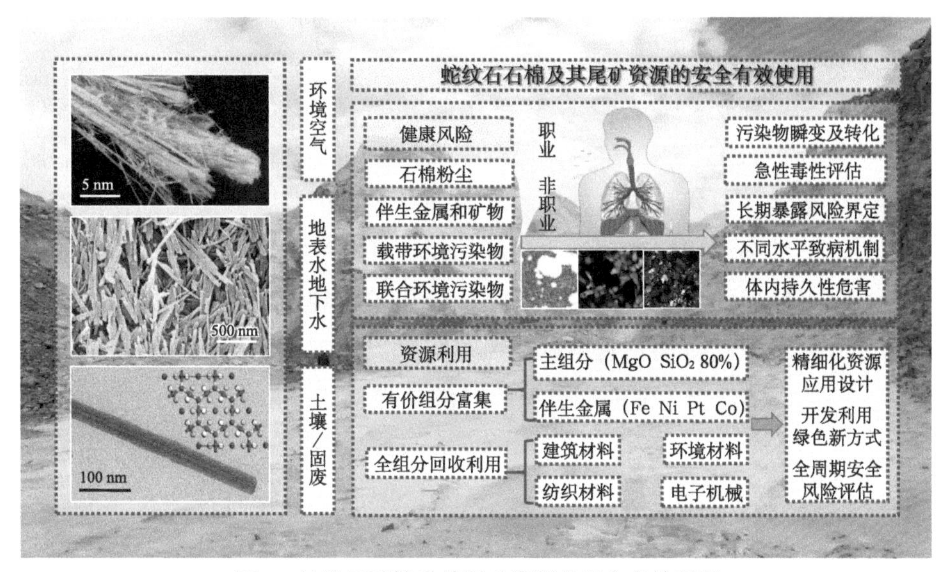

图 1　蛇纹石石棉及其尾矿资源的安全有效利用

2. 关键问题

蛇纹石石棉纤维的外观形貌、表面特性及持久性等决定其健康风险程度。然而，蛇纹石石棉在体液中将发生持续的溶蚀，从而形成保留了其模板形态的线型纳米非晶质 SiO_2 残存体，其可能既具有一般纤维的机械刺激作用，又具有非晶质纳米 SiO_2 成分的危害性。因此，蛇纹石石棉在纤维结构变体过程中的活性特征变化与毒性演变之间的关系断定（霍婷婷等，2016; Gualtieri et al., 2019）是准确评估纤维环境安全性的前提。

同时，蛇纹石石棉结构中可能含有 Fe、Mn、Cr、Co、Ni、Cu、Zn 等重金属（Bloise et al., 2016），可能伴生杂质矿物，抑或从环境中吸附重金属等有毒有害污染物，并与环境物质共同于机体内发生联合毒性效应，增加了毒性机制解析的复杂性。且非职业的低剂量长时间暴露状态及共存风险因素也使得分析难上加难。

自由基的致病学说被认为是颗粒物诱导细胞毒性的机制之一，但有关纤蛇纹石石棉及其侵蚀残存物自由基释放的研究较少（Walter et al., 2020），矿物自由基对生物体自由基释放的影响，以及其对细胞的氧化还原系统的损伤作用报道也较为少见，尤其联合作用下，金属离子诱导或有机污染物转化过程中的自由基转化的瞬变性和不可预见性更加大了其毒性作用解析的难度。

经过采选的石棉尾矿的主要化学组成为 MgO 36% ～ 40%，SiO_2 38% ～ 40%，Fe_2O_3 5% ～ 8%，可用于选取铁精粉，制备高纯氧化镁、阻燃剂氢氧化镁和白炭黑等。根据蛇纹石及其尾矿的品位开展精细化的资源应用设计，完善利用标准和技术指标体系，并基于石棉及其阶段产物的安全性评估，发掘蛇纹石石棉改性新方法及尾矿再利用新方式，突出其优越性能的同时，控制石棉及其尾矿在风化降解或加工再利用过程中高危产物的释放，从而实现全生命周期过程的绿色高效。

3. 科学意义

石棉的职业和非职业暴露致病过程均是漫长的（Järvholm and Åström, 2014; Marsh et al., 2017），因此，开展石棉及其尾矿的安全性评估，对暴露患者体内残留蛇纹石及相关石棉的持续跟踪研究（Churg, 1994），揭示石棉长期暴露对机体稳态的影响及石棉与蛇纹石石棉致疾病机制的区别，探讨分析复杂环境污染物耦合作用下石棉不同于其本身的毒性变化等，既是对公众健康负责的表现，又是化解石棉问题争议的需求，也是提出蛇纹石石棉的安全使用方法及全球范围内降低石棉暴露风险的管控措施的前提。而目前中国蛇纹石石棉尾矿储量大，且属危险固体废物，对其进行“三化”处理势在必行，而石棉尾矿的资源化是实现减量化和无害化的重要途径，有利于实现变废为宝、转危为安，使石棉成为对民生有益无害的优势资源。

4. 衍生意义

蛇纹石石棉是大自然赋予的性能优异、储量丰富、价格低廉的矿物纤维材料。近年来其消费量虽有所降低，但蛇纹石石棉致病机制的争议及超长的石棉相关病症潜伏期（至少为20年）提醒我们石棉暴露尚未成为过去的问题（van Zandwijk et al., 2020），石棉的历史职业暴露以及非职业暴露下的健康风险研究仍需积极开展。立足于矿物学与环境医学等多学科，从纤维本身的矿物学特性出发，将纤维的矿物表面界面特性与生物反应结合，将纤维的环境属性与其活性效应结合，全面解析暴露环境和共污染体系下纤维及其变体结构的活性、持久性和毒性之间的构效关系，将有助于从根本上揭示石棉类矿物长期作用的致病机制，科学合理地评估其风险，并最终指导蛇纹石石棉及其尾矿资源的安全有效使用，解决石棉及其尾矿的环境风险。

参考文献

董发勤. 2018. 中国蛇纹石石棉研究及安全使用［M］. 北京：科学出版社.

付有福，侯祺棕. 1996. 城市环境大气中的石棉粉尘［J］. 环境科学与技术，(4): 16-19.

霍婷婷，董发勤，邓建军，彭同江，秦凯，罗薇，孙东平. 2016. 蛇纹石石棉纤维表面活性及生物持久性研究进展［J］. 硅酸盐学报，44(5): 763-768.

彭祥玉，刘文刚，王本英，刘文宝，赵亮，段浩. 2019. 蛇纹石综合利用现状与展望［J］. 矿产保护与利用，39(4): 99-103,120.

Bloise A, Barca D, Gualtieri A F, Pollastri S, Belluso E. 2016. Trace elements in hazardous mineral fibres［J］. Environmental Pollution, 216: 314-323.

Chen T, Sun X M, Wu L. 2019. High time for complete ban on asbestos use in developing countries［J］. JAMA Oncology, 5(6): 779-780.

Churg A. 1994. Deposition and clearance of chrysotile asbestos［J］. Annals of Occupational Hygiene, 38(4): 625-633.

Gualtieri A F, Lusvardi G, Pedone A, Di Giuseppe D, Zoboli A, Mucci A, Zambon A, Filaferro M, Vitale G, Benassi M, Avallone R, Pasquali L, Lassinantti Gualtieri M. 2019. Structure model and toxicity of the product of biodissolution of chrysotile asbestos in the lungs［J］. Chemical Research in Toxicology, 32(10): 2063-2077.

Järvholm B, Åström E. 2014. The risk of lung cancer after cessation of asbestos exposure in

construction workers using pleural malignant mesothelioma as a marker of exposure [J] . Journal of Occupational and Environmental Medicine, 56(12): 1297-1301.
Krówczyńska M, Wilk E. 2019. Environmental and occupational exposure to asbestos as a result of consumption and use in Poland [J] . International Journal of Environmental Research and Public Health, 16(14): 2611.
Marsh G M, Riordan A S, Keeton K A, Benson S M. 2017. Non-occupational exposure to asbestos and risk of pleural mesothelioma: review and meta-analysis [J] . Occupational and Environmental Medicine, 74(11): 838-846.
Martínez C, Monsó E, Quero A. 2004. Emerging pleuropulmonary diseases associated with asbestos inhalation [J] . Archivos de Bronconeumologia, 40(4): 166-177.
Walter M, Schenkeveld W D C, Geroldinger G, Gille L, Reissner M, Kraemer S M. 2020. Identifying the reactive sites of hydrogen peroxide decomposition and hydroxyl radical formation on chrysotile asbestos surfaces [J] . Particle and Fibre Toxicology, 17(3): 1-15.
van Zandwijk N, Reid G, Frank A L. 2020. Asbestos-related cancers: the ‘Hidden Killer’ remains a global threat [J] . Expert review of Anticancer Therapy, 20(4): 271-278.

（董发勤，西南科技大学）

10.2 非金属矿与人体组织相互作用

1. 问题背景

饮食、环境、医疗、护理、服饰中各种危害因素对人类（及动物）的健康影响越来越受到人们重视，促使人们积极采取各种防护措施以保护健康。人们健康保护认知的深入既得益于人们生活物质水平的提高，更得益于近几十年来科学研究的深入。这其中的许多节点是与人们对非金属矿的特性和应用的认知直接关联的（图 1）。

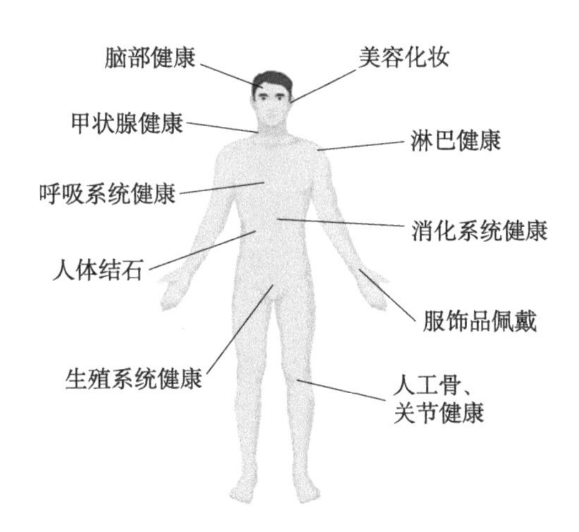

图 1　非金属矿与人体组织的相互作用和安全性示意图

矿物（包括非金属矿）用于人类的治疗和护理已有悠久漫长的历史。有关非金属矿对人类健康的作用，人们已取得许多“共识”，如雄黄、朱砂、芒硝等多种非金属矿被中医作为药物直接使用；黏土可作为止血剂应用；泥浴、沙疗等有保健护理功能；佩戴玉饰可以祛病养生、延年益寿；石棉及类石棉矿物可诱发癌症；矽肺病源于粉尘吸入等。这些“共识”中，有些是经过严格的科学研究得出的结论，有些是由经验积累获得的知识，但仍有很多是缺乏科学依据的传说和主观臆测。特别是对于许多业已广泛应用的非金属矿，其应用过程中与人体细胞和组织之间的相互作用及使用安全性，仍然缺乏深入了解。因此，当前非金属矿在健康和环境领域应用的技术知识背景并不适应大众对“定向”“精准”的医疗、保健、营养要求。

非金属矿在健康领域的应用不仅是个科学或技术问题，同样也包含广泛的社会伦理和法律问题。在化妆品和保健用品领域广泛使用的滑石粉就是一个典型的案例。美国强生公司自 1893 年将婴儿爽身粉推向市场后，作为滑石爽身粉产品的世界领跑者，先后将滑石粉产品引入洗发剂、护肤霜、沐浴露、按摩油、湿纸巾等产品中，广受消费者欢迎（Wells, 1981）。但在过去几年里，因其滑石产品涉嫌含有石棉污染物，可能引发慢性呼吸系统问题和卵巢癌等疾病，先后遭遇多达 20000 起消费者诉讼案，其中最高个案赔偿额高达 21.2 亿美元（Pairaudeau et al., 1991; Aylstock, Witkin, Kreis & Overholtz, PLLC, 2021）。2020 年，该公司被迫停止在美国和加拿大销售滑石粉婴儿爽身粉（Hsu and Rabin, 2020）。

2. 关键问题

非金属矿主要通过以下几种途径与人体细胞和组织发生作用：①通过饮食、药品摄入；②通过呼吸道吸入，可达肺部；③手术植入；④皮肤接触；⑤放射线辐射。

目前已知的 5000 多种矿物，绝大多数都是非金属矿。在常见的非金属矿中，除了少量盐类矿物外，大多数都是非水溶性的。大多数非金属矿在中 - 强的酸或碱性溶液中都有一定的可溶性，少部分则是惰性或难溶解的，甚至在加热到高温下也是难溶（熔）的。这些特点决定了非金属矿与人体作用的环境特点、活性、时效、机制的特殊性和复杂性。

矿物与人体细胞和组织的相互作用，大体上可分为物理、化学、生物作用及其复合作用，但实际的作用过程及机制只有在分子或原子尺度上加以研究，才能提供可靠的结论。

物理作用包括简单的机械作用，如类石棉类矿物（asbestos-like）可以刺穿肺细胞并在肺部沉淀积累，诱发肺癌（Slomovitz et al., 2021）。

石英类矿物等高惰性矿物通过呼吸吸入在肺部积累，造成硅肺病（US Occupational Safety and Health Administration, 2021）。吸附作用：蒙脱石等高吸附性矿物被用于药物载体，为药物（特别是有机药物）在人体内的传输起到承载、分散、缓释的作用（Uddin, 2018）。滑石等层状矿物以其层间的结构弱点和可滑移性质，用于化妆品载体、遮盖、分散剂（Tran et al., 2019）。蒙脱石等矿物以其良好的吸附性及生物稳定性，被用于止血剂。金红石等矿物对紫外线有强反射作用而用于制造防晒霜。高纯度重晶石用于胃镜检查。蒙脱石等矿物对细菌和霉菌的吸附性使其用于食品和饲料添加剂，以缓解黄曲霉素等毒性物质的危害性（Carretero and Pozo, 2009）。

化学作用是非金属矿与人体相互作用中最为广泛和复杂多变的作用机制。氢氧化铝用于中和胃酸，调整 pH。黏土矿物具有很高的比表面积和特殊的层间域结构，虽然其特有的铝硅酸盐层片对酸碱都有很高的耐受性而不会被胃液和肠液溶解，但其特殊的层间域结构对重金属离子、细菌、霉菌及其分泌的毒素可以选择性地固着吸附，降低其危害，对人畜健康起到保护作用。通过这一机制，可以为人体承载和输送必需的营养物质及药物，并以缓释机制提高目标营养物质和药物的吸收效果。许多非金属矿在医药中已得到广泛应用（O’Driscoll, 2020）。其中的大部分矿物对酸碱环境是相对稳定的，但其中的许多矿物在胃液的酸性侵蚀中释放重金属元素，许多矿物（如盐类矿物）与人体组织的反应甚至是非常快速的。

在矿物与人体细胞和组织相互作用的过程中，微生物（包括细菌、真菌和病毒）常参与其中，并扮演着特殊和重要的物理化学作用。

伴随着纳米科学、生命科学和物质表征技术的迅速发展，人们对饮食、药物、美容化妆品、医疗器械等产品与人体细胞、组织、器官的相互作用取得了许多新的认识，同时对这些产品的使用安全性（如口腔毒性、皮肤毒性、细胞毒性、基因毒性、致癌性、生殖毒性、光致毒性等）提出了更高的要求。这种要求不仅体现在向观察对象的微观领域纵深发展，同样也表现在对于认识成果的定量化要求，有些还要求动物试验数据。这对于非金属矿在健康和护理领域的应用形成了巨大的挑战，需要提供作用机制和科学定量的安全性数据支持以获得新产品或新技术的商业许可。

非金属矿在健康护理领域的应用需要多学科的协同研究，但从矿物学一侧，重点需要了解的是矿物的结构和化学活性。特别是化学活性（包括矿物中的活性成分和矿物晶体的活性），对使用安全性发挥着决定性作用。对于确定的非金属矿，纯度和粒度 / 颗粒形态对其使用安全性有至关重要的作用。对于一个确定的矿物，虽然通常对其结构已有充分的研究，但对一个特定矿物在不同环境条件下的活性及其变化仍然所知不多。

非金属矿在健康和护理领域的应用主要表现为载体和添加剂两种方式。笔者认为，非金属矿在以下几方面的应用安全性的定量研究应值得重点关注：①食品添加剂；②药物载体；③化妆品及皮肤护理品；④首饰类；⑤室内环境改善产品；⑥纳米矿物及矿物纳米结构；⑦体内结石（如肾结石、胆结石、牛黄）的形成机制与预防、治疗。

矿物与人体组织的相互作用通常是非直接反应性的，而是通过矿物颗粒表面的物理化学活性，通过一定时间、一定程度的接触而相互作用的，因而颗粒表面的化学活性是十分重要的。如绿松石、孔雀石为高含铜矿物，在人体汗液的侵蚀下，会在皮肤表面发生酸蚀作用。长期佩戴，首饰中的金属元素必然会通过皮肤进入人体，对人的肌体组织产生相应作用。铜离子的释放，也有抑制细菌繁殖的作用，对人体产生保护作用。一些矿物会释放并提供人体必需的微量元素，一些矿物则会释放对人体有害的重金属元素，对人体健康产生负面影响甚至危害。不同的种群、年龄、性别、体格及个体的身体状况对微量元素的需求会有差异，对重金属元素的耐受性也会不同。

某些元素，如砷、铅、汞、镉、铀等对人体是有毒害作用的。当这些元素的含量达到一定值时，含有这些元素的矿物就不再是安全的。某些非金属矿，如石棉，虽然不含有害元素，但这些矿物在被人体摄入或与人体接触时，会引起过敏反应，对人体正常机能造成破坏，甚至诱发癌症。

纳米材料有很多独特的性能和应用潜力，但人类对纳米材料（特别是纳米颗粒、粉体）对人体的危害（安全性）的认知仍然是十分有限的。因为纳米颗粒有可能被皮肤吸收或穿过黏膜进入细胞，医学界普遍担忧纳米颗粒对人体健康的危害性。正因如此，欧盟和美国（EPA、FDA）对医疗器械、保健品、食品、药品、化妆品、杀虫剂、抗菌剂等需要通过植入、摄入、呼吸进入人体或与皮肤接触的纳米材料（包括矿物）的市场准入都持非常审慎的态度，制定了十分苛刻的安全要求。满足这些要求，不仅需要可靠的实验数据支撑，还需要多角度、多方位研究的相互印证。

我国在非金属矿使用的作用机制和安全性研究方面与欧美国家还存在较大差异。其主要原因包括对非金属矿产品的使用功效在技术层面上的量化研究不足和对应用过程中可能产生的副作用的回避、产品用户对产品品质的认知和诉求的差异、生产者－消费者法律责任划分、中医药在中国的特殊地位等。随着消费者意识的提高和国际贸易的迅速增长，市场将会反馈驱动对非金属矿安全性的深入研究。

3. 科学意义

本领域的研究有助于从分子或原子尺度上了解非金属矿与人体细胞、组织的相互作用特点和机制，为预判和确保非金属矿使用对人畜健康的安全性提供可靠的科学依据；有助于促进矿物学科与生命科学、材料科学的交叉融合；丰富人们对矿物的结构、表面性质、化学活性的认知；对我国非金属矿产品参与国际贸易也是必不可少的科学支持。

参考文献

Aylstock, Witkin, Kreis & Overholtz, PLLC. 2021. Johnson & Johnson Talcum Powder Linked to Ovarian Cancer [OL]. https://lp.awkolaw.com/talcum. [2021-08-20].

Carretero M I, Pozo M. 2009. Clay and non-clay minerals in the pharmaceutical industry: part I. Excipients and medical applications [J]. Applied Clay Science, 46(1): 73-78.

Hsu T, Rabin R C. 2020. Johnson & Johnson to end talc-based baby powder sales in North America [N]. New York Times, 2020-05-19.

O'Driscoll M. 2020. SME Industrial minerals review [J]. Mining Engineering, 72(7): 30.

Pairaudeau P W, Wilson R G, Hall M A, Milne M. 1991. Inhalation of baby powder: an unappreciated hazard [J]. British Medical Journal, 302(6786): 1200-1201.

Slomovitz B, Haydu C, Taub M, Coleman R L, Monk B J. 2021. Asbestos and ovarian cancer: examining the historical evidence [J]. International Journal of Gynecological Cancer, 31(1): 122-128.

Tran T H, Steffen J E, Clancy K M, Bird T, Egilman D S. 2019. Talc, asbestos, and epidemiology: corporate influence and scientific incognizance [J]. Epidemiology,

30(6):783-788.
Uddin F. 2018. Montmorillonite: an introduction to properties and utilization [M] // Zoveidavianpoor M. Current Topics in the Utilization of Clay in Industrial and Medical Applications. London: IntechOpen Ltd.
US Occupational Safety and Health Administration. 2021. Silica, crystalline [OL] . https://www.osha.gov/silica-crystalline/health-effects. [2021-08-20]
Wells L. 1981. Beauty: The boom in no-frills cosmetics [N] . New York Times, 1981-02-08.

（李博文，密歇根理工大学）

10.3 埃洛石的毒性之源

1. 问题背景

埃洛石又称多水高岭土（中药名为赤石脂），据药书记载其主要药效功能为涩肠、止血、生肌敛疮（刘明贤等，2019）。近年来研究表明埃洛石可以作为药物载体，用于各种类型的药物传输和控制释放，起到保护药物免受酶解、提高药物利用率、降低药物毒副作用、靶向输送药物等多种作用（Zhang et al., 2016）。埃洛石多呈现一维管状形貌（图 1），其直径在典型的纳米尺寸范围内，因此在其使用过程中存在类似其他纳米材料的安全性问题，特别是随着对埃洛石相关产品的开发和应用的增多，增加了人类各种途径暴露的机会（Liu et al., 2014; Yuan et al., 2015）。因此，深入研究和阐述埃洛石这种纳米矿物材料的生物安全性，是开发其相关产品（尤其是生物医学领域应用）的重要基础科学问题，这样才能做到扬长避短和趋利避害（Liu et al., 2019b）。

纳米材料毒性的影响因素包括：粒径大小、颗粒形貌、化学组成、表面基团等，还与暴露途径（经皮渗透、经消化道摄入、经呼吸系统摄入、血液静脉注射等）和暴露浓度有关（Zhao et al., 2020）。下面以生物实验中常见的毒性效应，概括埃洛石的细胞毒性、血液毒性和组织毒性等。

1）埃洛石的细胞毒性

纳米颗粒的体外毒性机制有产生活性氧（氧化应激作用）、脱氧核糖核酸（DNA）损伤和炎症反应。当纳米颗粒与溶酶体或线粒体接触并相互作用时，可以诱导产生大量活性氧。活性氧继而会引起细胞膜功能障碍、脂质过氧化、DNA 损伤和蛋白质失活等问题，从而引起细胞活性、代谢和繁殖的异常。另外，作为异生物质，埃洛石有诱导 DNA 突变的可能。埃洛石

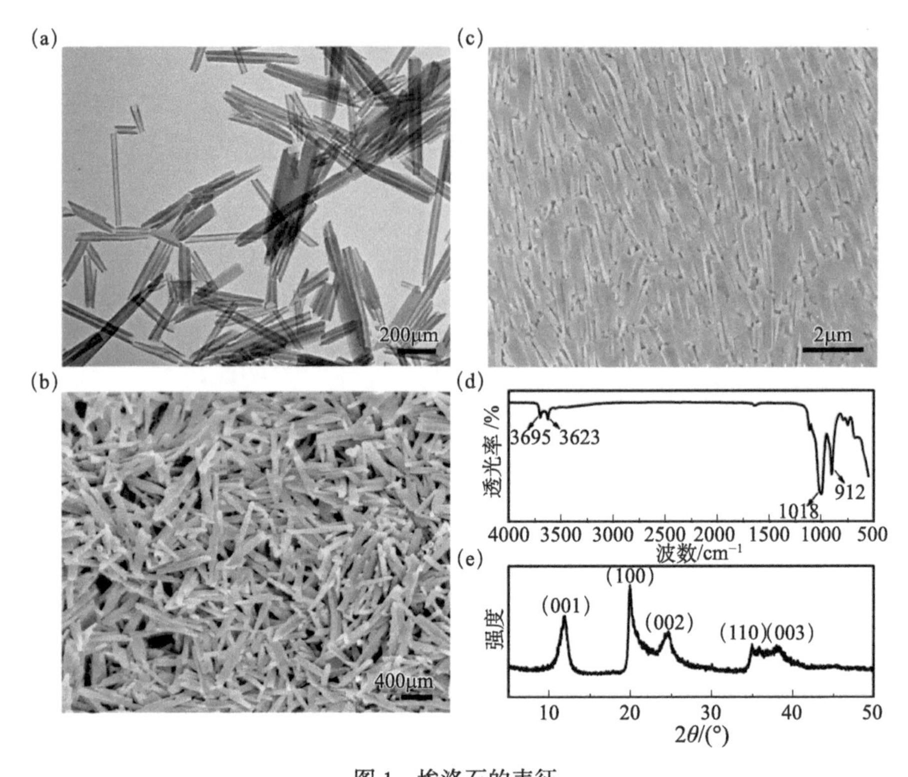

图 1　埃洛石的表征

(a) 扫描电子显微镜照片；(b) 透射电子显微镜照片；(c) 有序排列的埃洛石扫描电子显微镜照片；(d) 红外光谱；(e) X 射线衍射图谱

进入细胞后会引起细胞的免疫反应，促进细胞炎症因子的释放，其中主要是白细胞介素和肿瘤坏死因子的表达提高。埃洛石的细胞毒性结论如下：

（1）埃洛石表面粗糙，表面积大，因此能够更好地吸引细胞进行牢固的黏附。

（2）埃洛石能够跨过细胞膜进入细胞，分布在细胞核周围。低剂量下埃洛石不影响细胞的增殖。即使 75 μg/mL 浓度下，折合每克细胞中含有 10^{11} 个纳米颗粒，埃洛石对细胞仍然是安全的。

（3）埃洛石在高浓度下的细胞毒性与埃洛石的分散状态有关，高浓度下埃洛石在培养介质中发生团聚，而这些团聚体覆盖到细胞表面，影响了细胞的营养物质输送和正常的代谢，因此会对细胞产生破坏。

（4）埃洛石自身或者可以携带药物跨膜进入细胞（Liu et al., 2019a）。埃洛石可以通过胞吞途径进入细胞，也就是在细胞分裂时，细胞可以主动地摄取埃洛石纳米管。另外，纳米埃洛石可以主动针入细胞，由于埃洛石是管状结构，长径比大，其能够主动地穿透细胞膜而进入细胞内部（Liu et al., 2017）。

2）埃洛石的血液毒性

大多数用于治疗和诊断的生物材料通常通过静脉注射进入血液，纳米颗粒会与血液成分发生相互作用，这决定了埃洛石相关医疗产品能否进行临床应用（Khatoon et al., 2020）。而埃洛石作为止血材料，一般认为，其凝血机制主要归因于吸附血液中水分、激活凝血因子、促进血小板聚集等途径（图 2）（Feng et al., 2022）。埃洛石的血液毒性主要结论如下：

（1）高埃洛石浓度下，血小板聚集且长出了伪足，证明埃洛石可以在体外活化血小板。埃洛石的管状结构可能在聚集和激活血小板中发挥重要作用。

（2）高埃洛石浓度下，血液中的红细胞变为具有球形和尖针状的球形细胞。而在含有 30% 牛血清蛋白的溶液中，几乎没有红细胞的形态变化，证明生物分子的包裹可以提高埃洛石的血液相容性。

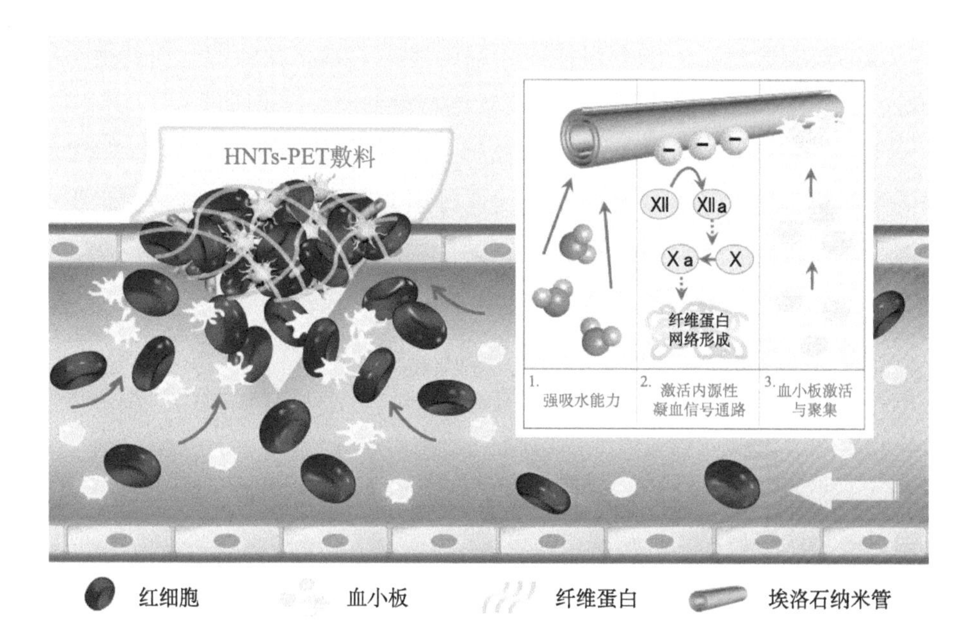

图 2 埃洛石及其复合涤纶（PET）纱布的止血机制示意图

3）埃洛石的组织毒性

埃洛石的颗粒很小，能够通过皮肤上的毛孔或毛囊经皮肤进入体内，也可以通过呼吸道进入人体肺部深处，并与肺上皮细胞产生相互作用，而且渗透越深，作用越强，对细胞和组织的影响越大，越难排出体外。肺部沉积后还可以通过扩散作用进入肺泡，从而穿过气血屏障进入血液，并随着血液循环进入身体各个位置。埃洛石进入消化道的途径包括服用含埃洛石的药物、食用被纳米污染海产品或者食品包装上埃洛石污染的食物、吃含有埃洛石成分的食物（农药残留、纳米污染的土壤和水源长出的植物等）等（Chen et al., 2021; Huang et al., 2021）。当其进入人体后稳定性如何，能否在体内环境下降解或者如何代谢，它对人体会产生什么毒副作用，都需要进行深入研究。通过初步的动物试验，埃洛石体内毒性主要结论如下：

（1）在 0.05 ～ 1 mg/mL 范围内，埃洛石抑制了线虫（一种常见的动物模型）的正常身体生长，原因是具有长径比的埃洛石会对肠道绒毛产生伤害和刺激，影响了线虫对食物营养的摄入。但埃洛石不会影响线虫的生育能力和寿命。埃洛石的低体内毒性可能与埃洛石在肠道内几乎没有被动物吸收，而是直接排出体外有关。

（2）口服埃洛石后的老鼠体内，铝元素主要累积在肺部。而其他组织如心、肝、脾、肾、脑内则很少发现埃洛石聚集。

（3）硅和铝元素在正常组织（如肺）环境下 pH 7.4 的溶解速率不同，硅的溶解更快因此更容易被吸收和代谢排出，而铝溶解较慢容易在组织中富集和累积，造成在肺部的聚集。

（4）铝元素另外一种进入肺的途径是埃洛石在胃和肠中的溶解，由于胃酸的作用，铝的溶解很多，铝通过血液系统进入肺部造成累积。因此，高剂量条件下，埃洛石在肺中铝元素的沉积造成了肺的纤维化现象，这与石棉和碳纳米管的体内毒性结果类似。

（1）高剂量的埃洛石经食道喂养老鼠会造成铝元素在肝组织的聚集，并引起肝功能障碍和组织病理学改变。

（2）通过鼠尾静脉注射，高剂量下（100 mg/kg）在脑和肾脏中几乎没有埃洛石存在。在肺部累积最多，其次是肝、脾和心脏部位。

2. 需求分析

埃洛石毒性来源分析如下：第一，埃洛石的化学成分是硅酸铝，其中铝元素被公认为是有毒的，因为其在大脑内累积会引起神经退化、记忆力衰退、智力障碍和老年痴呆等。埃洛石进入体内和细胞后能否溶解出（释放出）铝离子，进而导致毒性呢？第二，埃洛石具有较高长径比的结构，很容易联想到具有致癌和致畸作用的石棉纤维，其能否刺破细胞膜进而产生细胞和组织毒性？第三，与其他非金属矿特点类似，埃洛石矿常伴生杂质，如高岭石、石英、铁、明矾石、有机质等，很难做到100%纯度，那么其毒性是否与杂质的含量和种类有关？第四，埃洛石是体内非降解的材料，如果其在体内长期大量累积，有堵塞血管和组织的风险，也会造成组织免疫反应和排异反应，是否是其主要的毒性来源？第五，埃洛石通过静脉注射进入血液后，会和血液中的蛋白结合，形成蛋白复合结构，这种结合会降低其生物毒性，还是会引起生物毒性？埃洛石和蛋白结合后的产物是否改变了蛋白的构象和功能？这些问题的深刻理解和科学回答将促进埃洛石在化妆品和生物医药产品上的应用。

3. 关键难题和技术指标

现有的数据说明埃洛石的体内毒性的结论还非常不充分，需要更多的体内数据支持，特别是其生殖毒性、遗传毒性、血液毒性等，要按照标准的材料毒性评价方法进行标准化的实验。另外，应该深入研究埃洛石通过各种途径进入体内后的代谢行为和作用机制。对于中药中埃洛石的四大疗效需要更多的研究证据来进行现代科学的解释。

4. 作用和意义

纳米的安全性评估是一个全球性的问题，相关的研究不是单一的某个学科就可以完成的，需要多学科交叉共同完成。随着埃洛石相关产品的工业化生产，相关的从业人员需要注意劳动防护，在接触埃洛石和暴露在埃洛石粉尘中时需要佩戴手套、口罩、眼镜、实验服等，避免经皮和呼吸途径进入人体。但应该指出的是，任何材料在高剂量下都会呈现出一定的毒性，只要能够做到规避风险，或者扬长避短，在准确清晰其体内作用机制的前提下，开发其合适的应用。相信越来越多的科学数据会给矿物纳米材料的创新发展带来新的机遇和希望。

参考文献

刘明贤，周长忍，贾德民. 2019. 埃洛石纳米管及其复合材料［M］. 北京：科学出版社.

Chen L H, Guo Z Z, Lao B Y, Li C L, Zhu J H, Yu R M, Liu M X. 2021. Phytotoxicity of halloysite nanotubes using wheat as a model: seed germination and growth［J］. Environmental Science: Nano, 8: 3015-3027.

Feng Y, Luo X, Wu F, Liu H Z, Liang E Y, He R R, Liu M X. 2022. Systematic studies on blood coagulation mechanisms of halloysite nanotubes-coated PET dressing as superior topical hemostatic agent［J］. Chemical Engineering Journal, 428: 132049.

Huang X C, Huang Y C, Wang D L, Liu M X, Li J, Chen D. 2021. Cellular response of freshwater algae to halloysite nanotubes: alteration of oxidative stress and membrane function［J］. Environmental Science: Nano, 8: 3262-3272.

Khatoon N, Chu M Q, Zhou C H. 2020. Nanoclay-based drug delivery systems and their therapeutic potentials［J］. Journal of Materials Chemistry B, 8: 7335-7351.

Liu F, Bai L B, Zhang H L, Song H Z, Hu L D, Wu Y G, Ba X W. 2017. Smart H_2O_2-responsive drug delivery system made by halloysite nanotubes and carbohydrate polymers［J］. ACS Applied Materials & Interfaces, 9: 31626-31633.

Liu J Y, Zhang Y, Zeng Q H, Zeng H L, Liu X M, Wu P, Xie H Y, He L Y, Long Z, Lu X Y. 2019a. Delivery of RIPK4 small interfering RNA for bladder cancer therapy using natural halloysite nanotubes［J］. Science Advances, 5: eaaw6499.

Liu M X, Fakhrullin R, Novikov A, Panchal A, Lvov Y. 2019b. Tubule nanoclay-organic heterostructures for biomedical applications［J］. Macromolecular Bioscience, 19: 1800419.

Liu M X, Jia Z, Jia D X, Zhou C R. 2014. Recent advance in research on halloysite nanotubes-polymer nanocomposite［J］. Progress in Polymer Science, 39: 1498-1525.

Yuan P, Tan D Y, Annabi-Bergaya F. 2015. Properties and applications of halloysite nanotubes: recent research advances and future prospects［J］. Applied Clay Science, 112: 75-93.

Zhang Y, Tang A D, Yang H M, Ouyang J. 2016. Applications and interfaces of halloysite nanocomposites［J］. Applied Clay Science, 119: 8-17.

Zhao X J, Zhou C R, Liu M X. 2020. Self-assembled structures of halloysite nanotubes: towards the development of high-performance biomedical materials［J］. Journal of Materials Chemistry B, 8: 838-851.

（刘明贤，暨南大学）

第11章

抗菌性和食品、医药

11.1 天然沸石和抗菌消毒

1. 问题背景

如何防止或者阻止病毒传播是世界性难题。那么，具有三维联通孔道结构、优越吸附性能和良好缓释放性能的沸石能否在这方面有一席之地呢？天然沸石若能够在抗菌消毒方面有所创新与突破必然可为其应用开拓新的领域。

研究表明，天然沸石纳米颗粒一般不直接用于医药领域，本身也不是有效的抗菌药物，依赖于其离子交换性、吸附选择性和稳定性等独特性能，经改性处理后，其在环境保护、抗菌剂载体、药物缓释载体等诸多方面应用广泛，例如，富含斜发沸石的天然沸石分别负载 Cu^{2+}、Zn^{2+}、Ni^{2+}、Ag^{+} 离子后的抗菌性能已有文献报道（Hrenovic et al., 2012; Milenkovic et al., 2017; Rieger, 2016），研究结果表明，通过离子交换将 Cu^{2+}、Zn^{2+}、Ag^{+} 等金属离子引入天然沸石中后，形成的改性沸石具有抗菌性和杀菌活性，其孔穴结构同时对起到抗菌效果的成分有缓释作用。

研究还表明，流行病毒之所以会感染人类，是因为其受体是 ACE-2，人体的呼吸道，眼睛、口腔黏膜上都有 ACE-2，人体的鼻腔、呼吸道由于接触了患者咳嗽或打喷嚏的飞沫而感染，也可能由于双手接触被病毒污染的物品，双手不注意揉眼睛或鼻孔以及拿东西进食而感染。因此，我们为了预防感染，戴口罩、勤洗手，同时注意咳嗽礼仪，咳嗽时用纸巾或肘部阻挡，防止飞沫喷溅。这些均是防止流行病毒感染的有效方法。我国成功地切断流行病毒的大范围传播的经验充分说明，戴口罩是最为简单而有效的方法。那么能否利用天然沸石的抗菌杀菌活性及缓释放性能，将其应用到口罩上或者人体的躯干上部，在人体头部形成一个防护消毒圈，以增加人们在社交活动中的防护作用以及抗菌杀菌效果？

本项目的设想是，基于天然沸石的孔道结构、多孔特性及吸附性能，将天然沸石颗粒构筑成具有独特结构的聚集体，再将抗菌消毒剂装填于聚集体及沸石孔隙的内部，充分利用天然沸石的抗菌杀菌活性及其缓释放性能得到具有缓释放功能的便携式杀菌消毒产品，具体如图 1 所示。

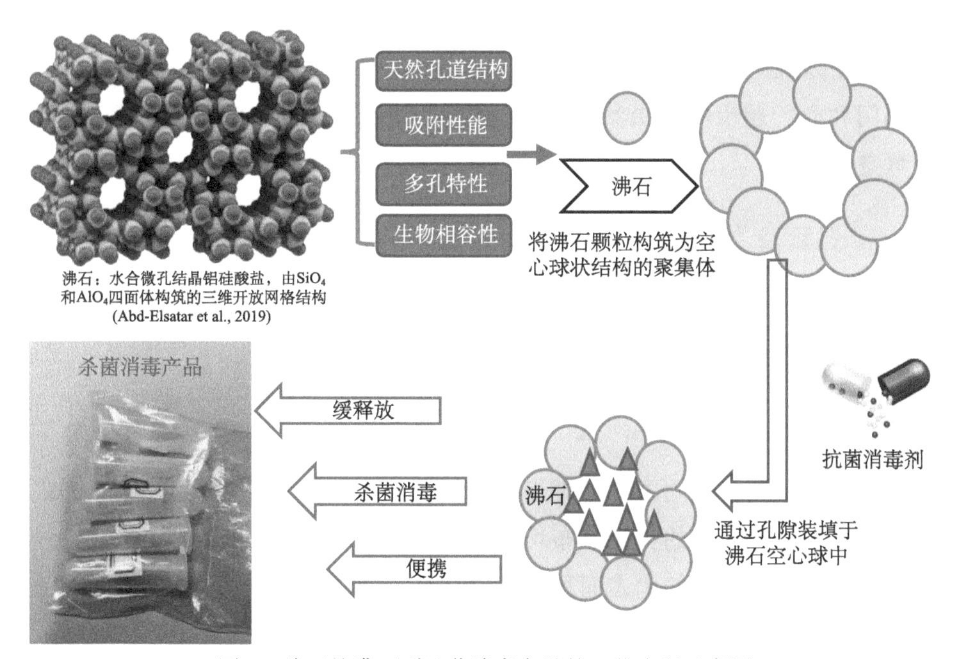

图 1　从天然沸石到杀菌消毒产品的工艺流程示意图

2. 需求分析

在病毒传播及流行期间，如何做好个人防护？公交、火车和飞机等公共交通工具和人员流动性大的公共场所如何防止传染？政府部门、学校、企事业单位、公共服务部门和商场超市等人员流动性大且集中的地方如何杀菌消毒？社会各界为此花费了大量的时间、精力和资金，若能解决上述问题，肯定有市场前景。

基于上述考虑，将具有缓释放功能的便携式杀菌消毒产品依据实际要求制备成以下不同的形式：

（1）添加到医用消毒口罩上，增加口罩的杀菌消毒功能。

（2）以胸牌的形式佩带于胸前或者领口处，在人体的头部形成杀菌消毒氛围。

（3）以抗菌消毒袋的形式悬挂于公交、火车和飞机等公共交通工具的入口处，构成杀菌消毒门。

（4）以抗菌消毒站的形式安装于政府部门、学校、企事业单位、公共服务部门和商场超市等人员进出较多的大门口构成杀菌消毒墙。

（5）以抗菌消毒房的形式安装于长途汽车站、火车站、机场、公共服务部门和商场超市等人员集中的室内空间，持续产生具有抗菌杀毒作用的新鲜空气。

3. 关键难题和技术指标

如何构筑物理化学性质稳定的沸石聚集体，并确保其对抗菌杀毒剂具有很好的吸附性能和优越的缓释放性能。

1）沸石聚集体的主要技术参数

（1）沸石颗粒之间由化学键连接，位于表面的颗粒所占比例≥ 30.0%。

（2）沸石聚集体的粒径分布均匀，主要介于 10.0 ～ 25.0μm 之间。

（3）沸石聚集体的比表面积≥ 10.0 m^2/g。

（4）沸石聚集体之间的孔隙孔径大于 10.0 nm。

2）沸石聚集体的缓释性技术参数

（1）在产品有效期内的有效抗菌杀毒成分含量下降率≤ 15.0%。

（2）对空气中白色葡萄球菌的杀灭率不小于 95.0%。

（3）对空气中自然菌的消亡率不小于 95.0%。

4. 作用和意义

（1）拓展沸石在国民经济中的应用领域，为天然沸石产品在大健康产业中的应用开拓新的途径。

（2）基于天然沸石的独特结构和特殊性能，充分发挥天然沸石的优势，基于天然沸石的资源优势，发展其新产品深加工技术。

（3）为抗菌杀毒提供新产品，为阻止病毒传染与传播提供新技术，为人类健康提供新方案。

参考文献

Hrenovic J, Milenkovic J, Ivankovic T, Rajic N. 2012. Antibacterial activity of heavy metal-loaded natural zeolite [J]. Journal of Hazard Materials, 201-202: 260-264.

Milenkovic J, Hrenovic J, Matijasevic D, Niksic M, Rajic N. 2017. Bactericidal activity of Cu-, Zn-, and Ag-containing zeolites toward *Escherichia coli* isolates [J]. Environmental Science and Pollution Research, 24(25): 20273-20281.

Rieger K A, Cho H J, Yeung H F, Fan W, Schiffman J D. 2016. Antimicrobial activity of silver ions released from zeolites immobilized on cellulose nanofiber mats [J]. ACS Applied Materials & Interfaces, 8(5): 3032-3040.

（李国华，浙江工业大学）

11.2 医药食品级硅藻土

1. 问题背景

硅藻土是一种具有天然贯穿孔道且分布有规律、比表面积大、堆密度小、主要成分为无定形 SiO_2 的多孔非金属矿（Yuan et al., 2013），具有选择性吸附和微过滤、隔热、隔音、耐磨、耐腐蚀和耐候性等物理性能或功能，是一种现代工业和人类环保、健康产业必不可少的功能性矿物材料，具有较长的产业开发链和广阔的应用前景。硅藻土最突出的特性是具有规律分布和贯通纳米孔道的硅质多孔结构，其主要藻属包括直链藻（圆筒藻）、圆筛藻、圆盘藻、小环藻和冠盘藻等（图 1）（郑水林等，2014）。硅藻土是一种储量有限和不可再生、对人类社会可持续发展不可或缺的重要矿产资源，而且人类迄今仍无法合成硅藻结构材料。因此，如何从原料本身出发，立足于硅藻土的天然禀赋，结合全国硅藻土资源现状，提升硅藻土原料的功能性，是未来硅藻土深加工技术的主要发展趋势之一。

美国是世界上硅藻土最大的生产国之一，产品种类繁多，覆盖填料、助滤剂、催化剂载体、环保等多个应用领域。美国以 Lompoc 硅藻土矿床为代表的硅藻土矿，因其品位高、储量丰富，可以作为高附加值硅藻土产品的原料。近年来，以美国赛力特公司为代表的欧美硅藻土生产企业，一直致力于硅藻土高端市场的开发研究，新兴市场已逐渐形成，其研究产品主要应用于生物制药助滤剂、医药制剂、保健品等高新技术领域，而上述领域应用对硅藻土原料的纯度要求高（孙志明，2014）。

助滤剂是硅藻土的主要产品之一。如图 1 所示，助滤剂约占我国硅藻土产品总产量的 35% 左右（在美国约占硅藻土产品消费量的 50%）。目前硅藻土助滤剂有干燥品、煅烧品和熔剂煅烧品三大类。硅藻土助滤剂生产以优质硅藻土为原料，而目前我国只有吉林省临江、长白具备规模化生产助滤剂的资源。然而，经过多年的产业发展，由于只采优质一级硅藻土资源，大量的二级或三级硅藻土资源被浪费。我国其他地区的硅藻土资源基本属于低品位资源，含有大量黏土、砂质和碎屑等杂质，不能直接用来生产助滤剂、吸附剂、功能填料等高性能和高附加值硅藻制品或材料（孙志明和郑水林，2020；任子杰等，2014；任子杰，2012；Sun et al., 2013）。另外，国内高品质的医药食品级硅藻土产品的消费几乎全部依赖进口，进口产品价格高。然而，该领域的技术国内外相关学者关注度较低，且国外关于硅藻土提纯专利中的技术难以适用于我国的硅藻土资源，亟须突破制约国内硅藻土高端产业发展的技术瓶颈，开发出在国内以及国际具有竞争力的高纯硅藻土产品。

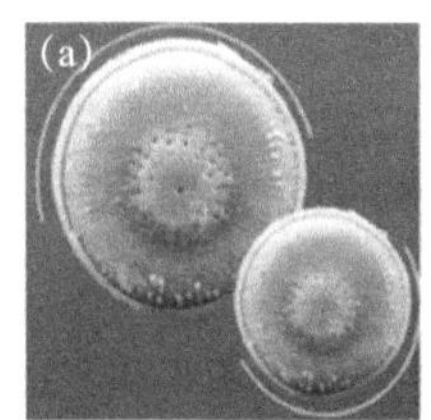

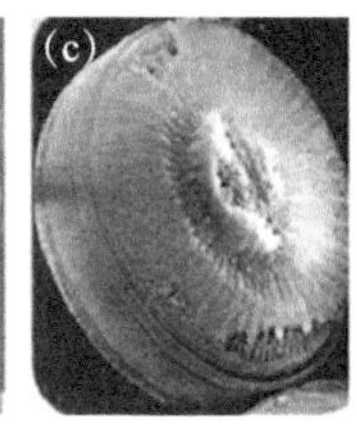

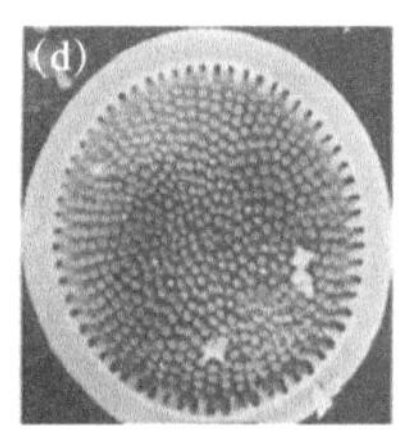

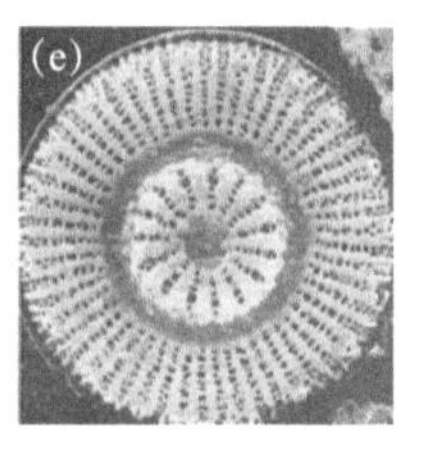

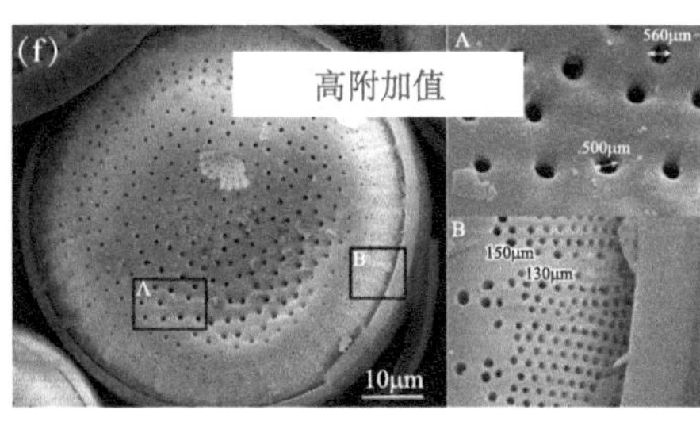

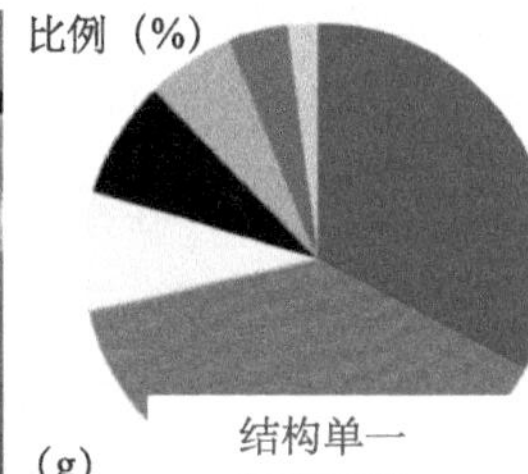

图1　硅藻土的硅藻类型

(a) 圆盘藻；(b) 直链藻；(c) 立体小环藻；(d) 圆筛藻；(e) 小环藻；(f) 进口纯净硅藻土（低可溶性金属离子）；(g) 2009年我国硅藻土消费结构（郑水林等，2014）

2. 需求分析

与国外相比，我国虽然是目前世界上位居第二的硅藻土资源储量国和硅藻土产品生产国，但是优质硅藻土资源匮乏，这也是造成我国硅藻土产品结构单一（低档助滤剂产品为主）、附加值低的主要原因之一（郑水林等，2014）。我国目前已探明的4亿多吨储量中，绝大多数为中低品位资源，能直接应用的优质硅藻土资源很少。多数硅藻土的应用领域，如化工（催化剂）载体、医药、食品、饮料、化妆品等高性能、高附加值的硅藻土产品必须使用硅藻精土（高纯度、高白度）。因此，开发医药食品级的硅藻精土具有广阔的市场空间和良好的发展前景（张雁鸣和李金辉，2017）。

饮料、饮水、酒类、糖汁等食品安全是当今世界面临的重大问题之一，硅藻土独特的孔结构和稳定的化学性质是目前使用最为成功的助滤剂及吸附剂。我国人口众多，饮品市场容量大，随着对饮品质量标准的不断提高和产量的不断增加，对硅藻土类助滤剂和吸附剂的需求量也将不断增加。此外，硅藻土的吸附和微过滤功能还用于液态生化制剂和药剂的选择性过滤与分离，伴随现代生化、医药产业的快速发展，具有良好的发展前景。

3. 关键难题和技术指标

硅藻土助滤剂中往往可能包含可溶于要过滤的液体介质的金属离子，如铁离子。当使用那些硅藻土助滤剂过滤液体时，该金属离子可能从该硅藻土助滤剂中分离并进入液体介质。在硅藻土助滤剂的诸多应用中，这种在液体介质中的金属含量的增加是不可接受的。例如，当使用硅藻土助滤剂过滤啤酒时，源于助滤剂材料的高水平的铁会影响啤酒口感或其他性能。因而，食品酿造工业对于助滤剂产品中可溶铁的含量有严格的控制要求［食品工业用助滤剂国家标准　硅藻土（QB/T 2088—1995）］。此外，根据美国药典中硅藻土助滤剂的要求，其可溶性铁离子含量应在10mg/kg以下。另外，医药制品用硅藻土助滤剂对于可溶性金属离子含量有更为严格的限定，常规硅藻土助滤剂产品往往无法达到GMP标准（药品生产质量管理规范）与美国药典USP/NF19标准对药品生产原料的质量要求。

4. 作用和意义

近年来，我国硅藻土进出口贸易量不断增加，但以出口干燥原土（一级土）和低档助滤剂产品为主，高性能硅藻材料如高性能硅藻土助滤剂、功能填料仍需大量进口。而且，随着人们对安全意识的提高，食品和医药安全成为当今世界面临的重大问题。硅藻土作为一种与食品安全、人类健康环保、节能及现代高技术新材料产业密切相关的矿产资源，开发高性能、高纯度的医药食品级产品，将显著提升我国硅藻土资源的应用价值，对于我国硅藻土资源的高效、高值利用与硅藻土产业的健康可持续发展具有重要的支撑作用与重大战略意义。

参考文献

任子杰 . 2012. 利用硅藻土选矿精土制备助滤剂试验研究［D］. 武汉：武汉理工大学 .

任子杰，高惠民，柳溪，魏波 . 2014. 助熔剂对啤酒用硅藻土助滤剂性能影响研究［J］. 中国酿造，(4): 79-82.

孙志明 . 2014. 硅藻土选矿及硅藻功能材料的制备与性能研究［D］. 北京：中国矿业大学 .

孙志明，郑水林 . 2020. 硅藻土选矿及硅藻功能材料［M］. 北京：地质出版社 .

张雁鸣，李金辉 . 2017. 一种食品、医药制品用硅藻土助滤剂的制备方法［P］：中国，CN105582884B.

郑水林，孙志明，胡志波，张广心 . 2014. 中国硅藻土资源及加工利用现状与发展趋势［J］. 地学前缘，21(5): 274-280.

Sun Z, Yang X, Zhang G, Zheng S, Frost R. 2013. A novel method for purification of low grade diatomite powders in centrifugal fields［J］. International Journal of Mineral Processing, 125: 18-26.

Yuan P, Liu D, Tan D, Liu K, Yu H, Zhong Y, Yuan A, Yu W, He H. 2013. Surface silylation of mesoporous/macroporous diatomite (diatomaceous earth) and its function in Cu(Ⅱ) adsorption: the effects of heating pretreatment［J］. Microporous and Mesoporous Materials, 170: 9-19.

［孙志明，中国矿业大学（北京）］